ESSAI

SUR

DE PRÉTENDUES DÉCOUVERTES

NOUVELLES,

Dont la plupart sont âgées de plusieurs siècles.

Par M. C****.

Sic vos non vobis..................

PREMIÈRE PARTIE.

A PARIS,

C. F. PATRIS, Imprimeur des Tribunaux et de l'Académie de législation, rue de la Colombe, n°. 4.

An XI. — 1803.

ÉPITRE DÉDICATOIRE

A MONSIEUR D.....

*O*H *mes amis ! Il n'y a point d'amis.* Vous savez, mon cher, que c'est la seule bonne chose qu'ait imprimée *Bastide*, auteur d'un certain *Spectateur Français*, mort, comme lui, il y a bien des années. Vous qui, en dépit du *Spectateur*, êtes mon ami jusqu'à nouvel ordre, car je ne répondrais ni de vous, ni de moi, si nous avions l'un ou l'autre le malheur de faire une grande fortune ; vous qui savez qu'on ne peut conserver le trésor inestimable de l'amitié, qu'avec le trésor, non moins inappréciable, de cette médiocrité, que les Latins appelaient si bien *aurea mediocritas ;* vous qui pensez que Cicéron, le plus grand des humains, à l'époque de son consulat, était beaucoup trop vain pour ressentir le charme de l'amitié, et que, malgré la séduction de sa prose, il en était encore moins susceptible qu'Atticus ; vous qui ne doutez pas que la Rochefoucault, dans son livre des *Maximes*, n'a parlé de l'amitié que comme un courtisan qui n'a jamais connu que des liaisons ; vous qui croyez comme moi, que de tous les moralistes modernes, feu le chevalier de Bruix, le premier de tous, malgré le peu de bruit qu'il a fait (*), est le seul qui ait parlé de l'amitié, comme eût fait Oreste ou Pylade, parce qu'il en ressentait et qu'il en éprouvait toutes les douceurs, lorsqu'il composa son petit livre d'or, modestement intitulé *réflexions diverses „* et son ouvrage, non moins précieux, encore inédit, intitulé *Chapitres*, qui gît, depuis sa mort, dans le magasin d'un imprimeur ; vous qui, en partageant avec les malheureux jusqu'à votre nécessaire, frémissez tous les jours de la férocité hideuse et sans

---

(*) Son intention fut toujours de ne point en faire ; on peut voir dans une de ses réflexions, ce qu'il pensait de la renommée : *Il est assez vraisemblable*, dit-il, *que le plus grand homme qui ait jamais existé, c'est-à-dire le plus sage, soit mort ignoré.*

voile de ce vrai siècle de fer, et des suites funestes qu'elle entraînera nécessairement; vous, enfin, qui êtes très-indulgent, parce que vous n'avez pas besoin d'indulgence, vous accepterez avec plaisir le modeste présent que votre ami vous fait de cette bagatelle. Sans doute les petits torts de quelques plagiaires ne sauraient avoir aucune importance aux yeux d'un homme qui consacre ses veilles à buriner, pour la postérité, les attentats inouis de ses contemporains, et les mœurs d'un siècle qui a rassemblé, dans une courte révolution d'années, plus de crimes que n'en ont vu commettre tous les siècles passés, et qui doit être à jamais l'horreur et l'instruction des siècles à venir. Aussi ne vous dédié-je cet opuscule que comme un hommage à vos vertus.

Tout ce qui peut fournir des couleurs à votre tableau du temps où nous vivons, doit vous être précieux. Je vais donc vous dénoncer un fait récent, que vous ne croiriez pas, si je ne vous en attestais la vérité; il en coûtera sans doute à votre cœur de l'apprendre et d'en faire usage; je ne me crois pas moins obligé de le déposer dans vos archives.

Un homme de lettres très-laborieux, mais sans travail, couvert des haillons d'un mendiant, et la tête découverte parce qu'il n'avait pas de chapeau, se présente, sur la brune, pendant les dernières rigueurs de la saison, chez un dignitaire *parvenu:* —Il n'y a personne, dit le portier; (c'est le mot d'ordre, presque général, donné à la plupart des géoliers de ces messieurs, sur-tout à l'apparition d'un infortuné,) — Voulez-vous me permettre d'écrire un billet à monsieur?........— Volontiers, reprend le domestique, moins pervers que ne le sont devenus les valets qui servent de pareils maîtres. Le suppliant écrit ce billet: *Je vous écris dans la loge de votre portier: je suis exactement nud; il y a deux jours entiers que je n'ai mangé; on m'a chassé, faute de payement, de mon cabinet garni; j'ai couché la nuit dernière sous un misérable angar de chaume, dans un jardin potager: puis-*

que vous ne voulez pas me voir, en-voyez-moi quelque secours.

Le parvenu lit le billet, et le rend au portier, en disant : IL N'Y A POINT DE RÉPONSE ! Vous allez croire que la dé-marche du pauvre était de ces démarches qu'on hasarde quelquefois par nécessité, auprès de ceux dont on est à peine connu ; non, mon ami, ces deux hommes (si le riche a le droit d'en porter le nom) avaient été très-étroitement liés ; ils avaient es-suyé ensemble les orages révolutionnaires ; ils avaient été poursuivis, proscrits et mal-heureux ensemble ; et le criminel a main-tenant soixante mille livres de rente, et il refuse même l'aumône au patient qui meurt de faim et de froid à sa porte. L'in-fortuné ne se rebute pas ; il va, dans la même soirée, chez quatre autres grands, avec lesquels il avait eu aussi des liaisons particulières ; il reçoit le même accueil et la même réponse, avec cette différence qu'on ne lui renvoya pas son billet.

Avant d'aller se jeter dans la rivière, il se rappèle qu'un homme, qu'il a offensé, est humain, bon et sensible ; celui-ci n'a ni valets, ni portier ; il est presque aussi pauvre que le malheureux, qui entre, tout égaré, dans sa chambre, qui réclame son secours, et qui lui demande du pain et le couvert, en lui racontant ce qui vient de lui arriver. On lui donne, sans hésiter, du pain et un asyle jusqu'à ce qu'il se soit pro- curé quelques ressources. Je vous mettrai, mon cher ami, quand il sera temps, en état de dévouer les noms de ces barbares à l'exécration publique.

J'ai deux fois entendu moi-même quel- ques autres *parvenus*, au milieu des profu- sions de leurs déjeûners, où le hasard et la curiosité m'avaient introduit, se permettre les dérisions les plus amères contre d'hon- nêtes infortunés qui avaient réclamé leurs secours ; car leurs jouissances ne leur sem- bleraient pas complètes, si le malheur d'autrui ne les rendait plus piquantes. C'est à leur table qu'on entend, les uns, faire un crime de l'emprunt ; les plus modérés en faire une flétrissure ; d'autres le qua- lifier d'attentat contre les propriétés. Ces messieurs devraient au moins se donner la peine de nous apprendre ce que doit faire un honnête indigent qui manque de tout, lorsqu'ils regorgent de biens. Nous autres, bonnes gens, nous ne connaissons que trois moyens d'existence ; vivre de son patrimoine, du produit d'une place, ou d'une industrie légitime. L'indigent, objet des grossiers sarcasmes de ces *parvenus*, n'a point de patrimoine : il sollicitait une place, elle lui a été enlevée, selon l'usage, par un bas-valet, un sot, un intriguant ou un fripon, tous gens d'un front propre au succès : il a fait toutes sortes de tentatives pour mettre en valeur le genre d'industrie qui lui était propre, sans pouvoir y parvenir. Il ne lui reste donc plus que trois autres moyens, celui de voler dans les armoires ou dans les poches, d'assassiner sur les grands chemins, ou d'emprunter sous la condition de rendre quand il le pourra. Nous continuons d'interpeller ces atroces railleurs, et nous disons que, d'après l'excellence de leur moral, peut-être pourrions-nous croire, sans

témérité, qu'à la place de notre indigent, ils choisiraient l'un des premiers moyens d'existence, qu'ils voleraient ou qu'ils assassineraient : toutefois ils voudront bien nous permettre, malgré l'anathême fulminé contre l'emprunt, de donner la préférence à la bénignité de ce moyen, quelque humiliant qu'il soit, et sur-tout de ne rien attacher à l'opinion de gens de leur espèce sur les pauvres emprunteurs, sur les malheureux, assez à plaindre pour avoir besoin de l'assistance des hommes de nos jours.

Les repaires de ces bêtes féroces sont impénétrables : ils ont rompu toute communication avec des hommes jadis leurs *amis*, et quelquefois leurs bienfaiteurs. Ils ne reçoivent que leurs complices et les gens en place, dont ils ont quelque raison de craindre ou de ménager le crédit. Ils jouissent entr'eux de leur étrange fortune et de l'infortune des autres, jouissance digne des esprits infernaux, s'il y avait d'autres esprits infernaux que ces scélérats.

Parmi tant de personnages subitement

enrichis, il faut voir quelles espèces de polissons, parvenus sans d'autre capacité que celle de l'intrigue, sans d'autre talent que l'indifférence sur le choix des moyens, sans principes, sans nulle sorte de moralité, sans éducation, sans manières, sans aucunes qualités aimables, ont l'insolence de ne pas répondre, même lorsqu'on n'exige d'eux aucun service, aux lettres de ceux dont l'ordre social les avait destinés à devenir peut-être les valets.

D'autres puissants, bien éloignés, à la vérité, de pouvoir être mis en parallèle avec cette lie de l'espèce humaine, n'ont pas laissé d'adopter aussi l'étiquette du silence absolu et d'une réclusion à l'épreuve de toute tentative ; mais ils font du bien. Sans doute, ils ont rigoureusement le droit de dire : Que nous demandez-vous ? On ne peut nous refuser la liberté de vivre avec qui bon nous semble ; personne ne peut se plaindre de l'exclusion ; nous sommes les maîtres de choisir nos familiers, mais nous ne le sommes point de ne pas faire tout le bien qui dépend de nous ;

le précepte est de rigueur : nous allons, selon nos moyens, au secours de l'infortune : nos obligations sont remplies. On pourrait leur répondre que l'affabilité donne un nouveau prix à la bienfaisance, qu'on peut, sans se rendre invisible, faire le choix de sa société intime, dans laquelle, après tout, un honnête malheureux se trouverait bientôt déplacé ; que le bienfaiteur pourrait se laisser appercevoir quelquefois, ne fût-ce que pour ne pas priver l'obligé des effusions de sa reconnaissance, et pour se ménager le plaisir si pur dont parle Labruyère, celui de rencontrer les yeux d'un homme dont on vient de soulager l'infortune. On a remarqué que parmi les nouveaux puissants, ceux de la classe dont il est question, sont, en général, des hommes qu'on appèlera toujours bien nés, malgré les vicissitudes du nouvel ordre de choses. On croit aussi que, sans leur bienfaisance, il serait peut-être déjà arrivé quelque scène d'éclat, occasionnée par la conduite inouïe et révoltante des riches de la classe-tigre. On voit néanmoins avec effroi que celle du monstre qui a refusé un morceau de pain à son ancien compagnon d'infortune, est la plus nombreuse, et nécessairement la plus opulente.

Il y a des riches, et ceux-ci me paraissent les plus difficiles à supporter, qui entreprènent de faire jouer le rôle de protégés à ceux de leur ancienne connaissance qui les honoraient autrefois de quelque liaison, et qui, les croyant susceptibles d'un reste de pudeur, ont sollicité leur crédit. Les procédés de cette classe me semblent le dernier outrage de la fortune. Y a-t-il une sorte d'ignominie, pour un homme qui a du sang dans les veines, qu'on puisse comparer à celle de passer pour le protégé de semblables protecteurs ?

Eh ! qui aurait jamais imaginé, bon Dieu ! que

> *Patricios omnes opibus cum provocet unus*
> *Quo tondente gravis juveni mihi barba sonabat,*
> *Cum pars niliacæ plebis, cum verna Canopi*
> *Cryspinius Tyrias humero revocante lacernas*
> *Ventilet æstivum digitis sudantibus aurum.......*

Qui jamais aurait prévu que ces marauds-là prétendraient un jour avoir des clients et des flatteurs?

La révolution n'a été que l'insurrection des faibles contre les forts. Sans doute, rien ne peut égaler son effrayante atrocité; sans les crimes des *meneurs*, elle eût été beaucoup moins sanglante; son principe, quoiqu'il en soit, était moins odieux que celui de la conjuration, car c'en est une, des forts d'aujourd'hui contre les faibles; elle réunit la bassesse à la férocité.

Dans la retraite où vous avez le bonheur de vivre, mon cher ami, quelqu'idée que vous vous soyiez faite des mœurs de cette capitale, quelque tableau hideux que vous puissiez vous en être formé, votre imagination ne vous emportera sûrement point au-delà de la vérité; mais les nuances doivent vous échapper nécessairement. Vous lirez les détails que je vous envoie comme on lit les Vespéries du poète latin que je viens de citer, contre les parvenus de l'ancienne Rome; mais quand vous aurez lu ces détails affligeants, vous conviendrez que j'avais raison de vous écrire, que les

plus infâmes courtisans d'une cour, devenue, sous un prince vertueux mais
faible, le centre de toutes les bassesses, de
toutes les perfidies, de toutes les injustices,
de tous les débordements et de tous les
crimes, étaient encore des modèles d'honnêteté auprès de cette horde grossière d'ennemis du genre humain (*). D'ailleurs la
difformité des courtisans était au moins
voilée de draperies couleur de rose; et
après tout, leur oppression était moins
humiliante, et souvent tempérée par des
actes d'une vanité nécessairement inconnue aux vauriens du nouveau style,

____

(*) C'est avec autant d'admiration que de plaisir
qu'on a vu cependant, au milieu de tant d'excès
d'inhumanité, deux citoyens donner un exemple
de bienfaisance des plus mémorables. MM. Morin
et Bazouin, chargés de l'administration des Jeux
avant les administrateurs actuels, ont répandu plus
d'un million en bienfaits pendant la durée de leur
bail. Ils sont moins riches de tous leurs dons, mais
en sont-ils moins heureux? Les bénédictions d'un
si grand nombre d'infortunés sont de quelque
prix pour les ames sensibles.

et dont les résultats étaient les mêmes que s'ils avaient eu pour base la grandeur d'âme et la vertu. On comptait, enfin, parmi ces courtisans si corrompus, les plus respectables des hommes.

Ces tristes détails sont malheureusement ignorés du chef d'un grand empire. Ils ne lui sont pas plus connus qu'ils ne l'eussent été des rois qui ont gouverné avant lui. Il faut être homme privé pour les appercevoir. Ce n'est pas qu'il ne nous reste une consolation : celui qui tient aujourd'hui les rênes a été homme privé lui-même. Avec la perspicacité dont le ciel l'a doué, il finira, malgré tous les obstacles, par voir la vérité, et le dernier des travaux de l'Hercule français sera de purifier les étables d'Augias. Adieu, mon ami.

AVANT-PROPOS.

Nous commencerons ces observations par l'art d'instruire les sourds-muets de naissance. Après tous les éloges *exclusivement* prodigués à l'*Abbé de l'Épée*, il n'est pas étonnant que le Public, et surtout la jeunesse, le prènent pour l'inventeur de cet art, si cher à l'humanité. Sans doute *l'Abbé de l'Epée* a des droits incontestables à la reconnaissance nationale; mais ses devanciers, parmi lesquels plusieurs ont obtenu, même de nos jours, des succès plus éclatants que les siens, ont des droits plus incontestables et plus sacrés encore.

N'est - ce pas une sorte de prodige moral, qu'au milieu des hommages de toute espèce rendus à l'*Abbé de l'Epée*, on n'ait jamais prononcé le nom du célèbre *Péreyra* (1), que nous avons vu, en 1756, tenir une école publique du bel art dont il s'agit, et non seulement instruire dans tous les genres de sciences des élèves des deux sexes, nés sourds-muets, mais

______

(1) L'abbé Siccard fait mention de ce savant instituteur dans sa méthode pour l'instruction des sourds-muets.

encore leur apprendre à parler très-distincte-
ment , et à prononcer comme nous. Quoique
ce fait, dont notre étroite liaison avec *Péreyra*
nous a rendus témoins, ait été si authentiquement
consacré par l'Académie des sciences, par les
bienfaits de Louis XV, et par le concours una-
nime des journalistes du temps , nous ne nous
étonnerons pas qu'il soit ignoré des personnes sans
lettres et sans instruction. Mais qu'une erreur si
voisine de l'ingratitude ait été propagée par des
écrivains estimables ; que l'auteur du *Dictionnaire abrégé des hommes célèbres, anciens et
modernes* , la consacre , avec l'espoir sans doute
de la transmettre à la postérité ; rien n'est plus
affligeant pour les vrais amateurs des arts :

Or , maintenant, suez, graves auteurs !

Ce qu'il y a surtout de désolant pour la mémoire
des hommes célèbres qui ont su se distinguer
sans manège , sans intrigues, sans prôneurs, sans
charlatanisme ; c'est qu'une fois plongés dans
l'oubli , une fois que d'autres jouissent injustement de la propriété d'une découverte , dix
ans de discussions polémiques ne suffiraient peut-
être pas pour faire rentrer les propriétaires lé-
gitimes dans la possession de leur bien , et rien
n'est plus propre à étouffer l'émulation. Croit-
on que *Bonaparte* eût opéré tant de prodiges ,
si l'espoir d'une réputation immortelle n'eût été

la récompense anticipée de tant de travaux et
de tant de dangers?

Quant à nous, tout en écrivant et en publiant
la défense du vertueux *Péreyra* et de ses devanciers, nous n'en demeurons pas moins convaincus que les trois quarts des Français re-
garderont toujours l'*Abbé de l'Epée* comme
l'inventeur de l'art d'instruire les sourds-muets
de naissance. Dans tous les temps, les ecclésiastiques ont profondément connu l'art de surnager où le vulgaire se noye : il est vrai que tôt
ou tard la vérité l'emporte à son tour, avec cet
avantage bien réparateur, que le triomphe de
la bonne cause est à la fin inébranlable.

AVERTISSEMENT.

Il aurait été beaucoup trop dispendieux de faire graver toutes les planches correspondantes aux divers chapitres de l'ouvrage du P. Lana. Les curieux et les artistes peuvent consulter l'original qui renferme ces différentes planches : on en trouve un exemplaire à la Bibliothèque Nationale et un à la Bibliothèque Mazarine.

ESSAI

SUR

DE PRÉTENDUES DÉCOUVERTES

NOUVELLES.

ARTICLE concernant feu l'Abbé de l'Épée, extrait *du Dictionnaire abrégé des hommes célèbres de l'antiquité et des temps modernes;* par A. S. LEBLOND.

« L'ABBÉ DE L'EPÉE s'est rendu à jamais célèbre par ses travaux en faveur des sourds-muets de naissance. Voici quelle en fut l'occasion. Nous puisons ces détails dans l'ouvrage où Siccard (l'abbé Siccard), son digne successeur, développe sa méthode.

Deux sourdes-muettes vivaient dans la maison paternelle, rue des Fossés-Saint-Victor, à Paris, en face de la maison des Pères de la Doctrine-Chrétiène. Dans l'âge où l'on songe à disposer du sort de leurs pareilles, ces deux sœurs recevaient les leçons d'un doctrinaire (le père Famin), qui, sans méthode, essayait de remplacer chez elles la parole et l'ouïe. On avait obtenu quelque succès, quand elles perdirent ce charitable instituteur. Ces deux infortunées furent touchées de cette perte ; mais la mère, plus malheureuse qu'elles, la sentit plus vivement ; la mère, qui, vit toutes ses espérances s'évanouir en un instant, et ses deux filles condamnées à ne jamais communiquer avec celle qui ne cessait de pleurer le malheur de sa fécondité. L'abbé de l'Épée a occasion d'aller dans cette maison ; il trouve la mère absente : il demande à attendre son retour ; on l'introduit. Les deux muettes le reçoivent avec cet air intéressant qu'on a toujours à cet âge, dont un silence, qui ne ressemble en rien à celui de quelqu'un condamné à ne jamais le rompre, relève encore les charmes ingénus. L'abbé de l'Epée fait quelques questions ; les jeunes personnes restent immobiles et sans intérêt, les yeux fixés sur leur ouvrage. Il parle encore, on ne lui répond pas davantage. Il ignorait que les deux sœurs étaient malheureusement condamnées à ne jamais entendre. La mère arrive, tout s'explique ; le bon abbé mêle ses larmes aux larmes maternelles, et se retire, non sans songer à des moyens de remplacer le bon père Famin, en rendant, s'il se peut, à ces jeunes personnes la parole et l'ouïe.

L'idée d'un grand homme est un germe toujours fécond. Toute langue, dit notre philosophe, n'est qu'une collection de signes, comme une suite de dessins d'histoire naturelle est une collection d'images, une représentation d'un grand nombre d'objets. On peut tout figurer par gestes, comme on peint tout par des couleurs, comme on nomme tout par des mots. Les objets ont des formes, on peut les imiter ; les actions sensibles frappent tous les regards ; on doit pouvoir, par des gestes imitateurs, les dessiner et les décrire. Les mots ne sont que des signes de convention ; pourquoi les gestes ne le seraient-ils pas aussi ? Il peut donc y avoir une langue de gestes, une langue d'action, comme il y a une langue de sons, une langue parlée.

Plein de ces idées génératrices, l'abbé de l'Epée ne fut pas long-temps sans retourner à cette maison, où la plus belle conception dont l'esprit humain était capable, s'était fécondée dans sa tête (il y avait bien long-temps que *cette même conception s'était fécondée dans la tête* de plusieurs instructeurs de sourds-muets de naissance, comme on le verra). Jamais son ame brûlante n'avait attendu que l'infortune vînt solliciter les secours de sa bienfaisance ; il allait toujours les offrir...... Avec quel transport il fut accueilli ! Il commence, il s'essaye, il dessine, il imite, il tâtonne, il écrit, il efface, il fait écrire.

Le célèbre *inventeur* trouva, dans les différentes combinaisons des signes, l'équivalent de toutes les idées. (C'était précisément ce que ses devanciers y avaient trouvé.) Ainsi, tous les mots de la langue française eurent leurs correspondants dans celle des muets. Rien n'était plus facile que de faire passer dans leur mémoire, et même de les y graver, les mots et les signes à-la-fois. Il ne fallait pour cela qu'une attention ordinaire, puisque chaque geste accompagnait la combinaison constante des lettres qui formaient les mots correspondants, et que le signe était pour le sourd-muet, ce que le mot est pour nous. La nomenclature une fois retenue, les sourds-muets ne devaient plus avoir de peine à écrire les mots pour les signes, et à faire les signes pour les mots. Des pages entières des livres les plus abstraits furent copiées sous la simple dictée des signes.

Elle n'existera plus, ajouté Siccard, entre le sourd-muet et l'homme qui parle, cette barrière qu'un *seul* homme (l'assertion est hardie!) a eu le courage et le talent de franchir; l'homme de la nature et celui de la société, sont enfin rapprochés et réunis. Recevez notre premier hommage, ô vous qui fûtes le *créateur* de cet art qui a produit une si étonnante merveille! (Quelle ignorance ou quelle mauvaise foi! ce dilemme est sans réplique.) Qu'il doit nous être cher le nom de ce saint Prêtre, de cet ami de l'humanité, qui se croyant, avec tant de raison, appelé par la Providence (1) à cet apostolat si utile et si difficile, se dévoua tout

______

(1) La Providence avait aussi destiné un juif (car Péreyra l'était) au même apostolat, long-temps avant d'y appeler le prêtre. *Qu'importe de quelles mains Dieu daigne se servir?*

(25)

entier à cet œuvre si digne de la piété tendre qui l'avait animé toute sa vie! (1) Que le nom de *l'Epée* sera cher à la classe nombreuse de ces infortunés, à qui il donna un nouvel être et une nouvelle vie ! Ils le béniront à jamais comme leur père ; et la postérité reconnaissante s'unira à eux pour honorer sa mémoire, et pour le recommander au respect et au *culte* de toutes les générations. »

Qui ne croirait, après la lecture de cet article du cit. A. S. Leblond, que l'abbé de *l'Epée* est effectivement l'inventeur du bel art d'instruire les sourds-muets de naissance ? Ecoutons maintenant le Père *Feijoo* (2) dans un chapitre de son Théâtre critique. (*Theatro critiquo.*)

---

(1) On ne saurait ouvrir les Annales du monde, sans y voir avec attendrissement les services de toute espèce que les prêtres ont rendus aux hommes ; et c'est, à bien juste titre, que le pieux rédacteur de ce Dictionnaire emploie ici tout ce que le style ascétique a de plus touchant, pour célébrer ces dignes bienfaiteurs : eh ! qui pourrait ne pas unir sa voix à la sienne ? En effet, quand nous ne devrions aux prêtres que le trésor clandestin de la confession auriculaire, qui réconcilie le pécheur avec l'Etre-Suprême, par la médiation d'un autre pécheur, quelquefois plus coupable que le pénitent, mais revêtu d'un caractère sacré, ce bienfait, inestimable pour le bonheur et l'honneur des familles et pour la tranquillité des Gouvernements, ne saurait mériter trop de reconnaissance.

(2) Le premier écrivain espagnol qui ait osé laisser poindre en Espagne la lumière philosophique.

Sobre la invencion de el arte que enseña hablar los mudos.

Sur l'invention de l'art qui apprend à parler aux muets.

Celui qu'il faut regarder comme l'inventeur de cet art, dit le savant religieux, est frère Pierre Ponce, religieux du monastère royal d'*Oña*, ordre de Saint-Benoît.

J'ai réservé exprès pour la fin, dans la vue de fermer avec une clef d'or ce discours et tout le livre, la plus noble invention espagnole ; invention à laquelle on peut, à juste titre, accorder la préférence sur toutes celles que l'on connaît. Ce secret merveilleux est l'art de faire parler les sourds-muets de naissance. L'Espagne est redevable à l'ordre de Saint-Benoît de la gloire qu'une pareille découverte fait réjaillir sur elle ; c'est notre moine, frère Pierre Ponce, religieux du monastère royal d'*Oña* qui l'a faite. C'est de quoi rendent témoignage François *Vallès* dans sa *Philosophia sacra*, chap. 3, Ambroise de *Moralès*, dans son livre *de las Antiquidades de España* ; et enfin notre historiographe *Yépès*. En parlant de ce fait, *Vallès* dit, que non seulement l'inventeur lui était connu, mais qu'il était son ami. *Petrus Poncius, monachus Santi Benedicti, amicus meus, qui, res mirabilis, natos surdos mutos docebat loqui*, etc. Ambroise de *Moralès* nous apprend que le frère Ponce , religieux de Saint-Benoît , avait montré à parler à une sœur et à deux frères du connétable , tous trois muets de naissance ; et qu'il instruisait , dans le temps où *Moralès* écrivait, un fils du justicier d'Arragon ; ce qui rend cette merveille encore plus grande, continue dom *Feijoo* , c'est qu'il leur reste toujours la surdité qui les privait de la parole. Ainsi, on leur parle par signes , ou on leur écrit , et ils répondent verbalement. Ils écrivent aussi des lettres très-soignées sur diverses matières. *Moralès* continue son récit en disant qu'il avait entre les mains un écrit d'un des frères du connétable , nommé dom Pierre *Velasco* , dans lequel il rendait compte de la manière dont le père Ponce lui avait appris à parler (1).

Cet art suit un ordre différent de l'instruction ordinaire. Dans celle-ci, les hommes apprènent d'abord à parler, ensuite à écrire. Les muets, au contraire, apprènent d'abord à écrire , ensuite à parler. On commence par l'écriture de toutes les lettres de l'alphabet, après quoi on les exerce à l'articulation propre de chaque lettre, en leur montrant l'inflexion, le mouvement, et la position de la langue , des dents et des lèvres que chaque articulation exige. On passe après cela à l'articu-

---

(1) Quel dommage que ce précieux écrit ne nous soit point parvenu !

lation des lettres entr'elles pour former les paroles.

Ce qu'on ne saurait trop admirer dans l'invention de cet art, c'est que non seulement Pierre *Ponce* l'ait inventé, mais encore qu'il l'ait porté à sa perfection, comme il est évident par le témoignage d'*Ambroise* de *Moralès*. Pour comprendre de quelle difficulté il était d'arriver à la perfection, il faut remarquer qu'il n'en est point de cet art comme des autres, dont la découverte amène naturellement les progrès. L'inventeur ne peut faire un pas dans l'instruction, qu'il ne lui en coûte de nouveaux efforts d'esprit.

C'est ici que nous avons lieu de déplorer, poursuit dom *Feijoo*, le malheur attaché depuis deux siècles aux Espagnols. Les étrangers jouissent mieux que nous-mêmes, des richesses de notre pays, sans excepter de ces richesses les productions du génie. C'est en Espagne qu'a été inventé l'art qui apprend à parler aux sourds-muets de naissance, et il n'y a eu depuis long-temps parmi nous personne, que je sache, qui l'ait voulu cultiver, tandis que les étrangers en ont profité et en profitent tous les jours.

On voit dans les mémoires de Trévoux, de 1701, que M. *Vallis*, professeur de mathématiques dans l'université d'Oxford, et M. Amman, médecin hollandais, ont pratiqué avec succès cet art en faveur de beaucoup de sourds-muets, sur la fin du dernier siècle et au commencement de celui - ci. *L'un et l'autre ont publié leur mè-thode pour les instruire*, d'abord l'anglais , en-suite le hollandais : ce qui doit paraître étrange, c'est qu'ils ont donné à leurs ouvrages le nom de *Nouvelle Méthode* , comme si l'un et l'autre en eussent été les inventeurs ; tandis qu'il y avait cent cinquante ans que notre bénédictin espagnol avait imaginé et pratiqué la même méthode (1).

Le père *Feijoo* ne borne pas là ses plaintes. La grande réputation de M. *Péreyra*, qui a aussi découvert l'art de faire parler les sourds-muets de naissance, et qui l'exerçait à Paris en l'an-née 1756, avec le plus éclatant succès, lui a paru diminuer la gloire de *Pierre Ponce ;* et c'est pour assurer exclusivement à ce dernier l'inven-tion d'un art si utile, qu'il reprend encore la plume.

Sans prétendre faire de ce journal, dit Fréron, en rendant compte d'un fait historique aussi im-portant, dans le *Journal Etranger* qu'il rédi-geait alors, un théâtre de débats littéraires, en-core moins y prendre parti, je dois combattre , à quelques égards, l'opinion du père *Feijoo*. L'obli-gation qu'ont mes compatriotes à M. *Péreyra*, d'être venu se fixer parmi eux pour y corriger

____

(1) Nous ne sommes étonnés que de la prétention du hollandais ; car en Hollande les savants ni les gens de lettres n'ont communément aucune charlatanerie. Quant à l'an-glais, on sait que la terre, l'océan, et tout ce que le globe enserre au moral et au physique lui appartient de droit.

la nature, me fait un devoir, de prendre sa défense.

Il n'est pas hors de propos d'observer ici, que c'est dans l'extrait que le journal de Trévoux a fait de l'ouvrage d'*Amman*, que dom *Feijoo* a pris la légère notion qu'on l'a vu rapporter ci-dessus. Il donne à entendre qu'il l'a tirée de *Mo-ralès*; mais elle ne se trouve, ni dans ce dernier, ni dans *Vallis*, ni dans *Yépès*. *Péreyra* parlait lui - même, dans toutes les occasions, de *Pierre Ponce* et de dom *Feijoo*. Fréron et nous, lui avons entendu dire plusieurs fois, que c'est ce qu'il a lu dans ce dernier qui lui a inspiré la première pensée de chercher les moyens d'instruire et de faire parler les sourds-muets de naissance, en lui faisant regarder ces moyens comme possibles. Le père *Feijoo* ne peut douter de ce dernier fait, dont il nous apprend lui-même qu'il a été instruit par un de ses compatriotes : le docteur *Jean de Torrez*, dont il fait avec raison l'éloge, tant pour son talent pour la médecine, qu'il exerçait à Paris avec le plus grand succès, que pour ses autres qualités, lui a mandé les miracles qu'opérait *Péreyra*, et l'aveu qu'il faisait que sans *dom Feijoo*, il n'eût jamais pensé à la recherche de son art.

C'est d'abord sans fondement, que *dom Feijoo* se plaint de l'oubli dans lequel les étrangers ont laissé tomber *Pierre Ponce. Paul Zacharias*, dans ses questions médico-légales, parle avec éloge du talent de ce bénédictin espagnol : *Amman* en fait plusieurs fois mention dans la préface de son ouvrage. L'Académie des Sciences, enfin, dans l'approbation qu'elle a donnée à *Péreyra*, et qui a été insérée dans les journaux du temps, parle du confrère du père *Feijoo*. Il est essentiel de rapporter ici le préambule de cette approbation. On y verra d'autres inventeurs de l'art dont il s'agit, antérieurs à *Pierre Ponce*, et à l'égard desquels on pourrait, par représailles, dire de ce religieux ce que celui-ci donne prétexte à *dom Feijoo* de dire de *Vallis*, d'*Amman* et de *Péreyra*. Voici ce qu'on lit dans cette approbation :

Ce n'est point d'aujourd'hui qu'on voit confirmer par l'expérience, la possibilité d'un art si curieux et si utile. M. *Vallis*, en Angleterre, M. *Amman*, en Hollande, l'ont pratiqué avec succès dans le dernier siècle. Les ouvrages de ces deux savants sont connus de tout le monde.

Il paraît, par leur témoignage, qu'un certain religieux s'y était exercé avant eux : *Emmanuel Ramirez, de Cortone*, et *Pierre de Castro*, espagnols, avaient aussi traité cette matière long-temps auparavant, et nous ne doutons point que d'autres auteurs n'ayent encore écrit et donné au public des méthodes sur cet art. L'exemple de M. *d'Azy d'Etavigny* est le premier et le seul dont nous ayions connaissance (1).

-----

(1) M. d'Azy d'Etavigny est le premier élève de

Le père *Feijoo* n'est pas mieux fondé à prétendre que la méthode *de Vallis* d'*Amman* et de *Péreyra*, est la même que celle de *Pierre Ponce*. Il est hors de doute que ce dernier a possédé l'art dont il s'agit, et qu'il ne l'a tenu d'aucun des trois qu'on vient de nommer, et qui lui sont postérieurs. Les registres des morts du monastère d'*Oña* en fournissent la preuve. On y lit ce qui suit, dans un extrait qui en a été fait.

Obdormivit in Domino, frater Petrus de Ponce, hujus domús benefactor, qui inter cœteras virtutes quœ in illo maximè fuerunt, in hác præcipuè floruit, ac celeberrimus toto orbe fuit, scilicet, mutos loqui docendi. Obiit anno 1584, in mense augusti.

La seconde preuve est l'acte de fondation que le père Ponce fit d'une chapelle : il est daté du 24 août 1578 : on y voit que ce religieux avait eu pour disciples plusieurs fils de grands seigneurs, sourds-muets de naissance, et qu'il leur avait appris à parler, à lire, écrire, calculer, prier Dieu, servir la messe, et à quelques-uns, le latin, le grec, la philosophie naturelle, l'histoire et l'astrologie.

Ces preuves ne permettent point de douter, que le *père Ponce* n'ait eu le talent de donner la parole aux muets, et nous ne ferions pas de difficulté de croire, s'il le faut, qu'il en a été

Péreyra. Cet aveu de l'académie est digne de remarque, par rapport à l'honneur qui en revient à *Péreyra*.

l'inventeur. Ce n'est pas non plus ce qu'on prétend disputer au père *Feijoo* ; mais seulement que ceux qui sont venus depuis Ponce, n'ont agi que d'après sa méthode.

On lit dans l'approbation que le père *Antoine Perez*, supérieur de Saint-Martin, abbaye royale de bénédictins, donna en 1620, au livre de *Jean-Paul Bonnet* sur cet art, que le *père Ponce* ne songea jamais à enseigner le sien à personne. *Dom Feijoo*, qui s'est engagé à faire reconnaître celui-ci, non seulement pour le premier, mais encore pour l'unique inventeur de l'art en question, ne s'accommode point de ce partage de gloire : il veut absolument que ce religieux ait professé sa méthode, et que Bonnet n'ait été que plagiaire : il faut, dit-il, que le père *Antoine Perez*, censeur du livre de *Bonnet*, n'ait pas été assez instruit sur le compte de *Pierre Ponce*, ou qu'il ait dissimulé artificieusement ce qu'il en savait, pour l'honneur de l'auteur du livre qu'il approuvait ; car, continue-t-il, il est certain que *Ponce* enseigna son art à quelques-uns. Par malheur pour *Dom Feijoo*, rien n'est moins établi que cette certitude : il cite, à la vérité, *le père Cartaniza*, qui, après avoir dit que le *père Ponce* enseignait aux muets, non seulement à parler, mais encore à peindre, ajoute : c'est ce dont peut rendre bon témoignage *Dom Gaspard de Gurreo*, fils du gouverneur d'Arragon, son disciple, et quelques autres. On voit bien par cette

citation, que le *père Ponce* avait le secret d'instruire les muets ; mais on n'y verra jamais qu'il
enseigna son secret, comme prétend l'inférer le
père *Feijoo*.

La seconde preuve qu'apporte le *père Feijoo*,
n'est qu'une raison de convenance. Il lui paraît
impossible qu'on apprène à parler aux muets, sans
leur faire connaître tout l'artifice qu'on y emploie,
vu, dit-il, que le moyen de réussir, est de leur faire
exécuter tous les préceptes de l'art : mais ne
voyons-nous pas les enfants ordinaires apprendre
une infinité de choses, et les pratiquer dans la
suite de la vie, sans que, néanmoins, ils puissent
rendre compte de la manière dont ils les ont ap-
prises? La parole, elle-même, en est un exemple.
Tout le monde apprend à parler, tout le monde
parle ; cependant presque tout le monde ignore,
non seulement le mécanisme de l'organe de la parole, mais l'art même d'arranger convenablement
les différentes parties du discours. Nous sommes
tous, à cet égard, des *bourgeois-gentilshommes*,
qui faisons de la prose sans le savoir. Combien
de savants se trouveraient embarrassés, si on les
questionnait sur les premiers éléments de ces
mêmes sciences dans lesquelles ils excellent, ou
s'ils étaient obligés de les enseigner à d'autres ?
Puisqu'une pareille aptitude ne se trouve pas toujours chez ceux qui jouissent de tous leurs sens,
et auxquels on n'a rien caché des moyens dont on
se sert pour les instruire, à plus forte raison ne

se trouve-t-elle pas chez des sourds-muets de naissance, dont les idées sont si bornées. On ne voit
pas, outre cela, qu'il soit impossible au maître de
cacher sa méthode à un muet, surtout s'il se
trouve dans cette méthode quelque chose de plus
que de simples instructions. Le maître ne peut-il
pas avoir des moyens particuliers, pour procurer
certaines dispositions à son élève, ou pour accoutumer chez lui les organes de la parole aux positions nécessaires ?

Le père Feijoo appuie sa présomption sur un
fait qui ne prouve rien moins que ce qu'il veut lui
faire prouver. Ce fait est l'espèce de compte que
dom Pedro de Vélasco, élève de *Ponce*, rendit
de la méthode de son maître. (1) Voici le
passage d'Ambroise de *Moralès*, où cela se trouve;
passage que *le père Feijoo* n'a pas rapporté.

---

(1) Malgré notre étroite liaison avec *Péreyra*, que
nous nous faisions un plaisir de visiter souvent, la seule
chose que nous ayions apperçue de ses moyens mécaniques, sans en pénétrer l'application, c'est qu'il se servait de grands carreaux, couverts de drap vert, sur
lesquels étaient piqués des milliers d'épingles jaunes,
traversées d'un grand nombre de petits fils dans les inters-
tices. Cet appareil ressemblait aux carreaux sur lesquels
on fabrique la dentelle : nous n'avons pas la plus légère
notion de l'usage que *Péreyra* en faisait, et jamais nous
n'avons eu l'indiscrétion de le lui demander, car nous

Y porque se goze mas particularmente essa maravilla, y se entienda algo de el arte que se ha uzado en ella, y quede per memoria; pondre aqui un papel que yo tengo de su mano. Pregunto uno delante del, al padre fray Pedro Ponce, como lo havia empezado á enseñar la habla; el padre Ponce dijo al señor dom Pedro loque se le pregontava, y el respondio de palabra primero, despues escrivio assi :

Sepa v͞md, que quando era niño, que no savia nada, ut lapis; *commencè a apprender à escrivir primero las materias que mi maestro me enseño, y despuez à escrivir todos los vocables castellanos en un libro mio que para esto se avia hecho : despuez ,* adjuvante deo, *commencé à deletrear , y despuez pronunciar con toda la fuerza que podia , aunque me salia mucha abundancià de saliva. Commencé despuez a leer historias, que en dies años he leido historias de todo el mundo. Y despuez apprendi el-latin, y todo era per la grande misericordia de dios, que sin ella , en ningun modo lo podia passar.*

Traduction du passage.

Afin, dit-il, parlant de la parole donnée à *Vélasco*, que l'on jouisse plus particulièrement

---

n'avions pas le bonheur d'être ecclésiastiques; nous n'étions que des militaires très-subalternes, et l'on sait que

Tout aumônier est plus hardi qu'un page.

de cette merveille, que l'on comprène quelque
chose de l'art qu'on y a employé, et que cela demeure dans la mémoire, je mettrai ici un écrit
que j'ai de sa main. Quelqu'un, continue-t-il, de-
manda au *père Ponce* comment il avait commencé à lui montrer à parler; ledit *Pierre Ponce*,
dit au seigneur *dom Pierre*, ce qui venait de lui
être demandé, et celui-ci répondit, d'abord verbalement, et ensuite par écrit comme il suit :
sachez, monsieur, que quand j'étais enfant, je
ne savais rien (ut lapis), comme une pierre ; je
commençai premièrement à écrire les matières
que mon maître m'enseigna, ensuite à écrire tous
les mots castillans, dans un livre à moi, qui avait
été fait pour cet usage ; ensuite, Dieu aidant, je
commençai à épeler, et à prononcer avec tout
l'effort dont j'étais capable, quoiqu'il m'échappât
une grande quantité de salive. J'ai commencé
après cela à lire des histoires; en dix ans, j'ai lu
celles de tout le monde, et ensuite j'ai appris le
latin, et tout cela se faisait par la grande miséri-
corde de Dieu; car, sans elle, quel succès pourrait obtenir un muet dans son instruction (1).

-----

(1) On a cru devoir traduire, mot à mot, la réponse
de *Vélasco*, et laisser les défauts de construction qui s'y
trouvent. Ce sont des monuments du degré de perfection auquel *le père Ponce* avait élevé les connaissances
de son disciple. On ne trouve point ces défauts dans
un extrait de l'histoire des Machabées, de la façon de

'Telle fut la réponse de *Vélasco*, et c'est à quoi se réduisent les notions qu'il a données sur la méthode de son maître, dont il ne paraît guère que *Ponce* ait pris soin de laisser d'autres vestiges. Si *Ponce* avait, en effet, laissé sur son art quelques indications plus particulières, *Moralès*, qui ne raconte le fait que l'on vient de voir, que pour faire connaître quelque chose de cet art, ne les eût-il point rapportées de même? Ce n'est ici qu'une raison de convenance; mais on sent de quelle force elle est, lorsque *dom Feijoo* est dans l'impossibilité de montrer d'autres monuments de la

---

M. de Fontenay, sourd-muet de naissance, l'un des derniers élèves de *Péreyra*. Nous avons, entre les mains, cet extrait bien fait et bien écrit, par ce jeune homme, avec lequel nous nous sommes trouvés fréquemment, et que *Fréron* a eu l'honneur de présenter au roi de Pologne, duc de Lorraine et de Bar. M. de *Fontenay* était alors âgé de vingt ans; il prononça assez distinctement pour être entendu de tout le monde, et il est à remarquer qu'il était un peu trop âgé lorsque *Péreyra* l'entreprit. Il savait le français, le latin, l'espagnol, l'histoire, la géométrie, la géographie, les mathématiques; il y a eu très-peu de jeunes gens aussi bien élevés et aussi instruits. Il n'était pas moins recommandable par les qualités de son cœur. C'était quelque chose d'admirable que le tendre attachement qu'il avait pour son maître, et la reconnaissance passionnée qu'il faisait éclater à chaque instant, avec autant de chaleur que de naïveté, pour toutes les obligations qu'il lui avait.

méthode de *Ponce*. C'est de la possibilité qu'il y avait que *Ponce* enseignât cette méthode, que *dom Feijoo* conclut qu'il l'a enseignée. N'est-il pas plus naturel de conclure de la réponse de *Vélasco*, qui n'offre qu'une notice indéterminée, qu'il est très-possible que l'écolier ignore l'art dont se sert le maître ? Une autre observation, c'est que malgré les recherches les plus exactes, on n'a pu trouver dans le monastère d'*Oña*, où *Ponce* passa la plus grande partie de sa vie et mourut, aucune trace de cette méthode : d'où il est naturel de conclure, que non seulement *Pierre Ponce* n'a jamais songé à enseigner son art, comme l'a assuré, en 1620, le *Père Perez*, mais, au contraire, qu'il le cachait avec soin.

Dom *Feijoo* s'appuye sur un fait pour prouver que *Pierre Ponce* avait laissé quelque chose sur son art, et que Bonnet en a eu connaissance : mais les circonstances qui accompagnent ce fait, et les réflexions qu'elles font naître, renversent l'induction qu'on veut en tirer. On voit, comme nous l'avons dit ci-dessus, dans les Œuvres de *Moralès*, que *Ponce* avait appris à parler à deux frères et à une sœur du connétable. *Bonnet* se qualifie, dans son Livre, de secrétaire du connétable, et fait entendre, dit-on, qu'il a donné la parole à un frère de son maître. Le *Père Feijoo* en conclut ;

1°. Que *Bonnet* connut encore en vie, chez le connétable, l'un des deux frères à qui Ponce avait appris à parler, et qu'il voulut s'en approprièr l'instruction ;

2°. Qu'il trouva dans cette maison tous les renseignements nécessaires sur la théorie et sur la pratique de l'art dont il s'agit.

Il n'est guères possible de justifier *Bonnet* sur le premier point, et le silence qu'il garde sur les instructions faites par *Ponce* dans la maison de son maître, est une preuve de sa mauvaise foi. Son plagiat n'est pas aussi prouvé ; il ne paraît pas vraisemblable que *Bonnet* ait trouvé chez le connétable une instruction plus satisfaisante que celle qu'a donnée *Vélasco* dans sa réponse. En effet, cet élève de *Ponce*, le plus savant des deux frères, mort il y a avait long-temps, n'ayant pu donner de plus grands éclaircissements sur l'art de son maître, comment *Bonnet* aurait-il pu en apprendre davantage du frère beaucoup moins éclairé ?

Une nouvelle preuve que *Bonnet* n'est point plagiaire, c'est qu'il ne connaît point l'art qu'on veut qu'il ait dérobé. Pour se convaincre qu'il n'a point su donner la parole aux muets, il suffit de réfléchir qu'il veut s'approprier l'instruction du frère du connétable, laquelle n'a point été son ouvrage, et qu'il ne dit point du tout, ni aucun autre auteur dont nous ayions connaissance, avoir instruit quelqu'autre muet. On observerait en vain que, quoiqu'il n'ait enseigné aucun muet, il pourrait néanmoins avoir eu la théorie de l'art dont il est question : la théorie a tellement besoin ici d'être jointe à la pratique , qu'elle ne peut exister sans elle et que par elle ; d'ailleurs si son ouvrage contenait la méthode de *Ponce*, comme *Dom Feijoo* semble le penser , on n'aurait pas manqué, en Espagne, où il est imprimé depuis 1620, de s'en servir avec succès; ce qui n'est point. Il y a apparence que *Bonnet* ayant cherché inutilement à découvrir le secret de *Ponce*, et ne voulant point perdre inutilement ses peines , composa son livre en combinant, comme il put, le peu qu'il en apprit chez le connétable avec ses propres idées , et ce que plusieurs auteurs ont écrit sur les lettres de l'alphabet.

Pour *Wallis* et *Amman*, le prétendu rapport de ressemblance entre leur méthode et celle de *Ponce*, en ce qu'ils se servent, comme lui, du moyen de l'écriture, n'est pas un motif suffisant pour en conclure l'identité. Ils pourraient, à la vérité, avoir pris de *Ponce* l'idée de ce moyen ; mais ils n'en doivent pas moins, pour cela , être regardés comme les inventeurs de leur art, qui consiste moins dans le moyen que dans la manière de l'employer. C'est de quoi *Dom Feijoo*, lui-même, est forcé de convenir, lorsqu'il dit, en parlant de *Péreyra, qu'il lui restait toujours un vaste champ pour exercer son génie, s'il avait à former toutes les règles de l'art sur les principes que lui fournissait une si petite notion.* Rien n'est plus vrai que cet aveu de *Dom Feijoo*, au mot de *notion* près, qui n'est peut-être pas juste, s'il ne veut parler que de l'indication que donna la réponse de *Vélasco*. **La** preuve de ce que nous avançons, que la réponse de cet élève n'apprend rien de la méthode de *Ponce*, c'est l'insuffisance dont elle est pour faire retrouver cette méthode.

Tout ce que nous venons de dire nous paraît prouver, d'une manière décisive, que *Wallis* et *Amman* ne doivent point à *Ponce* leur manière de procéder ; à plus forte raison, *Péreyra* ne lui doit-il point la sienne, lui qui en suit une différente de celle d'*Amman* et de *Wallis ?* Quelle est-elle ? C'est ce que nous ignorons, et ce qu'il n'a jamais craint que l'on découvrît.

Quand *Dom Feijoo* aurait prouvé qu'*Amman* et *Wallis* auraient tenu leurs méthodes de *Ponce*, la différence de celle de *Péreyra* avec les leurs, lui assurerait encore la gloire d'être l'inventeur de son art. C'est aussi cette différence que *Dom Feijoo* veut détruire. Mais comment pourra-t-il prouver la ressemblance entre une chose et une autre chose qu'il ne connaît pas ? S'il n'a aucune raison pour établir la parité, il n'en est pas de même de la ressemblance en faveur de laquelle deux faits que nous garantissons, forment la plus forte présomption ; les voici :

En 1745, *Péreyra* passant à la Rochelle, y apprit à un muet à prononcer quelques mots. Ce prodige fit du bruit, et parvint jusqu'à M. *d'Azy d'Etavigny*, directeur des fermes de la Rochelle, dont le fils était muet. La répugnance qu'il eut à confier l'instruction de son fils à un étranger, le fit d'abord recourir au livre d'*Amman*, qu'il envoya, plein de confiance, à Beaumont-en-Auge, abbaye et collège de bénédictins où, depuis trois ans, il avait mis son fils, aux PP. *Dom Cassieux*, prieur de l'abbaye, et *Dom Bailleul*, principal du collège. Ces pères mirent tout en œuvre pour faire réussir les préceptes d'*Amman*, leurs efforts furent inutiles; et, après un an de tentatives infructueuses, il fallut recourir à *Péreyra*, qui vint à bout de ce qu'ils n'avaient pu exécuter. La capacité et les talents des pères qu'on vient de citer, sont trop connus pour qu'on puisse accuser leur inhabileté; c'est donc à la différence de méthode qu'il faut attribuer la différence de succès. On trouve des indices du fait que nous venons de rapporter, dans le Mercure d'août 1747.

Le second fait est celui du P. Vanin de la Doctrine Chrétiène. Plein d'un zèle et d'un désintéressement des plus édifiants, cet ecclésiastique s'est dévoué depuis long-temps à instruire les sourds-muets de naissance; la dissertation d'*Amman*, l'ouvrage de *Wallis*, rien, enfin, de ce qui a rapport à son objet ne lui est inconnu. Il était même sur le point de donner au public un ouvrage de sa composition sur cette matière, il y a environ sept à huit ans, lorsqu'il entendit parler de M. *Péreyra*. Les succès de ce dernier et les entretiens qu'il eut avec lui, le firent non seulement renoncer à donner son ouvrage, mais le portèrent à procurer à

Péreyra un élève en état de reconnaître ses peines (1).

Voilà donc la méthode de *Péreyra* reconnue différente de celle d'*Amman*, et sa supériorité décidée par un juge en état de prononcer. Peut-il rester à présent le moindre doute que *Péreyra* ne doit qu'à lui seul l'art merveilleux qu'il possède ?

Nous avons cru devoir entrer dans cette discussion en faveur de ce fameux mutismicien, à qui la France est redevable de ce qu'il a bien voulu la choisir pour le théâtre de ses utiles opérations. Au reste, *Dom Feijoo* ne saurait se plaindre de ce qu'on a cherché à enlever à sa patrie un avantage qui lui est dû. Que *Ponce* soit l'unique inventeur ou que *Péreyra* partage cette découverte avec lui, peu importe à l'honneur de sa nation, puisque *Péreyra* est né en Espagne : il nous paraît même plus glorieux pour elle de pouvoir se vanter d'avoir deux génies créateurs que de n'en avoir qu'un à citer.

Si les journaux n'avaient pas retenti des miracles qu'a faits *Péreyra*, nous en donnerions ici l'énumération. Nous nous contenterons de rapporter un fait déjà connu, mais que nous choisissons entre plusieurs autres tant à cause de son authenticité, que parce que c'est lui qui a donné lieu à la dissertation de *Dom Feijoo*. *Péreyra* ayant entrepris le jeune d'*Etavigny*, le fit voir, quand il fut au

---

(1) M. Lecouteulx, cousin de M. Lecouteulx, banquier.

milieu de son instruction , à l'Académie des sciences,
présenté par le célèbre *la Condamine*. Les académiciens, frappés d'admiration, engagèrent *Péreyra*
à poursuivre ; et il le fit avec tant de succès, que
quelques mois après le jeune d'*Etavigny* fut présenté au roi par le *Duc de Chaulnes*. Louis XV
lui fit différentes questions par signes et par écrit,
sur l'histoire naturelle , que ce monarque connaissait ; d'*Etavigny* répondit de la manière la plus satisfaisante, et le roi , toujours porté à encourager
les arts utiles, accorda à *Péreyra* une pension
de 800 fr.

Il serait sans doute à souhaiter que M. *Péreyra*
dévoilât les secrets de son art , dit Fréron : l'utilité de ce projet , qui n'intéresse pas une seule nation , mais tous les peuples du monde , en fait espérer
la réussite. Je vais tâcher d'en faire sentir la nécessité , et j'emprunterai pour cela une partie de ce qui
a été dit dans le Mercure de mars 1750. Les muets,
en fait de connaissances métaphysiques , sont les
plus ignorants de tous les hommes : on peut voir là-
dessus les mémoires de l'Académie des sciences
de 1703 ; les leçons de physique de M. l'*abbé Nollet*,
membre de cette Académie ; le Traité des Sens du
fameux *le Cat*, chirurgien. Il y a dans le royaume
beaucoup plus de sourds-muets qu'on n'imagine ;
dans Paris , seul, il y en a plus de cent.

Péreyra ne pouvait instruire plus de trois muets
à-la fois ; il lui fallait quatre ou cinq ans pour compléter l'instruction. Comme il est convenable pour
la bonté de la prononciation , que les enfants ap-

prènent à lire dès l'âge le plus tendre, la multiplicité des élèves exige conséquemment la multiplicité
des maîtres. La publicité de cet art aurait pu donner
lieu à de nouvelles découvertes, et serait d'une
utilité beaucoup plus étendue qu'on ne pense,
pour apprendre à lire aux enfants, et pour corriger
les défauts de la prononciation. L'alphabet manuel
de *Péreyra*, incomparablement plus commode que
l'écriture, pour parler aux élèves, serait encore
d'un grand secours pour les personnes sourdes par
accident.

Quelque près de la perfection que M. *Péreyra*
ait porté son art, poursuit Fréron, il est des découvertes qu'il n'a point faites, qu'il est sûr de faire,
et qu'il ne tentera point, parce qu'elles sont de nature, à ce qu'il prétend et doit savoir, à découvrir
son art. En supposant d'ailleurs, comme on doit
le supposer d'après ce qu'il assure, que son systême
embrasse plusieurs parties, on sent combien il serait
plus convenable pour la parfaite instruction des
muets, de partager, entre plusieurs maîtres, ces
différentes parties.

Quoi qu'il en soit : *Recevez notre premier hommage, ô vous qui fûtes*, en France, *le créateur
de cet art qui a produit une si étonnante merveille! Qu'il doit nous être cher le nom de ce bon*
Israélite, *de cet ami de l'humanité*, de ce respec-
table philantrope *qui, se croyant, avec tant de
raison, appelé par la Providence à cet apostolat si utile et si difficile, se dévoue tout entier*

à cette œuvre si digne de la piété tendre qui l'avait animé toute sa vie ! Que le nom de Pé-reyra sera cher à la classe nombreuse de ces infortunés, à qui il donna un nouvel être et une nouvelle vie ! Ils le béniront à jamais comme leur père ; la postérité reconnaissante s'unira à eux pour honorer sa mémoire, pour le recommander au respect et au culte de toutes les générations, et pour les inviter à demander à Dieu, par les plus ferventes prières, le salut éternel de cet enfant privilégié d'Abraham, d'Isaac et de Jacob.

Anche noi habiamo il diretto d'impiègare il stilo ascetico ;

Et nous aussi, nous avons le droit d'employer le style ascétique.

EXTRAIT LITTÉRAL

Du Traité des sens en particulier du célèbre LE CAT.

PERSONNE n'a poussé aussi loin que le célèbre M. *Péreyra* l'art de corriger les défauts des sourds - muets de naissance : non seulement il les fait lire et écrire, mais encore il les fait parler, converser, disserter, avec une étendue de connaissances presque égale à celles des autres hommes.

Un de ses élèves, M. d'Azy d'Etavigny, après dix mois d'instruction, a eu l'intelligence de treize cents mots, qu'il prononçait assez distinctement. Il fut présenté à l'Académie des sciences en 1749.

Je me suis assuré de ce prodige par moi-même : il m'a paru que M. *Péreyra* parvenait à ce degré d'éducation des sourds - muets , par plusieurs moyens réunis, dont on voit une partie dans la conversation avec eux , et dont il ne paraît pas difficile de deviner le reste ; au moins, presque tout ce qu'on voit chez lui, c'est que tous ses élèves l'entendent. Premièrement, par le mouvement des lèvres , comme le faisait la marchande d'Amiens dont nous avons parlé , et comme j'ai vu quelquefois mon épouse et une nièce que j'avais , converser entre elles au milieu d'une compagnie qui ne s'en doutait pas.

Le second moyen de s'entendre, établi entre M. *Péreyra* et ses élèves , est une suite de signes faits avec les doigts dans le genre de ceux que se font en classe les écoliers pour se parler sans bruit. Mais tout cela suppose la connaissance des mots et des objets qu'ils désignent; c'est donc par-là que doit débuter M. *Péreyra* : et voici comme je conçois qu'il l'exécute.

Il montre à son élève chaque lettre de l'alphabet; il en prononce le nom distinctement, de façon qu'il n'y a rien d'équivoque dans le mouvement de ses

lèvres et de sa langue, et de tous les organes employés à la prononciation. L'élève exécute ces
mêmes mouvements des lèvres, de la langue, etc.
Le maître lui fait entendre par des signes, dans
lesquels les sourds - muets ont une intelligence
singulière (1), qu'il faut joindre des sons à ces
mouvements; par exemple, en prononçant avec
force, il lui montrera sa poitrine et son gosier en
mouvement; il lui fera sentir son mouvement, en
lui faisant appliquer la main sur ces organes.
L'élève qui le comprend, donne des sons accompagnés du mouvement des lèvres et de la langue
montré par le maître; ces mouvements détermi-
nent le son; et si ce son n'est point exact, on lui
fait signe qu'il n'y est pas encore : quand il l'a
attrapé, on l'applaudit, on le caresse; ce seul
exercice lui montre la liaison qu'il y a entre les
sons et les mouvements des lèvres et de la langue,
etc., et le forme dans le moyen de converser le
plus général.

Quand M. *Péreyra* a réussi à leur faire prononcer et connaître la figure de toutes les lettres,
il accompagne cette prononciation de signes arbi-

---

(1) Cette intelligence est telle qu'un gentilhomme du
pays de Caux, en cet état, savait toutes les nouvelles
du canton, et parvenait à les raconter toutes à ceux qui
étaient accoutumés à ses signes. Il liait des conversations
suivies avec eux; et peu de jours suffisaient pour se mettre
au fait de sa nomenclature.

traires faits avec les doigts, parce qu'ils sont beaucoup moins équivoques et plus distincts que ceux
qu'on peut tirer de la figure des lèvres, et que
d'ailleurs l'un fortifie l'autre.

Après cela, il leur prononce et leur fait prononcer des mots entiers, en leur faisant voir les
choses et les actions que ces mots expriment ; par
exemple, *du pain* : en leur montrant cet aliment,
et le mot écrit qui le représente, il leur dit, *manger
du pain*, en exécutant l'action même de le manger :
je mange du pain, en se montrant soi-même d'une
main, et portant de l'autre le pain à la bouche ;
vous mangez du pain, en faisant les mêmes manœuvres sur l'élève, et à un tiers pour la troisième
personne.

Cette base de l'art étant posée pour les noms
substantifs, comme pain, vin, etc., on pense à
exprimer les adjectifs, bon, mauvais, aigre, doux,
etc. Mais ce n'est là qu'un second degré, encore
très-facile, parce que le sourd-muet a des sens
qui lui donnent les sensations de ces épithètes ;
mais le très - difficile, est la suite des substantifs
relatifs, comme père, mère, oncle, cousin, grand-
père, etc. ; comme Dieu, roi, magistrat, juge,
guerrier, etc., et tout ce qui concerne les verbes
qui doivent ou lier ou séparer ces idées : cette
dernière partie de l'art de M. *Péreyra* est un
chef-d'œuvre de sagacité, par lequel il l'emporte
sur tous ceux qui l'ont précédé ; chef - d'œuvre
d'un détail immense, et qui demande grand nombre

d'années d'éducation suivie. On ne saurait douter qu'il n'y soit parvenu, quand on s'entretient avec quelques-uns de ces élèves, quand on a lu dans les journaux les discours que quelques-uns d'eux ont prononcé à la louange de leurs bienfaiteurs, et la très-ample et savante dissertation d'un autre élève de M. *Péreyra*, insérée dans le Mercure.

Il était réservé à M. *Péreyra* de transformer un sourd-muet de naissance en orateur et en savant, de rendre à la société une partie de notre espèce, qui paraissait condamnée par la nature à faire une classe mitoyenne entre la brute et nous. (1)

Il faut convenir que par cela seul, il mérite d'être placé au rang de ceux qui ont le mieux mérité les suffrages du public, la reconnaissance de tout le genre humain, et les encouragements de toutes les puissances.

---

(1) Je n'ignore pas que M. *Péreyra* n'est point l'inventeur de l'art de faire parler et écrire les sourds-muets de naissance : c'est à *Pierre Ponce*, bénédictin espagnol du seizième siècle, qu'est dû cet honneur, et l'on sait que depuis lui plusieurs savants ont écrit sur cet art, et l'ont enseigné. Le célèbre *Conrard Amman*, suisse, s'est principalement distingué entre eux tous ; mais après ce que j'ai vu et entendu des élèves de M. *Péreyra*, je doute que personne l'ait égalé dans cet art infiniment utile.

3.

Extrait des Mémoires de Trévoux de l'an 1701.

Dissertatio de loquelâ, quâ non solum vox humana, et loquendi artificium ex originibus suis eruuntur, sed, etc. etc.

Traité de la parole, dans lequel non seulement on explique ce que c'est que la voix humaine et comment elle se forme, mais on donne des moyens pour faire parler ceux qui sont venus au monde sourds et muets, et pour corriger les défauts de ceux qui ont de la peine à parler; par Jean Conrard Amman, docteur en médecine.

Un auteur qui fait parler les muets mérite de l'attention. M. Wallis, professeur de mathématiques à Oxford, avait fait parler quelques muets avant M. Amman : mais celui-ci a beaucoup perfectionné la nouvelle méthode, et il avait déjà fait parler six muets, quand il apprit que M. Wallis avait écrit sur cette matière.

Notre auteur divise son livre en trois chapitres. Dans le premier, il traite de la parole en général, et il cherche les raisons qui obligeraient les hommes à se faire un langage, si Dieu ne leur avait point appris lui-même à parler : selon M. Amman, *la langue du premier homme était une image du verbe ou de la parole de Dieu (fiat lux); et elle renfermait quelque chose de singulier pour se faire entendre aux essences mêmes des choses, comme ont fait depuis quelques saints, lorsqu'en vertu de l'union qu'ils avaient avec Dieu, ils parlaient aux morts et commandaient aux cadavres de ressusciter.* (Fiat *adhuc* lux... M. Amman ne nous apprend point qui lui a fait d'aussi étranges confidences : il a été sans doute plus intelligible quand il a fait parler des muets.)

M. Amman explique les organes qui servent à former la parole : mais il avertit lui-même qu'il ne prétend pas le faire bien exactement. Il fait observer que ce n'est pas une petite ou une plus grande ouverture du larynx qui modifie la voix : car si cela était, dit-il, pourquoi cesserions-nous d'avoir de la voix quand nous sommes fort enrhumés ? En effet, nous pouvons alors, comme auparavant, ouvrir et fermer le larynx. Ce qui modifie la voix, c'est le trémoussement qui se fait dans les cartilages du larynx et de la trachée-artère, et qui dépend des os, des muscles, et des nerfs de la poitrine et de la tête. Le trémoussement dont on parle ressemble à celui que l'on fait dans un verre sur les bords duquel on conduit le doigt avec quelqu'effort.

Dans le second chapitre, l'auteur traite de la manière dont les lettres sont formées; et par le mot de lettres, il entend également les sons et les caractères qui expriment les sons. Il prétend que les allemands passent les autres nations dans l'exactitude à bien distinguer les caractères, et à les peindre d'une manière uniforme pour marquer le même son.

Le troisième chapitre est le plus curieux. En deux mois, M. Amman apprend aux muets à lire et à écrire. Son art consiste dans les règles suivantes ;

1°. Quoique les muets soient sourds et n'entendent pas le son, ils distinguent néanmoins le mouvement qui fait le son, du simple souffle de la respiration qui ne fait point de bruit : mais pour leur faire remarquer davantage la différence de ces deux mouvements, il faut porter leur main à votre gosier, afin qu'ils s'apperçoivent du trémoussement qui s'y passe quand vous parlez. Faites-leur ensuite porter la main à leur propre gosier, jusqu'à ce qu'ils produisent eux-mêmes quelque son ;

2°. Pour leur rendre la prononciation plus facile, vous mettrez un miroir devant eux, et ils verront plus aisément de quelle manière il faut imiter le mouvement que vous produisez, et qu'ils doivent produire ;

3°. Quand vous avez tiré du muet la prononciation de quelque voyelle, faites-la lui répéter plusieurs fois ; tracez ensuite la lettre qui signifie la voyelle, et faites-la lui bien remarquer. Rien n'accoutume plus un tel disciple à bien prononcer, que le soin de lui serrer le nez quand il prononce;

4°. Il faut obliger le muet à porter en même temps une main à votre gosier, et l'autre à votre nez : il s'appercevra qu'il y a des trémoussements du gosier qui sont accompagnés de celui du nez et d'autres qui ne le sont pas. Par exemple, le mouvement du nez sert à prononcer N.

5°. La lettre L est difficile pour un muet ; cependant il la prononcera, si vous lui faites appliquer la langue aux dents d'en haut, et lui serrant ensuite le nez, vous lui faites signe de trémousser du gosier avec effort. De telles leçons ne se donnent pas aisément sans rire.

6°. La lettre R est la plus difficile de toutes à proférer. On ne dispose les muets à le faire, qu'en leur montrant dans un miroir comment ils doivent mouvoir le gosier et la langue.

7°. Quand votre écolier sait les lettres, faites-lui signe d'en dire plusieurs de suite et de les tracer de la même manière sur du papier. D'abord il prononce trop lentement, sur-tout les voyelles : au lieu de dire A, par exemple, il prononce A A. Pour le corriger, il faut lui fermer la bouche aussi-tôt qu'il a prononcé le premier A ; cela lui fait comprendre qu'on n'en demande pas davantage.

8°. Lorsqu'il commence à savoir lire, faites-le lire souvent dans un miroir, et lisez la même chose vous-même. Le mouvement que vous faites perfectionnera de plus en plus le muet qui tâche d'imiter ce qu'il voit dans le miroir. Il faut lui parler lentement, sans quoi il ne pourrait rien distinguer.

9°. Dès qu'il sait prononcer quelque mot, il est facile de lui faire observer ce que le mot signifie.

Ces règles, comme l'auteur l'observe fort bien, peuvent servir à ceux qui ne sont pas muets, et si on s'accoutumait à juger par ces règles de ce que disent les hommes, lors même qu'on ne peut pas les entendre, on découvrirait une infinité de secrets.

En effet, il y a à Amiens une marchande qui est devenue absolument sourde, et qui comprend tout ce qu'on lui dit en attachant les yeux sur la bouche de celui qui parle. On s'entretient aussi facilement avec elle que si elle avait l'ouïe excellente, et même plus facilement en un sens; car on n'est pas obligé de parler haut, et elle comprend ce que vous lui dites lorsque vous ne vous entendez pas vous même.

Quand on lui parle en quelqu'autre langue que le français, elle le remarque dans le moment, et dit: je n'entends point cette langue. Ce fait est certain dans toutes ses circonstances, et on ne le raconte ici qu'après en avoir été témoin.

Mémoire de l'Académie des sciences,
année 1705.

A Chartres, un jeune homme de 23 à 24 ans, sourd-muet de naissance, commença tout-à-coup à parler, au grand étonnement de toute la ville. On sut de lui que trois ou quatre mois auparavant il avait entendu le son des cloches, et qu'il avait

été extrêmement surpris de cette sensation nouvelle et inconnue. Ensuite il lui était sorti une espèce d'eau de l'oreille gauche, et il avait entendu
parfaitement des deux oreilles. Il fut, ces trois ou
quatre mois à écouter sans rien dire, s'accoutu-
mant à répéter toutes les paroles qu'il entendait, et
s'affermissant dans la prononciation, et dans les
idées attachées aux mots. Enfin, il se crut en état
de rompre le silence, et il déclara qu'il parlait,
quoique ce ne fût encore qu'imparfaitement. Aussi-
tôt des théologiens habiles l'interrogèrent sur son
état passé, et leurs principales questions roulèrent
sur Dieu, sur l'âme, et sur la bonté ou la malice
morale des actions. Il ne parut pas avoir poussé ses
pensées jusques-là. Quoiqu'il fût né de parents catholiques, qu'il assistât à la messe, qu'il fût instruit
à faire le signe de la croix, et à se mettre à genoux,
dans la contenance d'un homme qui prie, il n'avait
jamais joint aucune intention à tout cela, ni compris
celle que les autres y joignaient. Il ne savait pas
bien distinctement ce que c'était que la mort, et il
n'y pensait jamais; il menait une vie purement
animale; tout occupé des objets sensibles et présents,
et du peu d'idées qu'il recevait par les yeux, il ne
tirait pas même de la comparaison de ces idées,
tout ce qu'il semble qu'il en aurait pu tirer. Ce n'est
pas qu'il n'eût naturellement de l'esprit; mais l'esprit d'un homme privé du commerce des autres,
est si peu exercé et si peu cultivé, qu'il ne pense
qu'autant qu'il y est indispensablement forcé par

les objets extérieurs. Le plus grand fond des idées des hommes est dans leur commerce réciproque.

Août 1749.

Mémoire que M. Péreyra a lu dans la séance de l'Académie royale des sciences, le 11 juin 1749, et dans lequel, en présentant à cette compagnie un jeune sourd-muet de naissance, il expose avec quel succès il lui apprit à parler. On y a ajouté plusieurs observations qui n'ont point été lues à l'assemblée, et qui sont nécessaires pour un plus grand éclaircissement : ce sont celles qu'on trouve, en forme de notes, au bas des pages.

Messieurs, après les applaudissements flatteurs que la savante Académie des belles-lettres de Caen et nombre de personnes éclairées m'ont si généreusement prodigués sur ma méthode pour apprendre à parler et à raisonner aux sourds-muets, rien n'a pu détourner mon esprit de mériter l'approbation d'une compagnie qui, par l'auguste protection du plus grands des monarques, et par les vastes lumières des membres qui la composent, fait si dignement l'admiration et l'ornement le plus solide de la France, de l'Europe, de l'univers. C'est dans une vue aussi flatteuse, que je viens vous supplier, messieurs, d'examiner les effets que mes soins ont jusqu'ici produits sur M. d'Azy d'Etavigny, que j'ai l'honneur de vous présenter.

Ses progrès actuels fourniront assez de matière à votre pénétration , pour porter un jugement décisif sur tous les avantages que les sourds-muets devront attendre de mon art. J'ai formé sur ce sujet un mémoire qui contient en outre quelques remarques qui lui sont relatives ; daignez, messieurs, je vous prie , en entendre la lecture.

MÉMOIRE.

Ce jeune sourd-muet prononce distinctement, quoique très-lentement encore, les lettres, les syllabes , les mots, soit qu'on les lui écrive , soit qu'on les lui indique par signes. Il répond, de son chef, verbalement ou par écrit, aux questions familières qu'on lui fait ; il en forme lui-même très-souvent ; il agit en conséquence de ce qu'on lui propose de faire, soit qu'on lui parle par écrit, ou par l'alphabet manuel dont son maître se sert envers lui, sans qu'il soit besoin d'y ajouter aucun autre signe qui indique ce qu'on veut qu'il fasse ; il demande, par le moyen de sa langue, les choses dont il a besoin journellement ; il récite par cœur le décalogue et plusieurs autres prières , et il répond avec intelligence à plusieurs questions du catéchisme. En grammaire, il donne l'article convenable à chaque nom, rarement il se trompe, il connaît un peu la valeur des cas ; il a une médiocre connaissance, principalement dans la pratique des pronoms dont on se sert le plus communément. A l'égard des verbes, non seulement il les sait conjuguer dès qu'ils sont réguliers, mais il en dit encore la personne qu'on lui en demande séparément, de quelque nombre, temps et mode qu'elle soit; son plus fort cependant est sur l'indicatif. Sur les autres parties du discours, ainsi que sur la syntaxe, il connaît, à quelque chose près, ce qu'il y en a de plus nécessaire dans les expressions les plus communes et familières; il ne donne pas, par exemple, un adjectif féminin à un substantif masculin, ni un pluriel à un singulier; il ne se trompe que rarement sur les temps, les nombres et les personnes des verbes qu'il fait entrer dans ses expressions, surtout si c'est au mode indicatif qu'il doit les employer; il évite déja bien des répétitions par le moyen des pronoms et articles relatifs, qu'il emploie le plus souvent fort à propos. Il observe quelques règles d'orthographe assez bien. Il est de plus à remarquer:

1°. Que si, sur tout cela, on fait des fautes en lui écrivant, il s'en apperçoit pour l'ordinaire, et même les corrige, dès qu'on lui permet de le faire;

2°. Il change sa prononciation en différentes façons; il parle haut ou bas suivant qu'on l'exige de lui; il imite par le son de sa voix, mais ce n'est pas encore bien exactement, les différences qu'on y fait sentir, lorsqu'on interroge, qu'on prie, qu'on commande, etc. Quoique les lettres, et sur-tout les voyelles, soient, dans le français, susceptibles de différentes prononciations, n'y en ayant aucune qui n'en admette plusieurs, et qui ne devienne

muette dans quelques rencontres, néanmoins M.
d'Etavigny ne manque point à leur donner la valeur convenable ; s'il s'y trompe quelquefois, ce
n'est que dans des mots qui lui sont inconnus ; il
sait, en arithmétique, les quatre règles ; les deux
premières par livres, sous et deniers, et il nombre
verbalement toutes les sommes qu'on lui propose
en chiffres. En géographie, il distingue sur la carte
les quatre parties du monde, les principaux royaumes de l'Europe, dont il nomme les capitales ; il
étend son savoir sur la France, aux provinces et
aux villes les plus remarquables ; il a encore quelques autres connaissances qu'on pourrait rapporter
à la chronologie, comme la division qu'il fait de
l'année, du mois, de la semaine ; à l'histoire,
comme la création du monde qu'il récite ; et même
à des sciences plus abstraites ; mais il serait difficile
d'en donner par écrit une juste idée.

M. d'Azy d'Etavigny, est âgé de 19 ans. Péreyra commença à l'instruire dans le collége de
monseigneur le duc d'Orléans, à Beaumont-en-
Auge, en Normandie, le 13 juillet 1746. Il eut
l'honneur, quatre mois après, de le présenter à
l'Académie des Belles-Lettres de Caen, où prési-
dait, comme protecteur, M. l'évêque de Bayeux,
pour y être examiné sur ses progrès, lesquels
étaient déjà assez considérables du côté de la
prononciation, pour le peu de temps qu'il y avait
que Péreyra l'instruisait. Il fut obligé de quitter
son élève au commencement du mois de mai 1747,

lorsque celui-ci avait l'intelligence d'environ treize cents mots, et lisait et prononçait tout distinctement (1). Péreyra n'a pu reprendre son instruction qu'au 15 février 1748; il trouva sa prononciation, faute d'un usage suivi sous sa direction, extrême-

---

(1) Tout cela se trouve vérifié et circonstancié dans les pièces suivantes de 1747; *Journal des savants* de juillet; *Mercure de France*, d'août; *Journal de Verdun* de novembre, etc.

On sent bien que plus les sourds-muets sont jeunes, plus les organes de la parole auront d'aptitude chez eux pour une prononciation aisée. Il est certain que pour concevoir, surtout lorsqu'il s'agit de ce qui est abstrait, les plus âgés ont plus d'avantage que ceux qui le sont moins; mais aussi n'est-il pas moins vrai que les enfants, dès l'âge de six ans, et avant même, commencent à comprendre un grand nombre de petites choses qui suffisent à M. Péreyra, à l'égard de ses élèves, pour donner l'exercice convenable à leur langue, et pour les mener, insensiblement, à des connaissances plus considérables, et cela avec d'autant plus de facilité, que leur ayant rendu comme naturel l'usage de la parole, ils s'expliqueront avec une aisance que les grands ne sauraient acquérir que par une pratique beaucoup plus longue. Il est à propos d'avertir ici que la méthode de M. Péreyra, qui exerce par lui-même et par son frère seulement, quoiqu'extrêmement pénible pour lui, n'a cependant rien de violent ni de désagréable pour ses élèves, et n'est pour eux qu'une espèce d'amusement. M. Péreyra pourrait se faire aider par mademoiselle sa sœur, s'il était question d'instruire quelques demoiselles.

ment vicieuse et très-peu intelligible , ensorte qu'on pourrait assurer , sans crainte de s'y tromper beaucoup , eu égard au temps qu'il a fallu pour la corriger , que tout ce que M. d'Etavigny sait à présent , a été l'ouvrage du temps écoulé depuis cette dernière époque ; c'est-à-dire , d'environ seize mois.

On observe , outre la lenteur , une extrême rudesse dans la prononciation de ce jeune homme ; elle provient en particulier des vices contractés pendant les dix mois d'interruption qu'il a éprouvée , mais principalement de la roideur de ses organes , lesquels avaient beaucoup perdu de leur flexibilité , lorsque Péreyra a commencé à les mettre en mouvement , son élève ayant déjà dans ce temps là, seize ans. On juge bien , au reste , que ces défauts diminueront considérablement chez lui à proportion qu'il continuera , sous les soins de son maître , à faire usage de la parole ; car il n'est point douteux que les parties qui la forment , n'acquièrent par ce moyen plus de souplesse et d'agilité , et ne lui rendent par conséquent l'articulation plus facile et plus régulière.

On voit par le contenu de ce mémoire , que les vues de Péreyra sur l'instruction des sourds-muets s'étendent à leur apprendre à prononcer tous les mots de la langue française , ou de toute autre langue , pourvu qu'il l'ait apprise lui-même auparavant ; mais encore , ce qui en est l'essentiel , à comprendre le sens de ces mots, et à produire

d'eux-mêmes, tant verbalement que par écrit,
toutes leurs pensées comme les autres (1), ce qui,

-----

(1) Il y a une grande différence, laquelle est beaucoup plus considérable chez les sourds-muets que dans
les autres hommes, entre savoir prononcer, et comprendre
ce qu'on sait prononcer. Cela échappe ordinairement aux
personnes qui n'y font point d'attention, ou qui ont appris d'autre langue que celle de leur pays. Qu'on se
donne la peine d'y réfléchir, on verra, qu'à l'exception
des dictions qui signifient des choses visibles, presque
tous les mots d'un dictionnaire sont très-difficiles à expliquer aux muets, et que pour l'ordinaire, sur les choses
purement intellectuelles, on ne leur fait comprendre que
des idées imparfaites.

M. Péreyra divise le total de ses instructions en deux
parties principales ; la prononciation et l'intelligence : il
apprend aux sourds-muets, par la première, à lire et
prononcer le français ou toute autre langue, s'il en était
question, mais sans leur faire comprendre que les noms
des choses visibles et d'un usage journalier, telles que
les aliments, et les habillements ordinaires, les parties
meubles et immeubles d'une maison, etc. Dans la seconde
partie, il leur apprend tout le reste de l'instruction,
c'est-à-dire à comprendre la valeur des mots contenus
dans toutes les parties du discours, et à s'en servir à
propos, soit en parlant, soit en écrivant, conformément
aux règles grammaticales, et au génie particulier de la
langue.

Dès le quinzième jour d'instruction, les élèves de
M. Péreyra commencent, pour l'ordinaire, à prononcer
quelques mots intelligiblement ; pour les instruire sur
la première partie de son art, il lui suffit de douze à

par conséquent, les rendra capables d'apprendre et de pratiquer comme eux quelque art ou quelque science que ce soit; si l'on en excepte seulement, à l'égard de la pratique, les choses pour lesquelles l'ouïe est indispensablement nécessaire. Péreyra leur apprend lui même l'arithmétique, et peut

---

quinze mois, surtout s'ils sont d'un âge encore tendre; mais pour la parfaite instruction sur la seconde partie, il lui faut un temps plus considérable.

M. Péreyra n'exige rien d'avance; on pourra convenir avec lui, pour la première partie, d'un prix payable en trois payements; le premier ne lui de.ra être délivré qu'après que son élève articulera distinctement quarante à cinquante mots; on ne donnera le second que lorsqu'il en saura prononcer quatre à cinq cents, et le troisième, que lorsque M. Péreyra se sera acquitté de cette première partie de son instruction; le prix de la seconde se réglera sur celui de la première, et on aura égard au temps qu'il lui aura fallu employer.

Afin d'informer d'une manière entièrement satisfaisante, les personnes qui ne résident pas à Paris, des progrès de leurs enfants, M. Pereyra soumettra au jugement de MM. de l'académie royale des sciences, ou à celui de quelques personnes éclairées dont on conviendra avec lui, la décision de ses progrès, pour être en droit d'exiger les récompenses qui lui seront dues.

S'il fallait apprendre, à quelque personne muette, l'espagnol ou le portugais, M. Péreyra le ferait d'autant plus volontiers qu'il possède ces deux langues. Il a aussi quelque connaissance de la langue italienne.

4

leur donner des connaissances du commerce, des mathématiques, etc.

On pense bien que pour parler aux élèves, il faut se servir ou de l'écriture ou des signes ordinaires. Quoique ce dernier moyen ait toujours quelque chose de confus et d'ambigu, il est clair néanmoins, que les interrogations verbales que les sourds-muets seront obligés de faire pour s'assurer de ce qu'on voudra leur dire, suppléeront à ce défaut d'une manière suffisante.

Outre ce moyen de leur parler, Péreyra en emploie un troisième, qui a l'avantage d'être aussi expressif que le premier, plus bienséant que le second, et plus aisé que tous les deux. C'est un alphabet manuel qu'il a appris en Espagne, mais qu'il lui a fallu augmenter et perfectionner considérablement pour le rendre propre à parler exactement en français : il s'en sert avec une brièveté qui approche plus de la promptitude de la langue que de la lenteur de la plume. Cet alphabet est contenu dans les doigts d'une seule main, laquelle suffit encore à Péreyra pour exprimer en chiffres toutes sortes de sommes, et pour enseigner à ses élèves, bien plus facilement et plus sûrement que par les méthodes ordinaires, les quatre règles de l'arithmétique.

Ce ne sont pas là les seules ressources qui pourront adoucir le malheur de la surdité dans les élèves de Péreyra : ils auront encore la facilité d'entendre au mouvement naturel des lèvres, des yeux, de la tête, des mains, etc., des personnes qui les fréquenteront, ce qu'on voudra leur dire. Cette façon de concevoir demande cependant une étude considérable, et sera toujours néanmoins sujète à quelques équivoques, surtout, si ceux qui parleront aux sourds-muets, ne leur sont pas bien connus, et si les discours qu'on leur tiendra s'éloignent des conversations familières; cependant elle leur sera toujours de quelque utilité, et pourra être perfectionnée à la longue par leur propre pénétration et par la pratique.

CONCLUSION.

Ce serait trop abuser de votre complaisance, Messieurs, que d'oser m'arrêter à vous exposer ici nombre d'observations que je pourrais faire sur le contenu de ce mémoire : j'espère cependant qu'elles auront lieu, et qu'il me sera même plus convenable de vous en parler, si vous me le permettez, à mesure que les progrès de mon élève vous seront soumis, et que vous daignerez me continuer l'honneur de votre attention sur chacun en particulier. Lu *par M. Péreyra à l'académie, le 11 juin 1749.*

Paraphé par M. de Fouchy, secrétaire perpétuel de l'Académie royale des sciences.

4.

Extrait des registres de l'Académie royale des sciences, du 9 juillet 1749.

Nous avons vu, par ordre de l'Académie, un Mémoire que M. Péreyra a lu dans l'assemblée du 11 du mois dernier, sur les effets de son art pour apprendre à parler aux sourds - muets de naissance, et nous avons en conséquence examiné en particulier ce qu'il y rapporte de M. d'Azy d'Etavigny, son élève, sourd-muet de naissance.

Ce n'est point d'aujourd'hui qu'on voit confirmer par l'expérience la possibilité d'un art si curieux et si utile : M. Wallis en Angleterre, et M. Amman, en Hollande l'ont pratiqué avec succès dans le dernier siècle : les ouvrages de ces deux savants sont connus de tout le monde. Il paraît par leur témoignage, qu'un certain religieux s'y était exercé avant eux. Emmanuel Ramires de Cortonne, et Pierre de Castro, espagnols, avaient aussi traité cette matière long-temps auparavant, et nous ne doutons point que d'autres auteurs n'ayent encore écrit et donné au public des méthodes sur cet art ; mais l'exemple de M. d'Etavigny est le premier et le seul dont nous ayions connaissance.

On voit par le Mémoire et les certificats que rapporte M. Péreyra, qu'il avait déjà fait d'autres essais de cette nature avec succès ; qu'il entreprit en Normandie, le 15 juillet 1746, l'instruction de ce jeune sourd-muet âgé pour lors de 16 ans;

que dans peu de jours il lui apprit à articuler quelques mots, comme *Papa*, *Maman*, *Château*, *Madame*, *Chapeau*; qu'au mois de novembre suivant, il le présenta à l'Académie des Belles-Lettres de Caën, laquelle trouva qu'il prononçait déjà distinctement et avec intelligence, un grand nombre de mots; que M. Péreyra fut obligé de le quitter au commencement du mois de Mai 1747, dans le temps qu'il avait connaissance d'environ treize cents mots, et qu'il commençait à lire et à articuler passablement; qu'il reprit son élève le 15 février 1748, et qu'il a été obligé, par rapport aux défauts qui s'étaient glissés pendant ce temps-là dans sa prononciation encore peu affermie, de commencer de nouveau, pour ainsi dire, son instruction, ce qui fait que M. Péreyra pense avec raison, qu'on doit réputer le savoir de ce jeune homme l'ouvrage de seize mois.

A l'égard des progrès actuels de M. d'Azy d'Etavigny, quoique ce que nous en avons vu dans l'Académie nous paraisse suffisant pour en juger, notre devoir néanmoins nous engage à entrer là-dessus dans un détail un peu circonstancié.

M. Péreyra rapporte dans son Mémoire, et nous avons vérifié par l'expérience, que ce sourd-muet lit et prononce distinctement toutes sortes d'expressions françaises; qu'il donne des réponses très-sensées, tant verbalement que par écrit, aux questions familières qu'on lui fait par écrit ou par signes; qu'il comprend et qu'il exécute promptement ce qu'on lui propose de faire par le moyen de l'écriture ou par l'alphabet manuel dont son maître se sert ; qu'il récite plusieurs prières par cœur ; qu'il donne à tous noms le genre, le cas et le nombre qui leur conviènent. Il connaît et emploie à propos les pronoms qui sont le plus en usage ; il conjugue aussi les verbes, soit qu'on lui propose de le faire d'une façon suivie, soit qu'on lui renverse l'ordre des modes, des temps, des personnes, des nombres; il en faut excepter cependant les conjugaisons irrégulières et peu communes. Il a une connaissance proportionnée au reste de son savoir, sur les participes, les adverbes, les prépositions et les conjonctions, et il observe, dans la construction de la phrase et dans l'orthographe, plusieurs règles avec assez d'exactitude. On voit même avec surprise que souvent. il corrige les fautes que l'on fait en écrivant contre l'orthographe ou contre la syntaxe; que, malgré les différentes prononciations que l'on donne à chaque lettre et à chaque syllabe, il les articule néanmoins de la manière qu'on doit le faire; qu'il parle à son gré haut ou bas, et qu'il fait sentir quelques différences dans les tons entre la question et la réponse, la prière et le commandement, etc.

On observe que la prononciation de M. d'Etavigny est lente, grave, comme tirée du fonds de la poitrine, et qu'il ne lie pas assez les syllabes : M. Péreyra en donne pour raison principale, l'inaction dans laquelle ses organes avaient demeuré pendant seize ans, et le trop peu de temps qu'ils ont eu jusqu'ici pour acquérir par l'usage la flexibilité nécessaire à une articulation aisée. Il n'est pas douteux que ces irrégularités n'ayent été bien plus considérables dans le commencement de l'éducation, et il est naturel de penser qu'elles diminueront de plus en plus à mesure que M. Péreyra continuera à lui donner ses instructions.

M. Péreyra se sert fort à propos d'un alphabet manuel pour s'exprimer avec son élève, et il le fait par ce moyen bien plus commodément et plus brièvement que par l'écriture, ce qui lui évite l'incommodité d'avoir continuellement la main à la plume.

M. Péreyra espère porter encore son art à un bien plus haut degré de perfection : il vise à instruire les sourds-muets au point de comprendre ce qu'on voudra leur dire aux mouvements ordinaires des lèvres et du visage de ceux qui leur parleront : il restreint cependant cela aux personnes avec lesquelles ses élèves auront de l'habitude. Leur intelligence avec les autres, dit M. Péreyra, sera bien plus bornée ; il faudra, pour se faire entendre aux sourds-muets, avoir souvent recours à l'écriture ou aux signes ordinaires.

On voit par les principes de M. d'Etavigny, que les vues de M. Péreyra, en instruisant les sourds-muets, sont de leur apprendre à lire, à écrire, et à parler la langue qu'il leur aura enseignée ; à en comprendre le sens , à produire d'eux - mêmes leurs pensées, soit par l'écriture, soit par la parole, et a acquérir, comme les autres hommes, toutes les connaissances excepté, les idées pour lesquelles la sensation de l'ouïe est absolument nécessaire.

Nous trouvons que les progrès que M. d'Etavigny a faits en si peu de temps, prouvent très-suffisamment la bonté de la méthode que M. Péreyra suit dans son instruction , et démontrent la singularité de son talent pour la pratiquer ; qu'il y a tout lieu d'espérer que , par ce moyen, les sourds-muets de naissance pourront non seulement prononcer et lire toutes sortes de mots , et comprendre la valeur de ceux qui désignent les choses visibles, mais encore acquérir les notions abstraites et générales qui leur manquent , et devenir sociables, capables de raisonner et d'agir de la même manière que font les personnes qui ont perdu par accident l'ouïe après avoir atteint l'âge de raison. Comme on a vu de cette espéce de sourds qui comprenaient aux mouvements des lèvres ce qu'on voulait leur dire, nous ne faisons pas difficulté de croire que M. Péreyra pourrait parvenir à donner à ses élèves une semblable facilité, en y joignant les instructions qu'il marque dans son Mémoire.

Nous pensons aussi que l'alphabet manuel de

M. Péreyra , pour lequel il n'emploie qu'une seule main, deviendra, s'il est public, d'autant plus commode pour ses élèves et pour ceux qui voudront commercer avec eux, qu'il paraît extrêmement simple et expéditif, par conséquent aisé à apprendre et à pratiquer.

Nous jugeons donc que l'art d'apprendre à lire et à parler aux sourds-muets, tel que M. Péreyra le pratique, est extrêmement ingénieux ; que son usage intéresse beaucoup le bien public ; et qu'on ne saurait trop engager M. Péreyra à le cultiver et à le perfectionner.

Au reste, il nous paraît qu'il n'a rien négligé dans son Mémoire. Fait à Paris, ce 9 juillet 1749.

Signé D'ARTOUS DE MAIRAN, BUFFON et FERREIN.

Je certifie l'extrait ci-dessus et des autres parts conforme à son original et au jugement de l'Académie.

Signé GRANDJEAN DE FOUCHY, *secrétaire perpétuel de l'Académie royale des sciences.*

EXTRAIT DU MERCURE DE MARS 1750.

Lettre de M. Péreyra à M. Rémond de St.-Albine.

JE vous remercie bien sincèrement, monsieur,

d'avoir fait part au public de l'honneur que j'eus, le 7 et le 8 janvier dernier, d'être présenté avec mon élève, au Roi, à Monseigneur le Dauphin et à Mesdames de France, par M. le duc de Chaulnes, président de l'Académie royale des sciences. La brièveté cependant de votre narré me fait penser que vous n'avez été instruit là-dessus que fort légèrement, ce qui m'oblige, monsieur, à vous prier de rendre publiques les deux particularités suivantes qui me sont assurément trop honorables, pour que je doive les abandonner à l'oubli. La première, c'est que la curiosité d'entendre parler un sourd-muet de naissance ayant porté sa Majesté à permettre à M. d'Etavigny, mon élève, de paraître devant elle le 7 janvier, elle daigna, ainsi que Monseigneur le Dauphin, l'écouter avec une bénignité admirable, pendant environ trois quarts d'heure : la seconde, c'est que le lendemain, je fus mandé de rechef par le Roi. Je joins ici, monsieur, la lettre que M. le duc de Chaulnes, mon illustre protecteur, m'envoya, pour cet effet, par un exprès. Il est à souhaiter pour moi que vous ayiez la complaisance de lui donner place dans le Mercure. Je vous prie même d'y insérer jusqu'à l'adresse, attendu que par l'ignorance où l'on est de ma demeure, plusieurs lettres qu'on m'a écrites de la province ont été considérablement retardées.

J'ai l'honneur d'être, etc.

Signé PÉREYRA.

Lettre de M. le duc de Chaulnes à M. Péreyra.

Choisy, le 7 janvier 1750.

LE Roi me charge , monsieur, de vous mander de venir ici demain avec M. d'Azy d'Etavigny, parce que Mesdames qui sont arrivées après le départ de monseigneur le Dauphin, desirent de le voir. Je suis charmé de la nouvelle occasion que cela vous procurera de faire connaître au Roi le service que vous rendez , et le succès de vos talents.

J'ai l'honneur d'être , etc.

Signé le duc de CHAULNES.

—————

EXTRAIT DES MERCURES DE MARS ET AVRIL 1750.

Lettre à M. RÉMOND de St.-Albine.

VOUS avez fait part au public, monsieur, dans le Mercure d'août dernier, du jugement que l'Académie des sciences avait porté sur l'art de M. Péreyra , pour apprendre à parler aux sourds-muets de naissance. Comme la singularité et l'utilité de ce systême intéressent également et le savant et le citoyen , j'espère que vous voudrez bien insérer encore dans votre ouvrage les deux pièces ci-incluses , qui , je pense, ne déplairont pas aux lecteurs. La première a été écrite par

M. Péreyra, pour informer le Roi des progrès de son jeune élève, le 7 janvier, jour dans lequel le maître et le disciple eurent l'honneur d'être présentés à sa Majesté par M. le duc de Chaulnes. On a distribué la seconde à la Cour. Il est à espérer que le Roi, dont les sentiments tendres et compatissants ne tendent qu'au bien de ses sujets, touché de l'état déplorable des sourds-muets, saisira l'occasion de leur assurer à jamais l'instruction dans son royaume, par l'établissement, qui fera assurément l'honneur de la France, d'une nouvelle école où M. Péreyra sera obligé de former des maîtres qui pratiqueront et perpétueront son art et sa méthode ; ce sera une action digne de la majesté d'un Monarque aussi grand et aussi bienfaisant que le nôtre.

J'ai l'honneur d'être, etc-

D. S.

Paris, le 1er. février 1750.

PRÉCIS des principales connaissances de M. d'Azy d'Etavigny, sourd-muet de naissance, que M. Péreyra instruit depuis environ deux ans.

C'est sur cet exposé que ce jeune homme a été interrogé devant le Roi et monseigneur le Dauphin, le 7 janvier 1750, et le lendemain devant Mesdames.

Il prononce les lettres, les diphthongues, les syllabes, les mots, et lit de suite, quoique lentement,
dans des livres français. Il est même à remarquer
que, malgré la différente prononciation des lettres,
qui le plus souvent sont muettes, il ne s'y méprend
que rarement.

Il récite ses prières par cœur.

Il cherche les mots dans un dictionnaire.

Il nomme toutes les choses dont l'usage est familier, et leur donne l'article convenable.

Il cherche et lit dans un livre la page ou la ligne
qu'on lui indique par écrit ou par l'alphabet manuel de son maître.

Il exécute ce qu'on lui propose ou commande
par le même moyen, et commence à comprendre
nombre de mots au mouvement des lèvres.

Il répond verbalement ou par écrit aux questions familières qu'on lui fait.

Il interroge souvent, et demande son nécessaire
à table et ailleurs.

Il parle à son gré, haut, bas, et en fausset; il
observe un peu les différentes modifications que
la voix exige dans l'interrogation, la réponse, etc.

Il lit dans la main de son maître, et écrit quand
on le veut, ce que celui-ci lit dans un livre, et
même toutes sortes de sommes et toutes sortes de
mots, quelque barbares qu'ils soient, pourvu
qu'un Français puisse les prononcer.

Il conjugue les verbes, et en dit séparément

la personne qu'on lui demande , de quelque nombre, temps et mode qu'elle soit.

Il fait l'usage convenable des pronoms , et sait
substituer à leur place les noms qui leur sont
équivalents.

Quand on lui écrit , et qu'on fait des fautes
d'orthographe ou de syntaxe de concordance , il
les connaît pour l'ordinaire , et les corrige si on
l'exige de lui.

Il se corrige lui-même souvent , lorsqu'il se
méprend dans la prononciation ou dans l'écriture.

Il tourne les phrases qu'il comprend, sans en
changer le sens, suivant que les circonstances de
la personne qui parle l'exigent.

Il sait les quatre règles d'arithmétique, et réduit
en deniers , sous , livres , écus, louis d'or, quelque somme qu'on lui donne.

Il connaît sur la carte , et nomme les parties
du monde , les principaux royaumes de l'Europe
avec leurs capitales , les provinces et les villes
principales de la France , et en indique la situation. Dans l'histoire de France , il sait les traits
les plus remarquables et la généalogie du Roi depuis Henri IV.

Il sait le nombre et le nom des saisons et des
mois de l'année, des jours de la semaine, le quan-
tième du mois, etc. etc.

Raisons qui rendent intéressante la connaissance publique de l'art du sieur Péreyra , pour

apprendre à parler aux sourds - muets de naissance (1).

Tout le monde convient que les muets , en
fait de connaissances métaphysiques, sont les plus
ignorants de tous les hommes. Si quelqu'un en

----

(1) *On suppose ici que le lecteur a vu l'approbation
de l'académie des sciences sur ce systéme : voici cependant le plus essentiel de son jugement.*

Nous trouvons , *dit cette savante compagnie* , que les
progrès que M. d'Etavigny a faits en si peu de temps ,
prouvent très - suffisamment la bonté de la méthode que
M. Péreyra suit dans son instruction, et démontrent la
singularité de son talent pour la pratiquer ; qu'il y a tout
lieu d'espérer que , par ce moyen , les sourds – muets
de naissance pourront, non seulement prononcer et lire
toutes sortes de mots , et comprendre la valeur de ceux
qui désignent des choses visibles , mais encore acquérir
les notions abstraites et générales qui leur manquent , et
devenir sociables , capables de raisonner et d'agir de la
même manière que font les personnes qui ont perdu , par
accident , l'ouïe , après avoir atteint l'âge de raison.

Et plus bas , pour conclusion , nous jugeons donc que l'art
d'apprendre à lire et à parler aux muets, tel que M. Péreyra le pratique , est extrêmement ingénieux ; que son
usage intéresse beaucoup le bien public, et qu'on ne saurait trop encourager M. Péreyra à le cultiver et à le
perfectionner.

On pourrait ajouter à cela que l'exemple de M. d'Azy
d'Etavigny, ainsi que l'académie le dit dans la même pièce,
est le premier et le seul dont elle ait connaissance pleine
et entière.

doute, il peut voir là-dessus les mémoires de l'Académie des sciences de 1703, les leçons de physique de M. l'abbé Nollet, le traité des sens de M. le Cat, etc.

Le nombre des sourds-muets est beaucoup plus grand qu'on ne l'imagine. Paris seul en contient plus de cent. Si on ajoute à cette observation qu'aucune condition n'est à l'abri de ce malheur, on sentira combien il est important et même nécessaire de rendre public l'art de M. Péreyra, et d'en multiplier la méthode.

M. Péreyra ne peut instruire à-la-fois que trois muets : pour toute l'instruction, il faut au moins quatre ou cinq ans. Un an lui suffit, à la vérité, pour apprendre aux sourds-muets, à lire et à prononcer toutes sortes de mots; mais il faut beaucoup plus de temps pour leur en donner l'intelligence. Comme il est très-convenable pour la meilleure prononciation, que les enfants commencent à apprendre dès l'âge le plus tendre, la multiplicité des maîtres devient absolument nécessaire à celle des élèves.

Si cet art est une fois répandu, il donnera lieu à de nouvelles découvertes. Il sera aussi d'une utilité beaucoup plus étendue qu'on ne pense, pour apprendre à lire aux enfants ordinaires, corriger plusieurs défauts de la prononciation, etc. L'alphabet manuel de M. Péreyra, incomparablement plus commode que l'écriture pour parler à ses élèves, serait encore d'un grand secours pour les personnes sourdes par accident.

NOTICE

SUR PEREYRA.

ṔÉREYRA était Espagnol ; il avait le visage basané et couturé de petite vérole, de grands yeux pleins de feu et d'expression. La probité, la douceur, la franchise et l'humanité étaient peintes sur sa physionomie. On ne pouvait l'approcher sans l'aimer ; c'était un de ces hommes qui honorent la nature humaine. Ses élèves des deux sexes lui étaient attachés avec tant de passion, que lorsqu'il s'agissait de les retirer de chez lui, il fallait que les enfants se préparassent à cette séparation en les envoyant chercher, tous les quinze jours, pendant un certain temps, pour passer une semaine chez eux. Ils revenaient à la maison de leur maître avec des transports de joie les plus attendrissants ; mais lorsqu'il fallait enfin se quitter, on ne saurait se faire une idée de la douleur de ces enfants, qui l'embrassaient mille fois en pleurant, et qui ne se déterminaient à partir que sur la parole que Péreyra leur donnait d'aller les voir souvent ; il en était fidèle observateur, et il avait des jours consacrés à faire la ronde de ses anciens élèves qui le recevaient toujours avec de nouveaux témoignages de tendresse. Nous avons été témoins de plusieurs de ces séparations, et ces scènes si intéressantes sont encore présentes à notre cœur. Il est surtout impossible de peindre les transports et la douleur des petites filles, qu'on ne pouvait arracher de ses bras, tandis que le bon Péreyra faisait de vains efforts pour étouffer les témoignages de la sienne.

Un des spectacles les plus attendrissants qu'il y ait jamais eu sur la terre, était celui du moment où il venait de faire concevoir à ses élèves, si magiquement instruits, l'existence du Dieu de l'Univers. Ces pauvres enfants, si purs d'esprit et de cœur, se prosternaient tout-à-coup, en fondant en larmes, avec des mouvements ineffables au-dessus de l'humanité, pour rendre leur premier hommage (et quel hommage) à l'Être Suprême : c'est encore ce dont nous avons eu le bonheur d'être témoins une fois.

Il tenait d'abord son école, rue Saint-André-des-Arcs, vis-à-vis la petite rue Mâcon, à côté de la fabrique d'un citoyen bien recommandable par ses talents et par ses qualités morales (le cit. Maille) qui a toujours aimé et cultivé les arts, et qui se souvient encore de son illustre voisin.

Péreyra avait appris au fils d'un de nos camarades, à articuler si distinctement, et à déclamer un discours avec tant de grâces, que son père le présenta à Louis XV, auquel l'enfant fit un compliment de sa composition qui étonna toute la Cour : il n'avait pas encore 17 ans.

La plupart des élèves du sexe masculin, qui

sortaient de chez Péreyra, savaient le latin, l'espagnol, l'histoire, la fable, la géographie; plusieurs avaient déja des connaissances en mathématiques, et ils étaient particulièrement versés dans la
morale.

Il les élevait dans la religion de leurs parents
avec un scrupule qu'un professeur de langues de la
religion de Péreyra, que j'ai connu à la Haye, ne
poussait pas aussi loin que lui. Ce professeur,
homme d'une probité reconnue, dont la morale
était des plus sévères, s'était fait un devoir d'inspirer aux enfants catholiques quelque méfiance sur
plusieurs points de doctrine, sur le bienfait de la
confession auriculaire, par exemple. Il était bien
éloigné de la croire, comme nous, un trésor politique et moral ; elle lui semblait le plus terrible
fléau des sociétés de la confession romaine; il la
trouvait contraire à la morale, à l'honnêteté publique, au repos des gouvernements et des familles ;
il la regardait comme la plus funeste invention
des siècles sacerdotaux ; et dans l'opinion où il
était que la confession auriculaire était évidemment d'institution humaine, il s'étonnait que la Cour
de France, où elle avait occasionné tant de malheurs et tant de crimes, n'en eût pas déjà négocié
l'abolition avec la Cour de Rome.

Ce n'était pas le seul objet de son étonnement;
il demandait pourquoi le divorce, circonscrit néanmoins dans des formes sévères, n'était autorisé ni
en France, ni en Espagne; tandis que l'Église

romaine l'avait autorisé et consacré parmi les catholiques polonais.

Il soutenait que le célibat des prêtres était incon-
ciliable avec le civisme et les bonnes mœurs du
clergé.

Mais rien ne soulevait son indignation comme
cet adage chrétien :

Per calcatum perge patrem , per calcatam perge matrem :

Foule aux pieds ton père et ta mère.

Il prétendait que cet abominable précepte n'était
bon qu'à servir d'inscription sur la porte d'un
temple d'antropophages et de cannibales.

Au reste, la morale de Jésus-Christ lui paraissait
aussi pure que celle de Zoroastre, de Socrate, de
Confucius; il le regardait comme le plus doux des
philantropes; mais il assurait que toutes les absurdités avec lesquelles on avait amalgamé cette morale sainte, avaient été principalement fabriquées,
trois siècles après la mort du législateur des chré-
tiens, au Concile de Nicée, où des hommes, c'est-
à-dire des insectes assemblés, avaient eu, disait-il,
l'insolente audace de se déclarer infaillibles. Il
prétendait, enfin, que si J. C. avait paru tout-à-
coup au milieu de la grande place de Lisbonne,
pour y prêcher son dogme, à l'époque des beaux
jours de l'Inquisition, la Sainte-Hermandad l'aurait fait brûler vif comme hérétique. En déplo-
rant de tout notre cœur l'aveuglement de ce brave

Israélite , nous lui faisions toutes les observations dont nous pouvions nous aviser ; mais comme nous n'avions pas le bonheur d'être théologiens, nous n'étions pas capables de combattre ses erreurs avec quelque avantage.

Nous nous permettrons, avant de terminer cet article , une observation qui ne paraîtra peut-être pas sans fondemnet.

On a vu dans l'Extrait des Mémoires de l'Académie des Sciences , de 1703 , qu'à Chartres , un jeune homme de 23 à 24 ans , sourd-muet de nais-sance, commença tout-à-coup à parler , sans autre secours que celui d'une crise salutaire de la nature , et qu'après *qu'il lui fut sorti une espèce d'eau de l'oreille gauche , il avait entendu parfaite-ment des deux oreilles.*

Cet évènement est une preuve que toutes les surdités-muettes ne seraient pas incurables par les secours de l'art. Il prouve donc aussi la nécessité de s'occuper à reconnaître les différentes espèces de cette cruelle maladie, et les causes diverses qui peuvent les occasionner.

A cet effet, le gouvernement pourrait créer une commission composée de chirurgiens célèbres , chargés de s'assurer par un cours de dissections suivies de sujets nés et morts sourds-muets , si la surdité - muette a des causes diverses ; si les unes sont occasionnées par un vice de formes (vraisem-blablement celles-ci seraient incurables); si d'autres proviènent de quelque épanchement séreux et accidentel, comme il est apparent que le sourd-muet de Chartres devait l'avoir éprouvé, et si enfin quelques-unes proviennent de quelque corps solide accidentellement interposé dans les organes de l'ouïe. Il y a lieu de croire qu'on parviendrait à découvrir par ces mêmes dissections, à quelle espèce appartiendrait la surdité-muette d'un malade dont on entreprendrait la cure. Ces découvertes une fois infailliblement établies et réduites en démonstrations, la même commission s'occuperait des moyens curatifs, soit en employant des remèdes, soit par des opérations chirurgicales.

Si ce beau travail avait du succès, il serait établi un hospice exclusivement destiné aux sourds-muets de naissance, et qui serait un des plus précieux monuments consacrés à l'humanité.

C'est aux maîtres de l'art qu'il appartient de juger de la valeur de cette observation, et, s'ils la croyent digne de leur sollicitude, c'est à eux qu'il appartient aussi d'invoquer celle du gouvernement.

Quoiqu'il en soit de Péreyra, de ses devanciers et des nouveaux instituteurs, on ne sait ce qu'il y a de plus étonnant, ou de l'insouciance de l'ancien régime (1) et de l'académie, et du profond oubli dans lequel ils ont laissé l'art de Péreyra, après avoir fait éclater un moment d'enthousiasme, ou

____

(1) Sous l'âge d'or de Robespierre, les gouvernans ont voulu faire couper la tête à l'abbé Sicard, alors seul dépositaire de l'instruction des sourds-muets de naissance.

de la mauvaise foi et peut-être de l'ignorance des prôneurs et des apologistes de l'abbé de l'Epée.

EXTRAITS

Traduits de l'ouvrage du P. DE LANA, jésuite, intitulé :

EXPOSÉ de quelques Inventions nouvelles, qui précède l'ART MAGISTRAL; ouvrage par lequel le P. *François Lana*, de la compagnie de Jésus, se propose de démontrer les principes les plus impénétrables de la philosophie, reconnus par la théorie et les expériences les plus exactes, soit de plusieurs savants, soit de l'auteur lui-même. Dédié à S. M. l'empereur Léopold Ier. — Imprimé à Brescia, l'an 1670.

CHAPITRE II.

De quelle manière un aveugle né peut, non-seulement apprendre à écrire, mais encore à cacher ses secrets sous un chiffre, et à entendre la réponse sous le même chiffre.

CE chapitre contient trois choses, dont chacune, le merveilleux à part, peut être très - utile, non seulement aux aveugles, mais aux clairvoyants qui veulent avoir avec eux une correspondance secrète.

La première nous a été enseignée par *Cardan*, au septième livre de ses *Subtilités*, où il nous apprend que plusieurs aveugles-nés sont parvenus à écrire assez bien, quoique avec beaucoup de peine, de la manière suivante.

Faites graver toutes les lettres par ordre alphabétique, sur une plaque de cuivre ou de métal de la même solidité. L'aveugle prendra un stilet très-aigu, qu'il introduira dans le creux de chaque caractère, et qu'il conduira doucement dans tous les coins et recoins intérieurs, pour étudier la forme de chaque caractère ; de cette façon, il s'accoutumera à former une lettre, ensuite l'autre, ayant soin de retenir par cœur le nom de chacune : plus le creux de chaque lettre sera étroit et plus le stilet sera aigu, plus l'aveugle aura de facilité à figurer les caractères ; mais il faudra qu'au commencement de son instruction, quelqu'un le dirige, et lui indique où il doit placer son stilet. C'est tout ce que *Cardan*, et quelques autres, nous apprènent sur cette matière ; à quoi j'ajoute, qu'il faut que l'aveugle évite de tomber dans un inconvénient inévitable ; car en traçant ses lettres, non seulement il fera des lignes qui ne seront pas droites ; mais lorsqu'il voudra commencer une nouvelle ligne, il ne saura où la placer, et courra encore le risque d'écrire sur son écriture ; à quoi il remédiera facilement en se servant d'un petit métier de la grandeur de sa feuille de papier, sur lequel on aura appliqué parallèlement dans toute sa largeur, des cordes de luth ou des fils de fer, éloignés les unes des autres à la même distance que les lignes d'écriture.

L'aveugle plante ce petit métier sur le papier, et appuyant le doigt du milieu, qui lui servira de directeur, sur un de ces fils ou sur une de ces cordes, il conduira sa main de façon qu'il ne pourra qu'écrire droit entre l'une et l'autre ; et comptant ensuite de la main gauche le nombre de ses fils, il recommencera de la main droite une autre ligne, dirigé par le fil qui suit. Par ce moyen, les lignes se trouveront non seulement droites, mais encore à une égale distance les unes des autres.

La seconde chose que je propose paraîtra plus difficile, et jusqu'à présent, elle n'a été connue de personne ; mais je la rendrai d'une exécution assez aisée pour qu'un aveugle puisse l'apprendre dans peu d'heures. C'est pour cela qu'elle sera surtout préférable à l'instruction de *Cardan*, et parce que l'aveugle pourra écrire en chiffres sans que personne l'entende, excepté celui qui en aura la clé.

Qu'on taille donc toutes les lettres de l'alphabet assez grandes, l'ordre n'importe, et qu'on les enferme entre quatre lignes, en la forme qui suit :

A O	G P	B T V
F L	M N	E S P
C J	H R	D E Z

Ou, ce qui vaudra encore mieux, qu'on sculpte

une planche, de façon qu'il n'y ait de saillant que
les seuls caractères avec les quatre lignes, et de
manière que l'aveugle puisse, avec la main, distinguer et connaître ces mêmes lignes et ces caractères, dont il apprendra auparavant les noms par
cœur ; cela fait, l'aveugle sera en état d'écrire en
chiffres très-aisément. S'il veut, par exemple,
écrire ces paroles : *son prigione, je suis prison-
nier ;* en touchant la planche avec ses doigts, il
trouvera la lettre S ; elle est la seconde parmi celles
qui sont placées dans les lignes qui renferment
cette figure : ⊟ (1). Il formera la même lettre
avec la plume, ce qui lui sera bien aisé ; pour indiquer la seconde lettre, il marquera deux points,
comme on le voit dans la figure suivante : ⊡ : Il
cherchera pareillement la lettre O, et reconnaissant
qu'elle est la seconde dans la figure linéale ⌐, il
formera la même figure avec deux points ⋯. Il
fera la même manœuvre pour la lettre N, d'après
la figure suivante ⊡, et il continuera de la même
manière pour les autres caractères.

Quand il se sera exercé pendant quelque temps
à ce chiffre, il n'aura plus besoin de tenir la
planche devant lui, ni de toucher les lettres et les
lignes, parce qu'il aura gravé toutes les figures
dans sa tête, ainsi que la place respective de

______

(1) Pour avoir une parfaite intelligence de ce mécanisme
élémentaire, il faut consulter la planche gravée qui est dans
l'ouvrage du P. Lana.

chaque caractère, de sorte qu'il sera en état d'écrire couramment en traçant seulement des lignes et en faisant des points ; ce qui lui sera d'autant moins pénible, que les aveugles ont la conception très-vive. C'est ainsi que Diodore, philosophe stoïcien, apprit la géométrie, et que, par une semblable méthode, un jeune homme d'Ingolstad parvint à exécuter en sculpture deux petits moulins propres à moudre le poivre avec leurs roues dentelées, leurs essieux, leurs échelles, leurs rayons et toutes leurs appartenances. Ce fut par une industrie à-peu-près semblable, que Jean Fernandez, tout aveugle qu'il était, devint poète, philosophe et musicien célèbre. Quelques aveugles sont parvenus à distinguer toutes les couleurs par le moyen du tact. On a vu à Rome un sculpteur aveugle, qui a fait des statues très-estimées ; un autre, après s'être assuré, par le secours du tact, des formes du visage, faisait des bustes de marbre parfaitement ressemblants. A Venise, un aveugle connaissait au tact, la qualité, l'espèce, la couleur, de toutes les pierres précieuses, et il en estimait infailliblement la valeur. D'après de pareils exemples, comment serait-il donc impossible qu'un aveugle apprît à distinguer des caractères et des lignes, et à lire, si l'on peut s'exprimer ainsi, avec les doigts. Tout cela paraît tenir du prodige, et n'a cependant d'autre cause que la bienfaisance de la nature, toujours généreuse, toujours réparatrice, et qui cherche à suppléer au défaut d'un sens par la grande perfection d'un autre. Il est d'ailleurs évident que l'imagination d'un aveugle n'étant pas distraite par la diversité des objets visibles, est sans doute douée d'une aptitude à concevoir et à retenir dont nous ne saurions nous faire une idée, et qu'il lui sera par conséquent très-facile de mettre en pratique la méthode que je viens d'indiquer. J'en ajouterai une seconde qui ne sera pas moins praticable, et qui aura beaucoup de rapport avec la première.

Partagez l'alphabet en cinq parties, comme suit :

A B C D	E F G H	I L M N	O P Q R	S T U Z

Sculptez ces caractères sur une planche avec les divisions ci-dessus, les virgules et les points ; peut-être vaudra-t-il mieux intervertir l'ordre des lettres, en les transposant toutes pour rendre le chiffre plus inintelligible. L'aveugle apprendra d'abord à former les quatre premiers chiffres arithmétiques : 1-2-3-4. Lorsqu'il voudra écrire en chiffres, au lieu de se servir de la lettre A, il emploiera le chiffre 1 avec une virgule ; pour le B, le chiffre 2 ; pour le C, le chiffre 3 ; quant à la lettre E, il l'indiquera ainsi, L ; veut-il écrire, par exemple, *il re è morto ; le roi est mort* : il l'écrira de cette manière :

$$1 : 2 : 4. \; 1 \mid 3 : 1. \; 4. \; 231.$$

Jusqu'a ce qu'il se soit mis imperturbablement

dans la tête l'ordre de toutes les lettres de son alphabet, il pourra se servir de la planche sur laquelle les caractères sont sculptés, en faisant usage
du tact ; mais lorsqu'il aura acquis l'expérience
nécessaire, il n'aura nullement besoin de la
planche : il pourra aussi, au lieu de virgules et de
points, se servir de chiffres arithmétiques, et employer le nombre 12, à la place du B, par exemple,
13 à la place du C, 14 à la place du D, 22 au lieu
de l'E, 33 au lieu de l'M, 34 au lieu de l'N, ainsi
des autres lettres.

Si l'aveugle était d'une intelligence assez bornée
pour être incapable d'apprendre par cœur, et de
former les figures, les lettres et les numéros, il
aura recours à des caractères de bois plus fortement prononcés que les caractères d'imprimerie,
mais du même mécanisme, et il gravera tous ces
signes sur du gros papier. Un aveugle pourrait parvenir à bien écrire par cette méthode, et à composer la lettre missive qu'il voudra, en tenant
devant lui, divisés en autant de compartiments,
tous les caractères de l'alphabet qu'il imprimera
sur le papier, en faisant usage des petits métiers
et des fils de fer parallèles dont j'ai déja parlé.

La troisième chose que je propose est celle de
se servir d'une méthode par laquelle un aveugle
pourra, non seulement communiquer sa pensée à
une personne éloignée, mais encore comprendre
la réponse qui lui sera faite, ce que je crois pouvoir s'exécuter de la manière suivante :

Il faut que l'aveugle et son correspondant se munissent chacun d'une petite planche ou d'une large règle de bois, au bout de laquelle seront gravés, d'une manière très-saillante, les caractères de l'alphabet, comme ci-dessous.

A   A B C D E F G H I L M N O P Q R S T U Y Z

Chaque caractère doit être éloigné l'un de l'autre au moins d'un pouce, et disposé, ou selon l'ordre naturel, comme à la page précédente, ou selon tout autre. Lorsque l'aveugle voudra communiquer son secret à son correspondant, aveugle aussi, il prendra un peloton de fil, et voulant lui écrire, par exemple, *il nemico ti trama insidie; l'ennemi te tend des embûches;* il appliquera le bout du fil à la partie qui est au bout de la règle A; il l'étendra jusqu'à la lettre I, où il fera un nœud à son fil; portant ensuite ce nœud au bout de la même règle A, il étendra l'autre bout du fil jusqu'à la lettre L, où il fera un second nœud; il répétera la même opération pour toutes les lettres qui composent sa phrase, et il enverra son peloton à l'autre aveugle, lequel en le déployant et en faisant le même travail sur sa règle et sur ses caractères, parviendra facilement à composer sa phrase par le même moyen des nœuds, et pourra répondre à son correspondant, et lui communiquer

foutes sortes de secrets sans inspirer aucun soupçon ,
ou du moins sans courir aucun risque (1).

Au lieu de faire des nœuds au peloton , on pourrait aussi couper le fil en morceaux , ou se servir
de rubans ou de lacets de différentes longueurs , et
pliés les uns sur les autres dans l'ordre exigé par
les lettres qui composent la phrase.

S'il était bien démontré que les aveugles par-
viènent à discerner les couleurs par le moyen du
tact, et que ce fût un de ces aveugles qu'on voulût
instruire , on pourrait alors donner une couleur à
chaque lettre de l'alphabet, et deux aveugles pourraient se communiquer avec des rubans de couleurs
diverses. Il serait aussi possible de les instruire en
se servant de cinq seules couleurs employées avec
des rubans de mesures différentes. On obtiendrait
les mêmes résultats , en convenant, par exemple,
qu'une aune de soie blanche indiquerait la lettre A,
que deux aunes signifieraient la lettre B; on em-
ploierait trois aunes pour la lettre C, quatre pour la
lettre D, une aune de soie rouge pour l'E, deux
pour l'F, trois pour le G, quatre pour l'H, une
aune de soie verte pour l'I, deux pour l'L, etc.

On peut aussi envoyer à l'un des aveugles différentes espèces de monnaie aisées à reconnaître par
le seul tact, en convenant qu'une pistole indique-

---

(1) Voilà les quipos des Péruviens.

rait l'A ; une double pistole, le B ; un quadruple, le C ; un ducat, le D ; un sou, l'E ; deux sous, l'F, etc. De cette manière, avec cinq espèces de monnaie, deux aveugles pourraient correspondre en plaçant ces monnaies bien enveloppées, les unes sur les autres, dans l'ordre nécessaire.

Il ne serait pas moins facile de se servir d'un tube de bois perforé, de sorte qu'on pût y introduire des fèves, du blé de Turquie, des pois. Cinq espèces de ces différents légumes suffiraient pour correspondre ; chaque espèce désignerait quatre lettres, dans l'ordre ci-dessous :

A B C D	*E F G H*	*I L M N*	*O P Q R*	*S T U Y Z*
Fèves.	Féverolles.	Pois.	Haricots.	Blé de Turquie.

Si l'on veut faire savoir à l'aveugle que *Pietro è morto*, que *Pierre est mort*, on introduit dans le tube deux haricots qui signifient le P, un pois qui signifie l'I, une féverolle qui représente l'E, trois grains de blé de Turquie représentant le T, ainsi des autres. Le conduit du tube étant assez étroit, les grains ne pourront jamais se confondre ; l'un restera toujours au-dessus de l'autre ; et ce conduit étant bien clos du côté de l'entrée, on l'enverra au correspondant, lequel, en le débouchant à la partie inférieure, en tirera adroitement les grains l'un après l'autre, et reconnaîtra en les touchant, par leur espèce et par leur nombre, quels sont les caractères qu'on a voulu lui transmettre : il répondra par le même moyen.

Deux aveugles peuvent aussi correspondre par le secours d'un livre, en plaçant des marques parmi les feuilles, de sorte que l'une, à telle distance de l'autre, indiquera qu'il faut compter autant de feuilles qu'il y a de lettres dont on veut se servir, et si vous voulez rendre la correspondance encore plus indéchiffrable, vous attribuerez aux lettres de l'alphabet différents numéros, sans ordre naturel, selon l'exemple suivant :

3-2-1-7-8-9-10-4-5-6-11-12-13-14-15-20-19-18-17-16

a-b-c-d-e-f-g-h-i-l-m-n-o-p-q-r-s-t-u-x

Voulons-nous indiquer la lettre G, nous compterons dix feuilles du commencement du livre, et après la dixième nous placerons une marque de papier ou nous plierons le feuillet même. Voulons-nous indiquer le B, nous continuerons à compter de même, en plaçant une autre marque ou en faisant un pli au feuillet, et toujours ainsi jusqu'à ce que nous ayions manifesté toute notre pensée. Cette méthode est encore susceptible de plusieurs variations, soit en diversifiant les marques pour les différentes lettres, soit en employant des plis différemment placés.

On peut encore rendre le secret plus impénétrable en opérant comme il suit :

6

Prenez cinq marques différentes pour placer dans votre livre ; ce que vous pouvez faire en employant ou une bande mince de papier , ou une bande pliée en long , une troisième pliée à la partie supérieure, une quatrième à la partie inférieure , et la dernière aux deux extrémités. A chacune de ces marques on assignera quatre lettres, lesquelles réunies composeront l'alphabet.

Lorsque vous voudrez indiquer le premier des quatre caractères, quand la marque a été placée dans un feuillet quelconque, en comptant depuis la première page du livre jusqu'à la fin, *et vice versâ*, entre un feuillet et l'autre, vous plierez celui qui est à la droite de la marque, à la partie supérieure : si vous voulez indiquer le second caractère, vous plierez le feuillet à la partie inférieure ; vous répéterez la même opération pour les caractères assignés aux autres marques : c'est ainsi que la diversité des marques, celle des plis et des feuillets, feront connaître la différence des vingt caractères.

On pourrait employer plusieurs autres méthodes ; mais elles rentreraient toutes dans les précédentes. Je me permettrai cependant d'en ajouter encore une qui m'a paru assez spiri- tuelle, quoique d'une plus difficile exécution.

Prenez une planche de bois bien doux, et par le moyen de très-grands caractères d'imprimerie, de fonte ou de tout autre métal aussi dur, gravez fortement dans votre planche les paroles que vous voulez communiquer ; servez-vous ensuite d'un rabot que vous passerez sur la planche pour supprimer tout le bois qui déborde les lettres imprimées, de façon que la planche soit entièrement aplanie ; envoyez-la dans cet état au correspondant aveugle, qui la plongera dans l'eau, laquelle imbibera ce bois tendre, et après une immersion d'une certaine durée, exhaussera les caractères imprimés que l'aveugle reconnaîtra par le secours du tact.

CHAPITRE III.

*De quelle manière on peut parler et commu-
niquer ses pensées à une personne éloignée,
sans se servir de lettres ni de messagers.*

Il existe déjà plusieurs inventions pour s'entretenir avec une personne éloignée, par le moyen
de signes visibles dont nous parlerons dans notre
Art Magistral : mais puisque ce mécanisme ne
peut être employé que pour de petites distances,
et qu'il souffre plusieurs difficultés dans son exécution, j'ai jugé à propos de donner au public
deux moyens de se communiquer bien plus faciles, et dont on peut se servir à la distance de
trente milles et plus.

Supposons que la personne avec laquelle on
veut correspondre soit dans un local entrecoupé
de collines, de murs ou d'autres obstacles, il
faudra commencer par tirer un coup de canon
qui sera le premier signal pour celui avec lequel
vous voulez communiquer. Vous aurez, aussi
bien que lui, une boule assez forte, de quelque
matière que ce soit ; vous suspendrez cette boule
à une corde légère ou à une petite chaîne : les
ondulations de cette boule serviront à mesurer le
temps. Les cordes ou petites chaînes auxquelles
ces boules sont suspendues doivent être d'une

longueur parfaitement égale et du même poids, ainsi que les boules, afin que les ondulations et les mouvements soient rigoureusement égaux. Au premier coup de canon, votre correspondant s'approchera de sa boule suspendue, et vous en ferez de même : vous tirerez alors un second coup; en même-temps vous donnerez le mouvement à votre boule, afin qu'elle exécute ses ondulations. Le correspondant fera la même manœuvre aussitôt qu'il entendra le second coup. Si vous voulez indiquer la première lettre de l'alphabet, vous attendrez que votre boule ait achevé cinq ondulations et vous ferez alors et promptement la troisième décharge. Pour indiquer la seconde lettre, vous attendrez que la dixième ondulation soit achevée, et sur-le-champ vous ferez une nouvelle décharge. Voulez-vous désigner la troisième lettre? Après quinze ondulations, vous tirerez encore un coup; vous continuerez ainsi pour toutes les autres lettres. De cette manière, quand il y aurait quelqu'irrégularité dans vos manœuvres, en mettant le feu un peu plutôt ou un peu plus tard, le correspondant ne saurait être induit en erreur; la différence ne pouvant être que d'une ondulation ou de deux tout au plus, et même si l'on tarde à entendre le bruit du canon après que le feu a été mis, ce petit inconvénient ne saurait porter aucun préjudice, parce qu'il se passera toujours le même temps entre un coup et l'autre, qu'il s'en est écoulé pour être entendu.

La manœuvre sera bien plus aisée si le correspondant occupe un local où rien ne borne sa vue ; dans ce cas-là, et qu'on voulût d'ailleurs correspondre la nuit, au lieu d'un coup de canon, on peut se servir d'un flambeau allumé, qu'on cache tandis que la boule achève ses ondulations, et qu'on fait reparaître après cinq, dix, quinze ou vingt ondulations, selon le nombre des lettres qu'on veut désigner. Le jour, on peut se servir, au lieu de flambeau, d'un drapeau ou de tout autre objet qui puisse s'appercevoir au loin ; on pourrait abréger l'opération en en employant plusieurs.

Veut-on indiquer, par exemple, la première lettre de l'alphabet ? On montrera le flambeau après cinq ondulations de la boule. Veut-on indiquer la seconde ? On montrera deux flambeaux également après cinq ondulations, et l'on emploiera trois flambeaux pour la troisième. On se contentera de montrer un seul flambeau pour la quatrième, mais après dix ondulations ; ainsi du reste.

Cette invention peut sans doute être perfectionnée par des gens industrieux ; mais elle peut toujours servir de base à des découvertes plus étendues. Je ne prétends à d'autre mérite que celui d'avoir indiqué la possibilité de correspondre sans lettres ni messagers, à des distances beaucoup plus considérables, si des artistes éclairés s'occupent d'un art qui peut devenir très-utile.

Voici une autre méthode pour correspondre, même à trente milles de distance, pourvu qu'on se place dans des sites qu'on puisse découvrir la nuit.

Préparer autant de planches quarrées de la longueur à-peu-près d'une aune, qu'il y a de lettres de l'alphabet, et sur chaque planche, sculpter une lettre aussi grande que la planche même; que le bord soit de l'épaisseur de deux bons doigts et à jour; couvrez le creux avec du papier rouge bien mince et transparent; pratiquez une fenêtre de la grandeur de la planche, et appliquez successivement à cette fenêtre les lettres taillées; elles se distingueront de loin en mettant un flambeau derrière. Le correspondant se sera pourvu d'une excellente lunette d'approche, et pourra distinguer les objets à la distance de trente milles et même plus loin (1).

____

(1) C'est ce dont nous doutons.

CHAPITRE IV.

De quelle manière on peut instruire les sourds-muets de naissance , et non seulement leur apprendre à parler, mais encore à comprendre les paroles des autres par le mouvement des yeux.

Lorsque le sourd-muet de naissance n'a aucun vice de forme dans l'organe de la parole , lorsque sa langue n'est ni liée , ni , pour ainsi dire , paralysée par la mauvaise disposition des nerfs , et qu'en un mot son état de muétisme n'a d'autre cause que la surdité ; je prétends que , par le secours de l'art, on peut délier la langue d'un muet, lui apprendre à parler, et ce qu'il y a de plus étonnant , à comprendre les paroles qu'on lui adresse : je commencerai par en citer plusieurs exemples.

On lit dans le traité de *Digbée*, intitulé : *De Naturâ Corporum* (de la nature des corps), *chap.* XXVIII, *no.* 8, qu'un cavalier espagnol, frère cadet du connétable de Castille , naquit sourd-muet. Après qu'on eut épuisé tout l'art de la médecine pour le guérir, il se présenta un moine de la même nation , qui s'engagea non seulement à le faire parler , mais encore à lui faire comprendre les paroles des autres. Chacun en rit d'abord ; mais au bout de quelques années , les rieurs furent du côté du moine : il tint parole, au grand étonnement de tout le monde. Le maître et l'écolier se donnèrent à la vérité beaucoup de peine ; ils en furent bien récompensés, car celui-ci parvint à entendre tout ce qu'on lui disait, n'importe en quelle langue. Lorsqu'il ne comprenait pas la signification des paroles, il les répétait cependant telles qu'on les lui adressait. Il parlait et répondait fort juste dans sa langue naturelle.

Un prince zamble qui pouvait à peine articuler, fut mis, par le même moine, en état de se faire entendre et d'entendre les autres. *Digbée* nous assure qu'il a connu ce frère du connétable, et qu'il lui a entendu répéter à voix basse les paroles d'un professeur qui parlait à voix basse aussi à l'autre extrémité d'un grand salon.

La même épreuve a réussi sur un prince de Savoie, qui était un homme de beaucoup d'esprit. Ce fait m'a été attesté par des témoins occulaires.

Le P. Scotti, jésuite, rapporte dans sa *Physique curieuse, liv. 3, chap.* XXXIII, que deux de ses confrères étaient parvenus à comprendre les paroles d'autrui au seul mouvement des lèvres.

Il me semble que personne n'a encore indiqué les moyens d'apprendre un art à la vérité très-difficile, ni entrepris d'instruire le public de ce que je me propose de soumettre à son jugement. Il sera nécessaire d'observer ici, que lorsqu'on prononce chaque lettre de l'alphabet, soit en italien, soit en grec, latin, hébreux, ou en toute autre langue, on fait des mouvements différents des lèvres, de la langue, des dents, et quelquefois de toutes ces parties de l'organisation ensemble. On ouvre, par exemple, beaucoup la bouche pour articuler la lettre A; on l'ouvre moins pour prononcer l'E; on serre d'abord les lèvres, et on les ouvre immédiatement après pour prononcer la lettre B; ainsi des autres. On n'est pas moins assujéti à faire des mouvements divers pour articuler des syllables et des mots entiers, que des lettres isolées. Il résulte de cette observation, que si quelqu'un étudie avec soin les différences de tous ces mouvements, il s'accoutumera à comprendre ce qu'un autre lui dit, quoiqu'il n'entende pas sa voix, et par conséquent à proférer les mêmes mots. Ce travail n'est pas si difficile qu'il le paraît d'abord. Tout individu, avant de jouir de l'usage de la parole, n'a-t-il pas appris à prononcer par l'admirable industrie de la seule nature, laquelle, stimulée par la nécessité, fait faire des efforts pour parvenir à imiter le langage des autres, en cherchant à se rendre familiers les divers mouvements des lèvres et de la langue, et par l'obstinatiou involontaire à les répéter jusqu'à ce qu'on soit parvenu à l'articulation, d'abord bégayée, et enfin distincte et complète.

Nous osons croire qu'un sourd-muet a moins de difficultés à vaincre qu'un autre individu, parce que, comme nous l'avons déjà observé, la nature, toujours bienfaisante, supplée au défaut d'un sens par la perfection d'un autre. Ainsi, comme un aveugle, au défaut de la vue, est doué de la sagacité nécessaire pour parvenir à connaître au simple tact la diversité des couleurs ; de même un homme privé de l'ouïe est dédommagé par l'extrême finesse de sa vue et de son imagination ; aussi voyons-nous que les anciens ont appelé le silence, *le maître et le père de toute contemplation.*

Venons aux règles à suivre pour mettre ce bel art en pratique.

Il me semble qu'avant tout, on doit placer un alphabet devant les yeux du sourd-muet, et qu'en lui en indiquant la première lettre, il faut l'articuler avec un mouvement de la bouche et de la langue fortement prononcé, et lui faire comprendre qu'il doit imiter de son mieux ces divers mouvements. On répétera cet exercice jusqu'à ce qu'il articule chaque lettre distinctement, ce qui doit se faire en peu de leçons. Lorsque la prononciation de tout l'alphabet lui sera familière, on l'accoutumera à articuler les monosyllabes, les articles, les particules, etc., en les écrivant, et en les lui indiquant à mesure qu'on les prononce devant lui, afin qu'il s'accoutume de mieux en mieux à imiter les mouvements de la bouche du maître, ce qui ne lui sera plus difficile, puisque sachant déjà articuler les lettres isolées, il saura bientôt en réunir plusieurs ensemble. Le maître alors travaillera à lui faire assembler un plus grand nombre de lettres qui expriment l'idée de quelque chose, et il lui fera connaître la signification des mots en montrant à son élève la chose prononcée ; par exemple, lorsqu'il faudra articuler les deux syllabes *ma-no* (la main), on les lui fera assembler en lui montrant la main, et en lui faisant comprendre que ce mot signifie cette partie du corps. Il apprendra ainsi de suite la nomenclature de toutes les parties du corps humain, ensuite les mots qui appartiènent aux divers sens, à l'intelligence, à la volonté, aux arts, etc. : cette division exercera et perfectionnera sa mémoire, surtout si l'élève écrit les mots à mesure que le maître les lui enseigne, et qu'il les répète ensuite tout seul pour se les graver dans la tête.

Quant à l'individu qui ne serait point sourd, et qui voudrait s'accoutumer à comprendre les paroles que quelqu'un profère de loin ou à voix basse, il pourra y parvenir avec beaucoup de patience, en se tenant devant un miroir pour y observer les mouvements de sa propre bouche, dans l'ordre indiqué ci-dessus, en commençant par les lettres simples, continuant par les syllabes, et enfin par les mots entiers.

CHAPITRE VI.

Pour fabriquer un navire qui puisse s'élever en l'air, et naviguer à voile et à rames, ce qui est démontré possible par l'expérience.

L'ESPRIT humain ne s'est pas borné aux découvertes dont je viens de parler. Son inquiète curiosité lui a fait chercher les moyens de parcourir les airs comme les oiseaux, et il ne faut pas croire que l'histoire de Dédale et d'Icare soit entièrement fabuleuse. On a vu de nos jours un exemple de la même témérité. Un homme a traversé le lac de Pérouse, en volant ; mais lorsqu'il voulut descendre sur la terre, soit que le mécanisme de ses ailes ne fût point parfait, soit qu'il ne sût point encore mesurer son vol, il se précipita avec tant de rapidité qu'il se tua (1).

Personne, jusqu'à présent, n'a imaginé de construire un navire qui pût naviguer dans les airs.

____

(1) Il y a environ 5o ans, que tous les journaux de l'Europe retentirent du nom d'un italien qui s'appelait *il signor Andero Grimaldi volante*, lequel vola, à Londres, depuis *Hyde parc jusqu'à la colonne du monument*, sans aucun accident.

A Paris, nous avons vu le *marquis de Baqueville* s'élancer du belvéder de son hôtel, quai des Théatins, résolu d'aller se

On a cru impossible de fabriquer une machine plus légère que l'air même, ce qui est d'une nécessité absolue pour le succès d'une pareille entreprise. Ma passion pour les découvertes nouvelles m'a porté à m'occuper de celle-ci.

Après beaucoup d'études et de réflexions, j'ai cru avoir trouvé le moyen de composer une machine, non seulement plus légère que l'air, mais encore capable de porter des hommes et des fardeaux, et je me flatte d'autant plus de ne pas me tromper, que je prouve l'infaillibilité de mes moyens par des expériences certaines, et par la démonstration du livre onzième d'Euclide, reçue par tous les mathématiciens.

Je ferai d'abord quelques suppositions hypothétiques, qui me fourniront les moyens de construire mon vaisseau, lequel, s'il n'est placé, comme celui des argonautes, parmi les étoiles, s'acheminera du moins vers leur région.

Je suppose premièrement, que l'air tire sa pésanteur des vapeurs et des exhalaisons qui s'élè-

---

percher sur le pavillon du Louvre ; il avait toujours conservé, en volant, la hauteur du belvéder d'où il était parti, lorsqu'une paille qui se trouva dans le ressort d'une de ses ailes, fit rompre le ressort. Il était déjà de l'autre côté de la rivière ; il tomba sur un bateau de foin, et se cassa une cuisse.

Malgré beaucoup d'exemples de la même nature, vous n'entendez et n'entendrez pas moins assurer, par ce grand nombre de personnages qui savent tout, qu'il est impossible de voler.

vent à plusieurs lieues de la terre, et des eaux qui entourent notre globe ; et, en cela, je ne serai pas contredit par les philosophes les plus légèrement versés dans les expériences physiques. Il est aisé d'ailleurs d'en administrer la preuve ; car, si l'on extrait en tout ou en partie, l'air contenu dans un globe de verre, et qu'on pèse ce globe après l'extraction , on trouvera qu'il a diminué de poids. Pour m'assurer de la pésanteur de l'air renfermé dans le globe, j'ai procédé de la manière suivante.

J'ai pris un grand récipient de verre, dont le col se fermait et s'ouvrait à volonté par le moyen d'une petite clé (1) ; et en le tenant ouvert , je l'ai approché graduellement du feu, pour que la plus grande partie de l'air pût en sortir par sa raréfaction ; ensuite je l'ai fermé subtilement pour qu'il ne pût point s'y introduire de nouveau, et alors j'ai pesé le ballon. Cela fait, j'ai plongé le col dans l'eau en laissant sur la surface le col du récipient, qui se remplit bientôt d'eau en sa plus grande partie. Je l'ouvris une seconde fois pour en extraire l'eau que je pesai ; je mesurai le volume et la quantité de cette eau, et je m'assurai qu'il était entré autant d'eau dans le ballon qu'il en était sorti d'air. Je pesai de nouveau le vase, après l'avoir bien essuyé , et je trouvai qu'il pe-

____

(1) L'appareil de cette petite clé nous paraît d'une exécution moins facile que celui d'un ballon adroitement tubulé.

sait une once de plus que lorsque la presque totalité de l'air qu'il contenait en était sortie. Cet excédent de poids n'était qu'une quantité d'air égale par son volume à l'eau qui l'avait remplacé. Cette eau pesait 640 onces, d'où je conclus que la pesanteur de l'air comparée à celle de l'eau est comme 1 à 640 ; c'est - à - dire que si l'eau qui remplit un vase quelconque pèse 640 onces, l'air qui remplit ce même vase ne pèse qu'une seule once.

Je suppose en second lieu, qu'un pied cube d'eau , c'est-à-dire la quantité que peut contenir un vase carré, de la longueur et de la largeur d'un pied , pèse 80 livres , c'est-à-dire 960 onces (la livre n'est ici que de 12 onces), selon l'expérience de *Villal Pando*, qui est presque conforme à la mienne ; car , j'ai trouvé que l'eau qui pesait 640 onces, formait quelque chose de moins que les deux tiers d'un pied cube, d'où il suit que si les deux tiers d'un pied d'air pèsent une once , un pied pèse une once et demie.

En troisième lieu, je suppose qu'on parviène à extraire tout-à-fait ou à-peu-près l'air contenu dans un grand vase , ce que je démontrerai possible de différentes manières, dans mon *art magistral;* et afin qu'on ne croye pas cette assertion hasardée, je vais indiquer un des procédés les plus faciles pour y réussir.

Prenez-un vase quelconque grand et rond, et dont le col soit prolongé par un tube de cuivre

ou de fer-blanc, et qui soit au moins de la longueur de quarante - sept palmes modernes ro-
maines, conformément à la mesure donnée à la fin
de cet ouvrage, dans mon *Traité sur les Longues-
Vues*, observant néanmoins que si la longueur du
tube est encore plus considérable, l'effet sera
d'autant plus sûr. Près du vase A, doit être la
petite clé B, qui ferme le vase assez hermétiquement, pour que l'air ne puisse pas y pénétrer : remplissez ce vase d'eau, et adaptez - lui
son tube, bien clos à la partie inférieure C. Disposez le vase de façon que la partie supérieure
lui serve de base, et que l'inférieure C du tube
soit plongée dans l'eau. Ouvrez ce vase dans l'eau
même ; elle en sortira, excepté celle contenue
dans le tube, jusqu'à la hauteur de 46 palmes 26
minutes, et le reste de la partie supérieure restera
vide, l'air ne pouvant s'y introduire : fermez alors
le col du vase avec la clé B, et le vase restera
vide aussi. Si quelqu'un doute de ce que j'avance,
il n'a qu'à peser le vase, et il trouvera qu'autant
de pieds cubes d'eau il en sera sorti, autant d'onces
et demies de moins il pèsera que lorsqu'il était rempli
d'air, ce que je me contente d'assurer ici comme
suffisant à mon objet, ne voulant pas entrer dans la
discussion, si ce vase reste aussi vide de tout autre
corps : je traiterai cette matière plus à fond, en temps
et lieu, lorsque je démontrerai qu'il n'existe point
de vide, rigoureusement parlant, et qu'il n'existe
point de corps sans poids quelconque.

7

En quatrième lieu, je suppose vraies les démonstrations des livres onze et douze d'*Euclide*, reçues par tous les mathématiciens, et dont l'infaillibité est démontrée par des expériences multipliées, qui prouvent, par exemple, que la superficie des globes ou sphères croît en raison double de leurs diamètres, et la solidité en raison triple des mêmes diamètres. Pour mettre cette vérité à la portée de tout le monde, prenez trois chiffres, disposez-les de manière que le troisième contiène le second, autant de fois que le second contient le premier. Exemple :

$$1 - 2 - 4 -$$
$$1 - 3 - 9 -$$
$$1 - 4 - 16 :$$

Le troisième chiffre 4 contient le chiffre 2 autant de fois que le chiffre 2 contient le chiffre 1, c'est-à-dire deux fois; et pareillement le troisième chiffre 9 contient le deuxième chiffre 3 autant de fois que le 3 contient le chiffre 1, c'est-à-dire, trois fois, etc.

La proportion ensuite est triplée, lorsqu'on dispose quatre chiffres, de sorte que le quatrième contient autant de fois le troisième que celui-ci contient le deuxième, et que le troisième contient autant de fois le second que celui-ci contient le premier, comme il est prouvé dans l'exemple suivant :

$$1 - 3 - 9 - 27$$
$$1 - 4 - 16 - 64$$

D'après *Euclide*, la surface des boules ou sphères croissant en proportion double des diamètres,
si nous prenons deux globes, dont l'un ait un diamètre qui soit le double de l'autre, par exemple,
l'un d'une palme de diamètre et l'autre de deux ;
la surface du globe de deux palmes sera quatre
fois plus grande que la surface du globe d'une
seule palme ; et que la solidité du globe de deux
palmes croissant en proportion triple, deviendra
deux fois plus considérable, et conséquemment huit
fois plus pesante que celle du globe d'une palme
de diamètre. Il en résulte, que la superficie du
plus grand globe sera à la superficie du plus
petit, comme 4 à 1, et sa solidité comme 8 à 1.
Cette vérité, indépendamment de la preuve théo-
rique, peut être prouvée en pesant l'eau qui remplit un globe d'une palme de diamètre, et celle
qui remplit un globe de deux palmes, ce qui
nous donnera la proportion triple de la solidité.
Nous trouverons ensuite la proportion double de
la superficie en mesurant celle des mêmes globes.
Je ferai, à ce sujet, une observation utile à l'éco-
nomie domestique. Si vous voulez faire des ton-
neaux pour conserver le vin, et des sacs pour renfermer le grain, en faisant un seul tonneau des
mêmes douves avec lesquelles on en ferait deux,
ce tonneau seul contiendra autant de vin qu'en
contiendraient les deux ensemble : si vous employez la même quantité de toile propre à faire
deux sacs pour n'en faire qu'un seul, celui-ci

contiendra le double de blé qu'en auraient contenu les deux sacs.

Je suppose en cinquième lieu, avec tous les
philosophes, que lorsqu'un corps est dans son espèce plus léger qu'un autre, le plus léger monte
lorsqu'il est dans le plus pesant, si celui-ci est un
corps liquide, comme une boule de bois remonte
sur l'eau et surnage, parce que sa pesanteur spé-
cifique est moindre que celle de l'eau. Un globe
de verre rempli d'air surnage sur l'eau, parce
qu'encore que le verre soit plus pesant que l'eau,
le corps du globe rempli d'air est plus léger qu'un
pareil volume d'eau.

Une fois tous ces principes supposés, il est certain que si nous pouvons faire un vaisseau de verre
ou de toute autre matière, qui ait moins de poids
que l'air qu'il contient, et qu'ensuite nous le pri-
vions de tout air, selon la méthode dont nous
avons parlé, ce vaisseau serait plus léger que l'air
même ; de sorte que, d'après ma cinquième hypothèse, il surnagerait sur l'air. Par exemple, si
nous faisons un vaisseau de verre qui contiène un
pied cube d'eau, c'est-à-dire 80 livres, et qu'il soit
si mince qu'il pèse moins d'une once et demie, une
fois que vous en aurez fait sortir tout l'air qu'il
peut renfermer, lequel, d'après ma première et
seconde hypothèses, pèserait une once et demie, ce
vaisseau resterait plus léger que l'air même, et
s'élèverait dans l'air soutenu par sa propre légèreté : quoiqu'il puisse contenir un pied d'eau, il est

néanmoins si mince qu'il pèse moins d'une once et demie, en définitif il ne pourra donc pas être de verre. Si nous faisons, avec le double de cette matière, un vaisseau beaucoup plus grand, qui contiène, par exemple, quatre fois plus d'eau, c'est-à-dire quatre pieds, et par conséquent six onces d'air, d'après ma première hypothèse, ce vaisseau capable de contenir quatre pieds d'eau, et qui pèserait moins de six onces, resterait plus léger que l'air lorsqu'on l'aurait privé des six onces qu'il en contient, et serait le double moins difficile à faire que le premier.

Si vous faites un vaisseau du double plus grand, c'est-à-dire de huit pieds, qui contiendra, par conséquent, douze onces d'air, et dont la matière pèsera moins de douze onces, ce troisième vaisseau sera encore d'une plus facile exécution.

En augmentant ainsi le volume du vaisseau, nous parviendrons à une telle grandeur, que, quoique fabriqué d'une matière solide et pesante, le poids de l'air qu'il contiendra sera plus fort que celui de la matière.

Voyons maintenant de quelle grandeur déterminée nous pourrions fabriquer un globe de cuivre, fort mince à la vérité, mais non pas d'une ténuité qui en rendît l'exécution impossible. Supposons, par exemple, que la *minceur* du cuivre fût telle, qu'une de ses planches de la longueur et de la largeur d'un pied, ne pesât que trois onces, ce qui est praticable; faisons avec ce cuivre, si délicate-

ment laminé, un globe rond, dont le diamètre soit
de quatorze pieds ; je prétends que ce vaisseau sera
moins pesant que l'air qu'il renferme, et qu'une
fois privé de cet air , il s'élèvera nécessairement
de lui-même. Pour démontrer cette assertion , je
me servirai des règles qu'*Archimède* nous a données ; il dit, et c'est une vérité reconnue par tous
les mathématiciens, que la proportion du diamètre
à la circonférence d'un cercle est comme celle de
7 à 22 , un peu moins ; donc si le diamètre est de
sept pieds, la circonférence sera de vingt-deux :
il suit que , supposant notre vaisseau de quatorze
pieds de diamètre, la circonférence sera de 44 ,
parce que, comme 7 est à 22 , ainsi 14 est à 44.
Pour nous assurer ensuite de combien de pieds
carrés sera toute la superficie du vaisseau rond,
Archimède nous prescrit de multiplier le diamètre
par la circonférence. Nous multiplierons donc 14
par 44, ce qui nous donnera une superficie de
616 pieds carrés de planches de cuivre , dont chacune doit peser trois onces ; et multipliant alors
616 pieds par 3 onces , il en résultera 1848 onces ;
savoir, 154 livres, poids total du cuivre qui entre
dans la composition du vaisseau. Voyons maintenant si l'air qu'il contient pèse plus de 154 livres.
S'il en est ainsi, en ôtant du vaisseau l'air, il deviendra plus léger que l'air même, et conséquemment il
pourra s'élever.

Pour connaître le poids de l'air renfermé dans
le vaisseau , sachons combien il renferme de pieds

cubes d'air, dont chacun, comme nous l'avons prouvé, pèse une once et demie. Pour parvenir à cette connaissance, Archimède nous apprend, qu'il faut additionner le demi-diamètre, qui sera de sept pieds, par la troisième partie de la superficie qui sera de 205 et un tiers : cette opération nous fera obtenir la capacité du vaisseau ; elle sera de 1437 pieds et un tiers. Puisque chaque pied d'air pèse une once et demie, il s'ensuit que le poids de tout l'air contenu dans le vaisseau nous donnera 2155 onces deux tiers, c'est-à-dire, 179 livres 7 onces; et puisqu'il est démontré que le cuivre dont est composé le vaisseau, ne pèse que 154 livres, ce vaisseau doit rester plus léger que l'air, de 25 livres 7 onces et deux tiers : il doit donc, non seulement s'élever, mais encore élever avec lui un poids de 25 livres 7 onces et deux tiers.

Pour que le vaisseau puisse porter un poids plus considérable et même des hommes, nous prendrons le double de cuivre, c'est-à-dire, 1232 pieds, qui pèseront 308 livres. Nous pouvons, avec cette quantité de cuivre, construire un vaisseau quatre fois plus grand que le premier, d'après notre quatrième hypothèse, et conséquemment l'air contenu dans ce vaisseau, pèsera 718 livres 4 onces et deux tiers : plus léger qu'un pareil volume d'air, il pourra supporter trois hommes ou deux au moins.

Il est en même-temps évident que plus le globe sera considérable, plus les planches de cuivre ou de fer-blanc seront fortes , et que sa capacité doit augmenter en raison de sa pesanteur , et consé-quemment le poids de l'air.

Il résulte de tout ce que je viens de dire, qu'il est possible de construire une machine propre à sillonner les airs. Faites donc quatre globes, dont chacun puisse supporter deux ou trois hommes, comme il vient d'en être fait mention : videz l'air que ces globes contiènent par le moyen indiqué ci-dessus. Que les quatre globes soient A , B , C , D , attachez-les ensemble avec quatre morceaux de bois , ainsi qu'on peut le voir dans la planche. Fabriquez un petit navire de bois E , F , armé de sa voile : suspendez-le avec quatre cordes de la même longueur aux quatre globes dont vous avez extrait l'air : assujétissez les quatre cables à terre, afin que le vaisseau ne s'élève que lorsque vous le voudrez. Dès que vous l'aurez chargé , et que les quatre globes auront été dégagés en même-temps, vous verrez le vaisseau s'élever et les aréo-nautes se servir de leur voile et de leurs rames, et naviguer à leur volonté , avec une vitesse incroyable.

En publiant la théorie de ce mécanisme, je ne puis m'empêcher de rire moi-même de mon tra-vail : il ne me paraît pas moins étrange que toutes les idées creuses sorties de la tête éventée de Lu-cien. D'un autre côté, je suis convaincu que je ne me suis trompé, ni dans mes moyens, ni dans mes preuves, et j'ai consulté plusieurs savants, qui après avoir examiné mes calculs et ma méthode , m'ont donné leur approbation. J'aurais vivement desiré de faire l'essai avec un seul globe, avant de rendre ma découverte publique ; mais la pauvreté religieuse que je professe ne m'a pas permis de disposer d'une centaine de ducats, qui eussent suffi pour les frais de cette belle expérience. Si quelqu'un de mes lecteurs veut l'entreprendre, je le prie de m'instruire du résultat ; au cas qu'il ne fût pas heureux, ce dont je doute, je pourrai lui indiquer de nouveaux moyens ; et pour encourager les amateurs, je vais résoudre d'avance quelques difficultés qui pourraient se rencontrer dans la pratique.

Le moyen de vider l'air contenu dans le globe peut être difficile, parce qu'il faut nécessairement renverser le globe A sur le tube B C, et que ce globe qui posait à terre, se trouve par-là poser en l'air, renversement qui ne peut s'opérer sans le secours d'une machine propre à l'exécuter, surtout vu le grand volume du vaisseau rempli d'eau : on peut obvier à cet inconvénient de sorte qu'il ne sera pas nécessaire de déplacer le globe (*figure V*) ; disposez-le dans un endroit élevé de quarante-sept palmes ; adaptez au col le tube de la même longueur, lequel doit être bien fermé à la partie inférieure C : remplissez ensuite d'eau le globe et le tube par l'ouverture D, pratiquée à la partie supérieure. Dès qu'ils sont pleins l'un et l'autre, fermez l'ouverture avec la clé (⟨⟩). Lorsque vous voudrez vider le vaisseau, il suffira d'ouvrir le bout du tube plongé dans un vase d'eau, afin que l'air n'y puisse pas rentrer à la place de l'eau qui sort. Quand elle est entièrement sortie, tournez la clé B du col du vaisseau, et ôtez le tube. C'est ainsi que vous viderez votre globe de l'air qu'il contenait, si non totalement, ce que je ne veux pas agiter ici, au moins en sa plus grande partie ; toujours pèsera-t-il autant d'onces et demie de moins qu'il contenait de pieds d'eau, comme il a été suffisamment prouvé par l'expérience. Il faut bien prendre garde surtout que les clés qui ferment les diverses ouvertures, soient travaillées avec une telle perfection qu'elles interceptent absolument le passage de l'air.

On peut aussi faire quelque objection sur la ténuité des planches de cuivre qui composent le globe ; car l'air s'y introduisant avec effort, ou sa raréfaction étant si violente, le vaisseau pourrait être tellement comprimé qu'il y aurait à craindre une fracture ou du moins un aplatissement qui en altérerait la forme.

Je réponds que cet accident pourrait arriver si le vaisseau n'était pas rond ; mais comme sa forme est sphérique, l'air le comprimera également dans toutes ses parties, et le rendra même plus solide au lieu de l'affaiblir. Les vaisseaux de verre nous en fournissent la preuve. Quoique de fort crystal, s'ils ne sont pas ronds, ils éclatent, et s'ils ont une forme sphérique, les plus minces ne se cassent pas. Il n'est pas même nécessaire qu'ils soient rigoureusement d'une forme ronde ; il suffit qu'ils en approchent.

On peut aussi craindre un autre inconvénient quant à la hauteur à laquelle le navire s'élèvera. S'il monte, dira-t-on, au-dessus de l'air qu'on suppose être à plus de cinquante milles, les navigateurs ne pourront plus respirer.

Je réponds encore que plus on s'élèvera, plus on éprouvera la légèreté et la subtilité de l'air. Par conséquent, le navire parvenu à une certaine hauteur, jusqu'à laquelle la respiration ne saurait être interceptée, ne pourra s'élever davantage ; car cet air supérieur étant infiniment plus léger, ne pourrait soutenir le navire, lequel s'arrêtera dès que l'air deviendra trop subtil pour que son poids cesse d'être égal à celui du vaisseau. C'est aussi pour cela, qu'afin qu'il ne s'élève pas outre mesure, il faut avoir soin de le charger dans les proportions requises. Si malgré ces précautions il continuait à s'élever plus qu'on ne le voudrait, on ouvrira les petites clés pour laisser introduire une certaine quantité d'air, et le navire alors baissera.

Par la raison, que si le navire ne monte pas assez, nous n'avons qu'à diminuer son poids, il faudra l'augmenter si l'on veut descendre à terre ; et à cet effet, on ouvrira toutes les clés pour laisser introduire l'air, qui en pénétrant dans les globes, leur rendra bientôt le poids nécessaire à sa descension.

On observera, par rapport aux rames, qu'elles n'agissent sur l'eau, et ne facilitent la marche d'une barque, qu'en raison de la résistance que l'eau oppose et que l'air n'opposera point. Je conviens que l'air ne saurait opposer la même résistance que l'eau ; mais il en opposera certainement une quelconque, laquelle sera suffisante ; car, si la résistance que l'air fait à la rame est moindre, celle qu'il fait au mouvement du navire l'est aussi ; par conséquent le vaisseau pourra être aussi en mouvement par la résistance moindre qu'éprouvera la rame : celle-ci sera, d'ailleurs, rarement nécessaire ; car nous aurons dans l'air assez de vent, quelque faible qu'il soit, pour donner à la marche du navire la célérité convenable. De plus, quand même le vent serait contraire, j'indiquerai ailleurs la manière d'appareiller le mât de façon que le vaisseau puisse naviguer par toutes sortes de vents, non seulement dans l'air, mais encore sur l'eau.

La difficulté de remédier à la trop grande violence du vent paraît d'abord plus grande : son impétuosité pourrait pousser le navire contre des montagnes, qui sont les rochers de l'océan aérien. Quant au danger de chavirer, je dis qu'il est presque nul ; car le poids du navire est assez considérable pour conserver l'équilibre nécessaire, et le poids des hommes suffisant pour contrebalancer la légèreté des globes, qui resteront àplomb au - dessus du vaisseau , lequel ne pourra jamais se renverser sur les ballons.

Quant à nos rochers , le danger n'en est pas plus imminent pour notre navigation aérienne que pour l'autre ; il ne serait pas d'ailleurs impraticable de faire usage de quelques ancres. Enfin , dans notre océan supérieur, nous avons un grand avantage, qui est celui de n'avoir pas besoin de l'asyle des ports; car le pilote peut, au moindre danger, descendre à terre si bon lui semble. »

M. *Faujas de Saint - Fond* a fait mention de ce vaisseau volant du P. Lana dans son excellent ouvrage intitulé : *Description des Expériences de la machine aérostatique de MM. de Montgolfier.* Les observations d'un physicien aussi célèbre sont trop précieuses, et la gloire de MM. de Montgolfier doit être trop chère à tous ceux qui aiment les arts , pour que nous ne rapportions pas ici le passage entier de M. *Faujas de Saint-Fond.*

« Lana et Galien méritent plus d'attention , dit-il ; le livre du premier étant très - rare, j'entrerai dans quelques détails à son sujet.........

» L'on trouve dans le chapitre VI le projet de construction d'un navire qui devait se soutenir et voyager dans l'air, à voiles et à rames.

» Les principaux agents de cette machine consistaient en quatre sphères ou globes de cuivre , dans lesquels le vide parfait devait être produit. Leur diamètre était de vingt pieds; leur superficie, selon les calculs de l'auteur, de treize cent trente-deux pieds, et leur solide de cinq mille sept cent quarante-neuf pieds; mais, outre que ces proportions ne sont pas exactes, c'est que sa manière d'opérer le vide est des plus défectueuses; car, il exige pour cela de remplir les ballons d'eau, de les vider, et de fermer tout de suite le robinet par où l'eau devait s'échapper. Enfin *Lana*, ne donnant à l'épaisseur de son cuivre que $\frac{3}{62}$ de ligne, rendait l'exécution de son globe absolument impossible; aussi Leibnitz, qui a commenté ce projet, conclut avec raison, de l'excessive ténuité de cette enveloppe, que la chose ne pouvait pas avoir lieu.

» Comme la gravure qui accompagne l'ouvrage de Lana, *dell'arte maestra*, représente quatre ballons qui se soutiènent en l'air, et qui supportent, au moyen de cordages, un bateau avec une voile, les personnes qui ont été à portée d'observer cette planche sans lire le texte, n'ont pas manqué de conclure que MM. de Montgolfier n'ont fait que copier *Lana*; mais l'on voit à présent que leur découverte est absolument étrangère aux idées du jésuite italien. »

Voilà sans doute des autorités respectables : nous n'en demeurons pas moins convaincus qu'on peut tirer le plus grand parti du projet du P. Lana, comme nous espérons le faire voir ailleurs. Nous nous permettrons aussi de revenir sur ses moyens.

CHAPITRE XI.

Proposition d'un mouvement perpétuel entièrement artificiel.

Nous avons proposé ci-dessus un mouvement perpétuel par l'ascension et la descension de l'eau, par la voie de la condensation et de la raréfaction, et par plusieurs autres moyens provenant de l'air et des fluides : mais tous ces mouvements sont étrangers à celui que, par tant d'études et de travaux, plusieurs mathématiciens et mécaniciens cherchent depuis si long-temps, avec cette condition expresse que le principe de ce mouvement soit uniquement artificiel.

Je crois avoir inventé des moyens auxquels personne n'est jamais parvenu pour obtenir cette sorte de phénomène.

J'ai examiné avec la plus grande attention les tentatives de plusieurs savants à cet égard, et je parlerai dans mon *Art Magistral* de ceux qui ont le plus approché du but; mais je prouverai en même-temps que tous ont méconnu quelque principe essentiel des mécaniques. Je crois que personne ne pourra trouver le même vice dans mes démonstrations, que j'ai communiquées à des mathématiciens et à des mécaniciens célèbres. Leur jugement m'a sur tout déterminé à rendre ma dé-

couverte publique, en me confirmant dans l'opinion où je suis de la certitude de mes résultats.

Qu'on dispose un pendule ou une perpendiculaire C D, avec une boule D d'un poids assez considérable, qui se meuve librement par deux pôles
A B, avec un axe qui, dans le milieu C, soit plus
fort, et où il doive recevoir l'impression du bras
Q T, d'un levier C Y Q T arrêté, en lui laissant
néanmoins de la mobilité dans Y, lequel levier
ne doit pas être fort long, afin qu'il puisse recevoir les impulsions avec plus de facilité, et que
les ondulations soient plus fréquentes. Le même
axe A B de la perpendiculaire doit être continué
depuis A jusqu'à G, et il sera uni à deux bobines
dentelées E F, lesquelles, s'agitant ensemble avec
la perpendiculaire, mettront en mouvement une
roue dentelée, aussi placée parallèlement ; cette
roue ne tournerait pas si ses dents étaient conti-
guës ; elle agirait tantôt en avant, tantôt en arr-
rière, comme la perpendiculaire. Il s'ensuit que
ses dents doivent être interrompues, de façon que
lorsque la bobine E donne dans les dents, l'autre
doit porter sur la partie qui n'est pas dentelée,
tandis que la même bobine E porte sur la partie
opposée, qui est dentelée : c'est pour cela que
les côtés opposés doivent être, l'un dentelé et
l'autre uni.

Cette roue doit poser avec son axe perpendiculaire sur la base immobile Z ; elle doit tourner
dans ce centre librement et facilement. A cet axe

sera adaptée une autre roue H H, qui, en tournant, doit mordre une autre roue dentelée I K.
Autour de l'axe de celle-ci, nous plaçons encore
une roue L M, qui devra tourner librement autour
de l'axe même; elle sera cependant assujétie par
la languette L introduite dans la surface plane de
la roue I K, laquelle s'engrénant dans les dents
de la roue L M, l'empêche de tourner, si ce n'est
pas la roue L K qui en fasse l'office. Derrière l'axe
R de cette roue L M, vous disposerez un fil de
fer roulé en différents plis, qui puisse faire l'effet
d'un ressort et pousser légèrement le même axe
avec la roue L M contre la roue I K, de sorte
que les dents ne puissent pas sortir de la languette L, et que cette même roue ne puisse plus
tourner comme elle ferait si la languette ne l'ar-
rêtait pas. Au-dessous de cet axe et de cette espèce
de spiral de fil de fer, il sera formé un bras R A S
plié mobilement sur G, lequel, moyennant un
crochet G R, touchera l'extrémité R de l'axe, qui
est un peu plus forte, et il sera attaché à l'autre
extrémité une boule S, laquelle, tombant sur le
crochet R, forcera le spiral et délivrera la poulie
L M de la languette L. Afin qu'elle puisse tourner
librement, et pour que la boule ne tombe qu'à
l'instant où il sera nécessaire, elle sera soutenue
par une *cale* T Q; on placera encore sous la boule
une *cale* V, mais concave, et capable de la soutenir lorsqu'elle tombe conjointement avec son

bras G S, et cette *cale* V sera assujétie comme on le voit V S.

On attachera avec une corde la petite caisse N, avec une boule dedans, à la roue L M ; mais l'une et l'autre doivent être beaucoup plus légères que la boule D de la perpendiculaire, afin que le mouvement des roues E F, H H, I K, L M, puisse élever facilement la petite caisse N avec sa boule.

La perpendiculaire ébranlée, et la petite caisse avec sa boule voulant s'élever, heurtera le bras O P, et baissant sur-le-champ, laissera tomber sa boule qui enfilera le conduit oblique N A H B L C M D, etc., et voulant monter plus haut, après avoir déposé sa boule dans le conduit, elle heurtera plus fort le bras O P : comme il est assujéti, mais mobile, en s'élevant O, sa partie Q donnera dans la *cale* T Q, et laissera tomber la boule S ; et conséquemment le crochet G R délivrera la boule L M de la languette L. Alors la caisse vide descendra jusqu'à X, où elle trouvera une autre boule pareille à celle qu'elle a déposée dans le conduit, laquelle boule est comprimée par un ressort, mais le poids de la caisse pesant sur ce petit ressort, mettra en liberté la boule qui, en descendant, entrera dans la caisse, et celle-ci, forcée de descendre aussi, heurtera le bras E Z V qui soulèvera la boule S et la remettra à sa première place ; alors et conséquemment, la roue L M s'approchera de la roue I K, et elle se trouvera arrêtée encore par la languette L.

Toute cette opération de déposer la boule dans le conduit, et de débarrasser la roue de la languette, de faire descendre la petite caisse qui reçoit la boule X, de replacer la roue dans la languette, comme elle s'y trouvait auparavant; cette opération complète, dis-je, doit se faire en très-peu d'instants. Pendant ces divers mouvements, la boule déposée parcourra le conduit A N B L, qui doit être long et un peu incliné; ce conduit aura un trou dans lequel pénétreront de petits morceaux de bois ronds, unis par leur aiguille, de sorte que la boule, parvenue au bout du conduit incliné, donnera dans les petits morceaux de bois, et dégagera Y l'aiguille qui est mobile. Les roues alors étant en mouvement relèveront la petite caisse N avec sa boule, et comme le mouvement de l'autre boule dans le conduit est fort prolongé, la caisse parviendra à l'extrémité lorsque cette boule atteindra l'X, c'est-à-dire le bout du conduit. Parvenue à l'O, la caisse y déposera de nouveau sa boule, descendra pour reprendre l'autre qui est déjà au fond, et la reportera en haut tandis que l'autre descend, ce qui se renouvèle perpétuellement.

Si l'artiste qui exécutera ce mécanisme a le talent nécessaire, je soutiens que l'effet s'ensuivra infailliblement, et que la machine fera un véritable mouvement perpétuel artificiel.

Cette vérité sera plus évidente après que nous

aurons fait quelques observations, qui léveront, ce me semble, toutes difficultés.

On peut douter d'abord, que la boule descendant par le conduit incliné, pousse assez fortement l'aiguille C Y, et par le moyen de celle-ci, la perpendiculaire C B. Deux raisons peuvent inspirer ce doute. La première est, que le mouvement de la boule, pour qu'elle n'arrive pas à l'extrémité du conduit avant que la petite caisse contenant l'autre boule soit remontée, devra nécessairement être un peu lent, et que l'inclinaison du conduit étant peu sensible, la boule ne chemine pas avec assez de précipitation pour acquérir par sa vitesse un poids, qui puisse donner à l'aiguille une impulsion suffisante, pour que celle-ci ébranle la perpendiculaire. La seconde raison, c'est que la boule qui parcourt le conduit et qui donne le mouvement à la perpendiculaire, doit être plus légère qu'elle, puisque la perpendiculaire est destinée à élever la boule par le secours du rouage indiqué.

Pour obvier à ces inconvénients, il faudra que l'aiguille Y C, soit bien longue ; car se mouvant librement dans l'Y où elle est suspendue à un morceau de bois par le petit bras Y Q Z, elle fera l'effet du levier. Conséquemment plus le premier bras Y C sera long, plus il aura de force pour ébranler la perpendiculaire : or, pouvant faire l'aiguille Y C aussi longue que nous voudrons, et de sorte que le conduit que la boule doit parcourir se trouve très-éloigné du bras Y Q M T, celui-ci aura force de levier ; d'où il suit que quelque faible que soit l'impulsion que la perpendiculaire doit recevoir T E D, elle se mettra en mouvement quoiqu'elle soit plus pesante que la boule destinée à choquer l'aiguille. J'ajoute que ce mouvemént est encore facilité par le choc que l'aiguille a donné à la perpendiculaire, lequel l'a déjà ébranlée, et qu'il devient plus facile de prolonger ce même mouvement, parce qu'il suffira d'une impulsion bien moindre que si la perpendiculaire se trouvait dans une parfaite immobilité. La perpendiculaire d'ailleurs, se trouvant entièrement courte et remuant les roues avec célérité, l'ascension de la petite caisse devient alors plus prompte ; les ondulations seront aussi plus fréquentes en raison du peu de longueur de la perpendiculaire ; il s'ensuivra de plus que l'aiguille l'atteindra très-promptement.

Enfin, pour que la boule ne descende pas avec trop de vitesse dans ces conduits inclinés, chacun d'eux doit être fort long ; la boule qui les parcourt acquiert alors plus d'impétuosité vers la fin, de manière que passant de l'H au B, lorsqu'elle choque l'aiguille B, elle a déjà acquis plus de force par l'inclinaison ; arrivant ensuite du B à l'L et de l'L au C, elle heurte de nouveau l'aiguille, tandis que le mouvement de la perpendiculaire existe encore, lequel est augmenté par ce choc, afin qu'il puisse durer jusqu'au nouveau choc D, ensuite celui E F, etc., etc.

Il peut s'élever une difficulté au sujet de la perpendiculaire, qui n'aurait peut-être pas la force nécessaire pour élever la petite caisse N, ce qu'elle doit faire par le secours de la rotation des trois roues dont chacune oppose une résistance au mouvement.

Je réponds à cela, qu'il serait effectivement difficile d'élever la petite caisse avec la boule, si la hauteur à laquelle on doit la porter était considérable et le temps trop court; c'est-à-dire, si le mouvement de la caisse devait être accéléré et que celui de la roue I K, dût l'être aussi par la vitesse des autres roues encore plus lentes que les premières; mais si le mouvement de la petite caisse doit être lent au point que la roue I K tourne plus lentement que la roue E F, un mouvement de cette lenteur sera plus facile, comme il est démontré par les principes de la mécanique. Il est prouvé pareillement que le moindre mouvement de la petite caisse est plus que suffisant; car elle ne doit parvenir à la hauteur à laquelle elle est destinée, que lorsque la boule qui descend par le conduit sera parvenue dans le fond K, ce qui exige un certain temps, sa descente devant s'opérer par des canaux fort longs, ainsi que nous l'avons déjà observé. J'ajoute que la petite caisse N doit être très-légère, puisque, toute légère qu'elle est, elle peut exécuter sa descension, et reprendre sa boule à l'X. Toutes les fois que la roue L M sera débarrassée de la languette L, la boule pareillement, quoiqu'elle soit bien plus légère que celle de la perpendiculaire D, suffira pour faire mouvoir celle-ci en choquant l'aiguille

Y C , non seulement par l'impétuosité qu'elle acquiert dans sa descension, mais encore à cause de la longueur de l'aiguille qui fait l'effet du levier, et par la brièveté de la perpendiculaire.

J'observe encore, que la boule S du bras en crochet S G R doit être plus légère que la petite caisse N avec sa boule, afin que celle-ci choquant l'aiguille courbée E Z V, elle puisse relever et replacer cette boule S sur la *cale* T Q, et quoique cette même boule soit fort légère, elle suffira pour faire plier le crochet R et pour délivrer la roue L M en l'entraînant vers T ; car le spiral de fil de fer R T, doit presser bien légèrement et seulement autant qu'il est nécessaire pour repousser la roue L M vers la roue I K , ce qui se fera avec peu de violence, puisque l'axe de la roue I K entre librement et horizontalement dans l'axe de la roue L M.

Qu'on observe aussi que nous pouvons disposer une autre aiguille de l'autre côté du conduit, c'est-à-dire, dans L H L M N O, que la boule choquera pareillement, ce qui donnera de plus fréquents mouvements à la perpendiculaire, et empêchera qu'ils ne languissent jamais. A cet effet , nous ferons moins de conduits, mais nous les ferons plus longs, afin que la boule emploie plus de temps à descendre, et pour que son impétuosité en soit accrue ; car plus le conduit sera long, plus la boule aura acquis de force lorsqu'elle sera parvenue à l'extrémité.

CHAPITRE XII.

D'un second mouvement perpétuel de la nature du premier.

Le mécanisme de celui-ci ne diffère pas beaucoup de celui qui précède.

Servez-vous d'une coquille qui porte la boule vers la partie supérieure après qu'elle aura parcouru le conduit comme ci-dessus. Vous pourrez obtenir le même résultat avec moins de roues, et par un mécanisme plus simple et plus expéditif.

Soit la perpendiculaire A B qui tourne avec les deux bobines H I adaptées à son axe; la roue L de la même manière indiquée dans le chapitre précédent, réunira à cet axe L M de la roue une autre roue N O qui mord en tournant la roue O P: assujétissez celle-ci à l'axe d'une coquille ou limace R T F; les deux extrémités de l'axe de cette coquille, savoir, Y T seront appuyées à deux pôles T Y, de manière que l'axe uni à la coquille puisse agir librement par le moyen du mouvement de la roue O P; qu'en même-temps une boule descende dans les conduits O P comme ci-dessus; cette boule choquant l'aiguille D F lorsqu'elle parviendra à l'extrémité de quelque conduit, donnera une nouvelle impulsion à la perpendiculaire, qui en agitant les roues inférieures et la coquille, fera que celle-ci élèvera une autre boule placée dans le conduit tortueux T S V Z Q , et la portera de la partie inférieure S à la supérieure Q : cette boule sortant alors du conduit de la coquille tombera dans l'autre conduit peu après que l'autre boule sera parvenue à l'extrémité, c'est-à-dire à l'S : alors la boule reçue par la coquille sera élevée, tandis que l'autre descend, et successivement ainsi l'une après l'autre.

Afin que la boule qui est déjà parvenue à l'S soit reçue par la coquille en même-temps que l'autre sort du conduit Q, il faut que cette boule, en sortant de son conduit pour tomber dans l'autre, choque une aiguille adaptée par un petit ressort à l'extrémité du conduit S, lequel ressort retenait l'autre boule et l'empêchait de tomber dans la coquille avant le temps.

CHAPITRE XIII.

D'un autre mouvement perpétuel d'une plus facile exécution que les deux premiers, moyennant des pompes qui éléveront l'eau.

Soit la perpendiculaire A B, soutenue librement avec son axe C E D par les deux pôles C Q, et qu'au même axe soit fixée solidement une légère aiguille Q R, qui pende de la même façon que la perpendiculaire A B. Au bout du même axe D, adaptez un bras E E qui fasse l'angle rectangle avec l'axe C D. Aux parties de l'extrémité E E, placez deux pistons I G qui entrent dans les deux pompes L K I et M H C, de sorte que, dès que la perpendiculaire A B se mettra en mouvement, ces mêmes pistons I G s'éléveront et se baisseront, et ils éléveront l'eau dans laquelle on suppose la pompe plongée, par les canaux H M — K L, et la porteront dans le vaisseau P F qui est au-dessus. Soit dans ce vaisseau un syphon N P O, dont un bras plus court parviène jusqu'au fond du vaisseau ; mais que cependant sa bouche N reste toujours ouverte : que l'autre bras plus long P O pénètre aussi au fond du vaisseau et reste aussi ouvert O ; qu'une fois le vaisseau rempli, le syphon le soit pareillement, de manière que l'eau du bras P O, ayant la prépondérance, elle commencera à sortir du vaisseau, et conséquemment elle ne cessera de passer par la bouche jusqu'à ce que le vaisseau soit entièrement vide.

Au-dessous de la bouche O, par laquelle l'eau sort, on disposera une roue S T, avec ses ailes soutenue sur deux pôles X Z, dont l'équilibre soit tel qu'elle puisse être aisément tournée par la force de l'eau qu'elle recevra du syphon : la même roue aura d'un côté une petite aile S saillante, de sorte que cette roue tournant choque la partie Z de l'aiguille O R, laquelle aiguille en cédant n'arrêtera point le mouvement de la roue, qui conservera sa rotation par la force de l'eau qu'elle reçoit ; et lors même qu'elle ne recevra plus d'eau, avant de s'arrêter elle fera encore plusieurs tours par l'impulsion donnée, et choquera avec son aile S, l'aiguille Q R, ce qui entretiendra le mouvement de la perpendiculaire A B, laquelle conservera ce mouvement encore quelques instants après que la roue sera arrêtée.

Dans ces deux intervalles, on remplira de nouveau le vaisseau au moyen des pompes mises en jeu par la perpendiculaire. Il faut que ce vaisseau soit d'une capacité suffisante pour contenir autant d'eau qu'il s'en élève pendant les deux intervalles : il s'ensuivra que le mouvement de la perpendiculaire cessé, le vaisseau se trouvera rempli de nouveau, et conséquemment le syphon N P O ; conséquemment aussi l'eau repassera par le syphon, et donnera un mouvement nouveau à la roue et à la perpendiculaire; par conséquent le vaisseau se remplira de nouveau, et il ne se videra que pour se remplir encore; ainsi perpétuellement, l'eau retombant sans cesse au même endroit d'où elle s'élève.

Il est aisé, si je ne me trompe, de prouver que ce mouvement est perpétuel; car l'eau qui descend par le syphon et tombe sur la roue, étant en plus grande quantité que celle qui, dans un temps égal, s'élève par les pompes, et tombant de la même hauteur à laquelle elle s'élève, sa force sera suffisante pour élever une moindre quantité d'eau au moyen de la roue et de la perpendiculaire, aux mouvements desquelles, afin qu'elles puissent agir librement sur les deux pôles, on n'oppose d'autre résistance que celle de la pesanteur de l'eau qui doit monter par les deux pompes; donc celle-ci, étant beaucoup moins pesante que celle-là, peut fort bien être élevée par la dernière. D'ailleurs, l'eau, en quelque petite quantité qu'elle soit, qui monte dans le vaisseau par les pompes après qu'il aura été vidé, pourra sûrement en sortant par le syphon, imprimer un nouveau mouvement à la perpendiculaire, et remplir encore le vaisseau en très-peu de temps.

J'ajouterai un nouvel avantage produit par la force du levier : si nous observons que l'aiguille Q R est beaucoup plus longue que la perpendiculaire A B, celle-ci choquée K par la roue, aura certainement cette force, et fera mouvoir la per-

pendiculaire, de façon qu'à cause du peu de résistance de la roue, la perpendiculaire E sera mise en
mouvement, quoiqu'étant plus courte, ses ondulations doivent l'être aussi, et conséquemment les pistons I G doivent élever une moindre quantité d'eau
à chaque ondulation de la perpendiculaire ; mais ce
défaut sera compensé par une plus grande célérité
et par la fréquence des ondulations; car plus la
perpendiculaire est courte, plus celles-ci sont multipliées : outre cette compensation, nous obtenons
encore un autre avantage, celui d'avoir un mouvement plus facile et d'opposer une moindre résistance à la roue mouvante. Peu de force est d'ailleurs nécessaire pour déplacer le poids de son centre, parce qu'il ne doit pas s'élever perpendiculai-
rement, mais obliquement, dans la courbe de ses
ondulations.

On verra beaucoup mieux les résultats de cette
expérience, si au lieu d'un seul vaisseau nous en
employons deux; savoir, A B, E F que nous placerons l'un sur l'autre avec deux syphons C et B.
L'eau élevée par les pompes entrera dans le vaisseau supérieur, dès qu'il sera rempli ; elle en
sortira par le syphon C pour tomber dans le vaisseau inférieur E F. Le premier en se vidant remplira le second; à l'instant où il sera rempli, l'eau
commencera à sortir par le syphon D, et tombera
sur la roue, qui donnera le mouvement aux pompes et à la perpendiculaire, et remplira de nouveau
le vaisseau supérieur A B.

Nous disons que quelle que soit la quantité d'eau qui tombera du vaisseau inférieur sur la roue , elle suffira pour en porter autant et même plus dans le vaisseau supérieur, moyennant les pompes : la raison en est, que même après que toute l'eau est sortie du vaisseau inférieur, la roue placée dessous élévera d'autre eau par la force du mouvement donné, de sorte que celle qui s'élève dans le vaisseau supérieur, tandis que celle du vaisseau inférieur tombe sur la roue, quoiqu'elle soit en moindre quantité que celle qui sort du dernier, cependant par sa réunion avec celle qui s'élévera après l'évacuation du vaisseau inférieur, elle se trouvera en suffisante quantité pour produire son effet.

CHAPITRE XIV.

*D'un dernier mouvement perpétuel, dont l'exé-
cution est plus simple et plus facile que celle
des premiers.*

Plongez dans l'eau une pompe D O C qui élève
l'eau dans le vaisseau long et étroit D E, moyennant
le piston C, adapté à l'extrémité de l'aiguille A B,
qui s'appuyant mobilement E ait force de levier, de
sorte que le bras E B, par exemple, ayant dix palmes
de longueur et le bras E A une seule palme, un poids
attaché B pourra élever, à quelque chose près,
dix poids attachés A. Attachez donc B au vaisseau
rempli d'eau ; celui-ci en descendant élèvera un
peu moins que dix poids d'eau par la pompe, et
quand il n'en élèverait que deux, cela suffirait pour
notre objet. Disposez un syphon G F L dans le vaisseau D E et placez - le assez haut pour que toute la
partie courbée F se trouve remplie par la quantité
d'eau élevée par la pompe dans le vaisseau D E pendant que le seau vide H I monte ; et conséquemment que l'eau du vaisseau D E commence à tomber par le syphon dans le seau H I. Soit un autre
syphon Q R par lequel l'eau sortira à l'instant que
le seau sera plein ; que le piston soit de dix pouces,
-afin qu'il puisse élever le seau vide qui doit être le
plus léger possible ; que l'eau du seau soit un peu
moins d'un poids ; ce poids d'eau élèvera par la

force du levier B A, non seulement le piston C de six poids, mais encore avec lui quatre poids d'eau, un peu moins cependant à cause de quelque résistance de la machine ; de sorte que peu-à-peu le seau se remplira et tombera de manière que quand il sera tout à fait plein, il aura relevé le piston C avec quatre poids dans la pompe ; alors le seau rempli de l'eau qu'il a reçue du vaisseau supérieur, le syphon Q R le sera aussi, et l'eau commencera à sortir et le seau à se vider, et comme il ne peut avoir de prépondérance sur le piston C de six poids, ce piston pressera l'eau élevée dans le grand tuyau de la pompe ; et plus le seau en se vidant deviendra léger, plus le piston pressant l'eau la fera élever par le tuyau plus étroit O D, et verser toute entière dans le vaisseau D E, c'est-à-dire, que six poids de piston feront élever, si ce n'est quatre poids d'eau, au moins deux, dont sera rempli le vaisseau D E, de sorte que l'eau puisse de nouveau parcourir le syphon G F L et remplir copieusement le seau H I, d'où il résulte que celui-ci pourra élever deux autres poids d'eau, et ainsi successivement et perpétuellement.

Nous croyons avoir fidèlement traduit ; mais nous avouons que quand au mécanisme de ces machines, au jeu de leurs diverses parties, à leurs rapports entr'elles, à leur action les unes sur les autres, aux résultats de tous ces mouvements, nous ne pouvons, même après un examen réfléchi sur les planches, que répéter avec Crispin : *c'est ce qui fait que votre fille est muette.*

CHAPITRE XV.

Procédé curieux, aisé et très-utile pour distiller l'air et le convertir en eau, et pour former des fontaines abondantes dans les lieux où il n'y a aucune source.

Nous avons déjà démontré ailleurs que l'air, particulièrement celui qui est le plus près de la terre, est rempli de quantité de vapeurs qui ne sont en effet que de l'eau atténuée et raréfiée par la chaleur en parties extrêmement subtiles : rien n'est plus aisé que de convertir ce même air en eau, si l'art sait imiter la nature, laquelle convertit aussi, par la condensation, les vapeurs en pluie. De même donc la nature, par la chaleur du soleil ou par la chaleur cen**t**rale de la terre, raréfiant l'eau, la convertit en air, et ensuite, par le froid de la seconde région de l'air, en condensant les mêmes vapeurs, les convertit en eau ; ainsi l'art, par le moyen d'une pareille condensation, convertira en eau ces vapeurs déjà atténuées par la chaleur naturelle.

Prenez un vase de verre A B C dont l'orifice soit très-large et se rétrécisse insensiblement jusqu'à ce qu'il se termine en pointe vers l'extrémité comme un cône ; remplissez ce vaisseau de neige, ou de glace conservée, si vous opérez en été, ce qui vaut mieux, puisqu'en exposant le vaisseau au soleil,

9

l'air extérieur qui l'environne, frappé du froid de la glace, se condensera et s'attachera peu-à-peu à la surface extérieure du vase, sur laquelle en descendant vers la pointe C, il distillera en gouttes, que vous reverserez dans le vaisseau E placé sous le premier, et en très-peu de temps vous recueillerez un volume d'eau assez considérable pour remplir un vaisseau aussi grand que celui A B C.

Cette eau sera légère, limpide et salubre : son usage conserve et augmente la chaleur naturelle ; elle est précieuse pour les personnes attaquées de phthisie. J'en ai connu plusieurs qui ont été parfaitement guéries par cette boisson, quoiqu'elles eussent atteint le troisième degré de cette maladie.

Ce même procédé peut être très-utile à ceux qui éprouvent une grande pénurie d'eau douce.

Pour convertir une plus grande quantité d'air en eau, et former une fontaine abondante dans le local le plus aride, et particulièrement dans l'été, choisissez un endroit exposé au midi, et, par préférence, sur une montagne ou sur une colline ; creusez sous terre une grande chambre qui n'ait qu'une petite entrée exposée au midi ; que cette chambre ne soit pas creusée près du grand air ; commencez, au contraire, la fouille de la grandeur de quatre ou cinq aunes, et rétrécissez-la graduellement jusqu'à l'entrée de la chambre, laquelle entrée ne doit pas avoir plus d'une aune de largeur : creusez ensuite dans l'intérieur un grand bassin, comme la planche vous l'indique. L'air qui entrera chaud et raréfié du côté du midi , et qui s'introduira par la bouche A B dans l'espace plus grand C que vous avez creusé, s'épaissira par le froid souterrain, et les vapeurs condensées s'attachant aux parois de la chambre , dégoutteront dans le fond D si copieusement , qu'on pourra tous les jours puiser plusieurs seaux d'eau par le canal D E, ou de toute autre manière. La quantité d'eau sera d'autant plus considérable que la saison aura été plus chaude , et plus la chambre sera grande , plus elle convertira de vapeurs en eau. Afin que la fraîcheur qui doit condenser l'air soit plus forte, il faudra creuser la chambre très-profondément, et, s'il se peut, dans le centre de la colline , pour que la chambre se trouve plus éloignée de la première ouverture B.

Il serait bien utile aussi de garnir les parois de la chambre de pierres propres à attirer l'humidité, afin d'augmenter la condensation.

Cette eau sera pure et des plus salubres. Sa quantité suffira pour l'usage de plusieurs familles , si l'on procède dans les proportions indiquées. J'en ai vu l'expérience, et j'ai bu de cette eau. Tout le monde conviendra que cette opération sera d'une extrême utilité , surtout dans les endroits arides, et lorsque les puits et les citernes sont à sec, et que la saison est brûlante. Cette découverte peut être aussi d'un grand secours dans une ville assiégée.

9.

CHAPITRE XVI.

Du magistère de l'agriculture, qui nous apprend à multiplier les produits de la récolte et à économiser les semences.

Ce n'est pas seulement la nature qui nous donne une récolte abondante ; l'art peut y contribuer beaucoup : en appliquant les causes aux effets, il augmente les forces de la nature, dont il n'est que le ministre.

Il ne s'agit point ici de cet art de l'agriculture dont Varron, Columelle, Palladius, Crescentius, Herrera et tant d'autres ont traité si amplement. Je veux parler de cet art rival de la nature, qui, par des routes inconnues, la force à produire avec plus d'exubérance, à multiplier ses dons, et qui lui découvre des richesses dont elle ne soupçonnerait pas l'existence, quoiqu'elles fussent sa propriété.

C'est l'art dont je viens de parler que j'appèle le *magistère* de toute culture, et que je me propose de traiter avec étendue. Pour en donner une idée, j'indiquerai seulement ici le moyen dont il faut se servir pour centupler peut-être le produit d'une récolte.

Observons d'abord que la vertu génératrice des végétaux consiste, comme je le ferai voir ailleurs, dans leurs sels : c'est l'agent de la formation de l'embryon, lequel est ensuite nourri et alaité par les éléments, mais surtout par la rosée de la nuit, qui est certainement le lait le plus salutaire dont s'abreuvent avec avidité tous ces grains brûlants altérés par les ardeurs du soleil.

La vertu productive des sels se manifeste aussi dans les fumiers imbibés des urines des animaux, et dont on se sert pour engraisser les champs. Ces matières renferment plusieurs substances des sels végétaux qui existent dans les plantes et dans les herbes mêmes dont les animaux se nourrissent. C'est par le même principe qu'un poète latin a dit :

Sæpe etiam steriles incendere profuit agros.

Car, dans les cendres des champs qui ont produit du blé, et dont le chaume a été incendié sur la place, on retrouve le même sel qui contient la vertu productive de la semence : cela est d'autant plus vrai, qu'avec les sels de quelques herbes on peut faire croître ces herbes mêmes, après avoir extrait le sel pur de ces herbes brûlées, et en s'en servant pour ensemencer le terrain, expérience qui a été réitérée. Le procédé suivant est une nouvelle preuve de ce que j'avance.

Prenez des végétaux d'une seule espèce, sans les confondre avec d'autres plantes ; brûlez-les ; ramassez-en les cendres ; faites bouillir ces cendres dans l'eau, jusqu'à ce que cette eau reste bien salée ; transvasez ensuite l'eau de ces cendres de sorte qu'elle soit bien claire ; exposez-la à l'air pendant une nuit d'hiver bien froide, de manière qu'elle puisse geler, et vous appercevrez sur la surface de cette même glace la figure même des végétaux brûlés, avec celle de leurs branches et feuilles, le tout si parfaitement configuré, que vous croirez voir une planche gravée par un habile artiste. Vous obtiendrez un succès encore plus complet si vous employez des végétaux d'une nature amère, parce qu'ils sont plus chauds et qu'ils contiènent plus de sel. La première fois que je fis cette expérience, ce fut avec des cendres de genièvre. Ce spectacle me ravit, et frappa d'étonnement tous ceux qui en étaient témoins. Nous ne pouvions revenir d'une sorte d'extase de voir sur la surface de cette eau glacée, non seulement les branches avec leurs petites feuilles, mais encore les baies, qui sont le fruit du genièvre.

Cette doctrine, que j'approfondirai ailleurs, établit évidemment que les sels constituent la véritable et première essence de tous les végétaux, et que la rosée est leur lait. On ne doit donc pas s'étonner que la semence du blé produise beaucoup plus abondamment, si nous augmentons sa vertu productive par le sel et par la rosée.

Prenez donc de cette rosée, faites tremper votre blé dedans pendant quelques heures avant de le semer, et vous verrez qu'il produira plus qu'à

l'ordinaire. Pour augmenter encore la vertu productive, dissolvez dans la rosée une petite quantité de nitre ; mais prenez garde que la dose ne
soit trop forte , car il détruirait, au lieu de l'augmenter, la vertu végétative.

La récolte sera encore plus exubérante si vous
brûlez une grande quantité de la paille qui a
porté le blé de vos semences, pour extraire de
leurs cendres un sel que vous ferez dissoudre
dans la rosée où vous devez plonger vos semences.
Les effets de cette préparation sont étonnants. Vous
pouvez aussi laisser macérer une certaine quantité de froment dans votre rosée, et exprimer ensuite cette liqueur pour en imbiber vos semences.

Il vous sera facile de vous pourvoir d'avance
d'une quantité de rosée suffisante pour vos préparations : celle que vous cueillerez à la fin du
mois de mai est préférable. Vous la conserverez
dans des vaisseaux de verre hermétiquement fer-
més. Quant à la manière de cueillir la rosée, elle
est fort simple : étendez des draps sur une prairie ;
laissez-les bien imbiber de rosée que vous en ex-
primerez en les tordant ; répétez cette opération
avec les mêmes draps, jusqu'à ce que vous ayiez
fait une cueillette abondante (1). A défaut de

---

(1) Il nous semble que cette manière de cueillir la rosée
doit en atténuer beaucoup la vertu , si elle ne la détruit pas
absolument. Voici comme nous conseillons d'opérer d'après

rosée, on pourra se servir d'eau de pluie, dans laquelle on fera dissoudre les mêmes sels dont nous avons parlé.

---

les opinions de quelques naturalistes-alchimistes, que nous sommes bien loin de mépriser.

Plantez dans la terre quatre piquets de bois de chêne; disposez-les quarrément; enfoncez un cinquième piquet au milieu des quatre premiers; que celui-ci ne soit saillant que d'environ huit ou dix pouces, tandis que les quatre autres sortent de terre d'environ cinq pieds; prenez un ou plusieurs draps cousus ensemble, d'une toile bien serrée; attachez les quatre extrémités du drap aux quatre piquets avec des cordons de soie verte : cousez au milieu, et au-dessous du drap un autre cordon de soie verte aussi pour assujétir le drap au piquet du milieu. Cet appareil donnera à votre drap à-peu-près la forme d'un grand entonnoir; placez au tour du petit piquet des baquets de bois de chêne, disposés de sorte qu'ils puissent recevoir la rosée qui s'écoulera toujours vers cette extrémité; il faut que vos baquets ayent des anses, afin de pouvoir les déplacer sans courir le risque de toucher avec vos mains la rosée qu'ils contiènent; prenez alors des barils de bois de chêne, sans bondons, que vous aurez fait faire à cet usage, et qui doivent être défoncés d'un côté et placés debout; servez-vous, pour puiser la rosée de vos baquets, et la verser dans les barils, d'une espèce de casserole de bois de chêne dont le manche sera bien enduit de poix-résine; placez vos barils dans un lieu où ils ne puissent être agités; lorsqu'ils seront remplis, couvrez-les d'un plateau de bois de chêne; quand vous voudrez imbiber vos semences, vous les jeterez dans vos baquets, vous puiserez la rosée contenue dans vos barils avec la même casserole dont vous vous êtes servi pour les remplir, et vous verserez ainsi la rosée sur vos semences.

A ces procédés, j'en ajouterai un autre, dont l'utilité me paraît mériter quelque attention; je veux parler d'une nouvelle manière d'ensemencer le blé. Il n'est pas douteux que celle qui est en usage n'occasionne une perte considérable de semences. Une partie des grains se perd sur les parties latérales des sillons où ils deviènent infertiles; l'autre, enfouie trop avant, est étouffée sans germer, etc. : quelquefois les grains tombant agglomérés, s'entredétruisent à cause de leur trop grande proximité : il faudrait donc pouvoir semer chaque grain séparément, comme on fait les graines des oignons des fleurs, à la distance convenable, et à la profondeur exigée par la qualité du terrain. Peu de semence serait alors nécessaire pour recueillir beaucoup de fruit : mais comme il est impossible de semer le blé grain à grain, et que la dépense excéderait assurément le produit, je propose, comme on peut le voir dans la planche jointe à ce chapitre, le modèle d'un instrument qui doit faciliter cette opération.

Joignons ensemble quatre morceaux de bois

Lorsqu'il s'agira de semer, vous ne toucherez point à ces semences avec la main; vous vous servirez d'une cuillère de bois de chêne faite en forme de cuillère à pot, et qui soit percée de trous assez grands pour que la semence tombe avec facilité; le manche de cette cuillère doit aussi être enduit de poix-résine. Nous avons la simplicité de croire que ces précautions sont nécessaires pour enchaîner et conserver le feu créateur contenu dans la rosée.

L G—G M—H I—I L—, à angles droits, de façon
qu'ils forment un carré long, dont la largeur G L
et H I, réponde à la largeur du champ qu'on
veut ensemencer. Quant à la longueur, elle est in-
différente.

Croisez sur ces travées d'autres morceaux de
bois, dont chacun ait une pointe de fer ou du même
bois : placez-les, par exemple, au nombre de dix
ou douze, à la même distance que les grains doivent être semés : c'est-là notre râteau ; que chacun
soit distant l'un de l'autre comme le sont entre eux
les morceaux de bois pointus. Au coin de chaque
angle, G H I et L, placez quatre grandes pointes
de fer plus longues et plus massives que celles des
râteaux du milieu. Cet instrument placé sur le terrain fera les trous nécessaires pour recevoir les
grains de blé.

Vous pouvez vous servir également d'une autre
machine A B C D, faite comme un crible, qui aura
ses rebords des trois côtés A B—B C—C D—; elle
sera de la même grandeur que celle ci-dessus G H
I L, avec quatre pointes pareilles aux angles A B
C D. La surface plane de ce crible sera une planche percée à une distance égale d'autant de trous
que les râteaux ont de pointes, de façon que chaque trou réponde exactement à chaque pointe. Au-
dessus de cette planche trouée, vous en placerez
une autre sans trous, et disposée de manière qu'en
la prenant par les extrémités E F, on puisse l'ôter

et la remettre à volonté. Placez ensuite cette planche sur la planche forée à laquelle elle doit être
bien adhérente : étendez votre semence sur la dernière, les grains s'introduiront dans les trous, et
tout de suite, avec une ratissoire aussi large que le
crible, rasez la surface de la planche, et vous re-
couvrerez tous les grains qui n'auront pas pénétré
dans les trous. Placez cette machine au même lieu où
était celle avec laquelle vous avez fait les trous dans
le terrain, ayant soin d'introduire les pointes des
angles A B C D dans les trous forés par les pointes
G H I L. Retirez immédiatement la planche pleine
E F que vous avez placée sous la planche trouée
pour empêcher les grains de tomber; ces grains
sortiront alors de leurs trous pour tomber dans ceux
que les pointes de la machine ont creusés dans la
terre. C'est ainsi que successivement on disposera la
machine pour préparer le terrain, et ensuite celle
qui doit répandre la semence. Ces opérations peuvent être très-promptes. Deux hommes tout au plus
doivent faire ce travail; l'un employé à trouer la
terre et l'autre à verser la semence, peuvent en
un seul jour ensemencer plusieurs champs sans
perte d'un seul grain de blé.

Pour mettre à la portée de tout le monde l'utilité de mon procédé, je ferai le calcul suivant : les
grains seront ensemencés à distance de six doigts
l'un de l'autre, en posant que vingt-quatre doigts
font un pied : par conséquent, dans l'espace d'un

pied carré, on n'ensemencera que seize grains de froment, et chaque pas carré étant de 25 pieds carrés, en multipliant 25 par 16, vous obtiendrez le nombre de 400 grains; mais 256 suffiront pour ensemencer un pas : un mille carré étant composé de mille pas de chaque côté, savoir, un million de pas carrés 256,000,000 de grains doivent suffire pour ensemencer un mille carré de terrain.

J'ai pesé les plus beaux grains de froment, et j'ai trouvé qu'un quart de muid pesait 28 livres cinq onces, c'est-à-dire, 341 onces, et ensuite m'étant assuré que pour former le poids d'une once, il fallait 72 grains, j'ai multiplié 341 par 72, ce qui m'a donné 24,552 qui font le nombre de grains nécessaires pour remplir la mesure italienne ; savoir, un quart de muid, et comme douze de ces quarts font ce que nous appelons une somme de blé, en multipliant 24,552 par 12, nous aurons 294—624, qui font le nombre de grains contenus dans un sac d'une somme : il ne faudra pas plus de six cents de ces sacs pour ensemencer un mille carré, et il en faudrait plus de mille pour le semer de la manière accoutumée. J'ajoute que d'après ce nouveau procédé, la semence se réduisant à une moindre quantité, il sera plus aisé d'augmenter sa vertu productive par son infusion dans la rosée ; et comme par cette vertu chaque grain acquiert celle de produire plusieurs épis, on pourra semer les grains plus éloignés les uns des autres, et on recueillera au centuple.

Voilà ce que j'ai jugé à propos d'indiquer au sujet des semailles, me réservant d'entrer, en temps et lieu, dans plusieurs autres détails utiles à l'agriculture, et relatifs aux vignes, aux grèfes, aux fruits et aux fleurs. Je ferai voir aussi de quelle manière on peut faire naître un végétal quelques heures après avoir confié son germe à la terre préparée pour cette végétation rapide.

CHAPITRE XVII.

Manière de faire naître sans semence toutes sortes de fruits ou de fleurs dans un vaisseau de verre.

JE ne ferai ici que le récit de l'expérience que j'ai faite lorsque j'étais professeur de rhétorique.

Je pris une poignée de fleurs d'orangers; je les jetai dans un vaisseau de verre, et je les fis infuser dans une demi-livre d'huile d'amande douce où je mêlai une petite pincée d'alun : j'exposai pendant un mois, sans le boucher, le vaisseau au soleil : j'ajoutais d'autres fleurs à mesure que je voyais les premières, pour ainsi dire, en putréfaction. Au bout d'un mois, je retirai mon huile imprégnée de la vertu de ces fleurs, et qui en avait déjà contracté l'odeur. Je la versai dans plusieurs petits flacons de verre que je conservai, sans les remuer, jusqu'au printemps.

Ce fut alors seulement qu'en examinant ces petits flacons , je vis surnager dans l'huile de petites feuilles de fleurs d'orange , absolument semblables à la vue, et quant à la couleur et la fraîcheur , aux follicules naturelles de l'oranger. On y distinguait même jusqu'aux petits points noirs dont elles sont ordinairement tachetées. Ce spectacle surprit beaucoup tous ceux qui en étaient témoins. Leur surprise

augmenta, lorsqu'après un certain temps, c'est-à-
dire, à l'entrée de l'été, les feuilles disparurent en
partie pour faire place aux fruits, précisément à
la même époque où ils paraissaient et mûrissaient
sur les orangers. On distinguait au fond des petits
flacons de petites oranges dans leur couleur naturelle, tachetées aussi comme elles le sont pour
l'ordinaire, et qui ne différaient de celles des orangers que par leur extrême petitesse.

Je pourrais citer plusieurs témoins oculaires de
cette admirable métamorphose; d'où je conclus
qu'on aurait tort de rejeter ce que Paracelse rapporte; savoir, qu'ayant mis à une chaleur modérée
un bocal contenant de l'essence de roses, on y vit
bientôt naître et pousser cette belle fleur, qui dis-
paraissait lorsqu'on laissait refroidir le bocal. Je
me réserve de traiter cette matière et plusieurs
autres non moins surprenantes, et relatives à la
génération des végétaux et des animaux.

Nous n'avons point jugé à propos de traduire
tous les chapitres de l'ouvrage du P. Lana; nous
nous contenterons d'indiquer ceux que nous n'avons
point traduits.

Le dix-huitième contient le mécanisme d'une
lampe qui fait marcher une petite horloge par le
seul mouvement que lui donne l'huile en se con-
sumant.

Le dix-neuvième enseigne le moyen de savoir toujours avec exactitude, soit par l'eau, soit sur mer, la quantité de chemin qu'on a parcouru.

Le vingtième est intitulé : *Magistère de Chimie*, dans lequel on démontre la possibilité de la transmutation des métaux.

Le vingt-unième traite du *Magistère* de la médecine.

Le vingt-deuxième, de celui de l'arithmétique.

L'ouvrage finit par quatre chapitres sur l'art de peindre et de dessiner, et huit petits chapitres sur les lunettes d'approche, les microscopes et les télescopes.

Au reste, nous ne répondons en aucune manière des systêmes, des théories, des opinions, des calculs du P. Lana, mais nous croyons à sa véracité et à sa bonne foi.

Quand les différents traités de ce savant religieux ne serviraient qu'à stimuler les idées de nos artistes ou qu'à leur en donner de nouvelles, notre travail n'aura pas été inutile.

Il est digne de remarque que le P. Lana ne se contente point de prouver par le raisonnement la possibilité de la transmutation des métaux ; mais après avoir fait mention de quelques monuments de la transmutation métallique qui existent dans plusieurs cabinets d'Italie, et entr'autres dans celui de Florence, il assure l'avoir faite lui-même, non pas avec profit, à la vérité, ce qui n'était pas l'objet de ses recherches ; il n'a voulu que s'assurer ma-

tériellement de son existence, et il a transmué, dit-
il, de l'étain en argent.

Quoi qu'il en soit, l'espèce humaine n'est-elle pas
un exemple vivant de transmutation? Les végétaux
que nous mangeons ne se transmuent-ils pas en
chyle et en sang? Or, cette transmutation est beaucoup plus extraordinaire que celle des métaux ; car
dans celle-là, il y a passage d'un règne à l'autre,
du règne végétal au règne animal ; tandis que ce
qu'on appèle improprement transmutation des métaux, et qui n'est qu'une amélioration, qu'une ma-
turation, ne s'opère que dans le même règne. Un
grand nombre de faits, des autorités respectables,
entr'autres celle du médecin Helvétius (1), dé-

---

(1) « Helvétius, médecin du prince d'Orange, fut pen-
» dant long-temps dans la croyance que la transmutation
» était impossible ; il le dit, l'écrivit, et appuya sa négative
» sur les raisons qui lui parurent les plus plausibles. Un
» étranger le désabusa en lui envoyant un peu de poudre de
» la grosseur d'un grain de navette, avec laquelle ce médecin
» célèbre changea six gros de plomb en or. Il s'empressa de
» l'attester, de se dédire et de publier le fait. »

Des chimistes, la plupart antagonistes simulés de ce qu'ils
appèlent très-improprement la transmutation, quelques-uns
fort au-dessous d'Helvétius, sans doute, n'ont opposé à ce
fait que des absurdités, que leurs *escamotages* parasites,
impraticables avec un homme tel qu'Helvétius et avec le
chimiste le moins exercé dans la manipulation.

N'avons-nous pas vu le temps où l'on niait la possibilité
d'obtenir de l'huile de vitriol glaciale ? J'en fis trois livres

posent en faveur de la possibilité de cette amélioration. Pourquoi d'ailleurs le règne minéral serait-
il le seul privé de l'avantage d'être perfectionné par
les secours de l'art ?

---

en quinze jours, en 1767, sans d'autre aide qu'un domestique, d'après la méthode de ces alchimistes si décriés. J'en
donnai un petit flacon au démonstrateur la Planche, qui le
montra dans son cours ; j'en portai un autre petit flacon
dont la congélation ressemblait à des pointes de rubis, au
célèbre Rouel, qui me dit qu'il n'entreprendrait pas d'en
faire autant pour cinq cents louis : il est vrai que cette
opération est de la plus extrême difficulté.

La même année, la Planche et moi, nous entreprîmes,
dans son laboratoire, le fameux dissolvant de Basile Valentin,
traité de chimère par presque tous les chimistes, et auquel
la Planche ne croyait pas lui-même. Cependant nous ob-
tînmes tous les phénomènes annoncés par l'alchimiste Basile,
l'un desquels était que, le dixième jour, on serait obligé de
changer de cornue, parce que le dissolvant aurait déjà acquis
une telle force, qu'il aurait amolli *le verre*, lequel céderait
à la pression du doigt, ce qui ne manqua pas d'arriver à
point nommé. Le succès de l'opération fut complet, en
dépit de *la Table des Rapports*.

La devise de la plupart des hommes, est, telle chose me
paraît impossible, donc elle n'existe point ; c'est puissamment
raisonner ! Eh ! mon ami, tu n'es qu'un être très *fini*, et
la nature est infinie. J'en conviendrai, si vous voulez, répondra le sot au douteur ; mais l'art ? Je conviendrai aussi,
si tu le veux, répliquera le douteur, quoique je ne le croie que,
sous quelques rapports, que l'art est fini ; c'est ici, comme
le répète si souvent Voltaire, qui ne fait cependant usage de

Jusqu'à présent, personne n'a seulement pu répondre à l'observation si simple du célèbre professeur Ettmuler.

« La transmutation des métaux n'est pas un non-être, dit ce grand chimiste, quoique la plupart disent le contraire; car s'il est vrai, comme nous l'avons prouvé ci-dessus, que tous les métaux n'ont qu'une même racine, et qu'ils ne diffèrent entr'eux que par le degré de fixation et de maturité, n'est-ce pas une chose possible de perfectionner les imparfaits, en fixant par le moyen de l'art ce qu'ils ont de trop volatil, et en mûrissant ce qui n'est pas

---

l'axiôme que lorsqu'il sert à faire valoir son opinion; c'est ici qu'il faudrait définir les termes : mon ami, tu appèles *art* ce que nous appelons *nature*. L'art n'est pour nous qu'un instrument; c'est toujours la nature qui fait tout; l'art ne saurait *faire* un grain de la plus vile substance, et la nature *fait* des diamants, de l'or, et de beaux yeux, qui sont encore plus rares et plus précieux que l'or et les diamants, quoiqu'elle se serve d'agents subalternes pour enfanter ces trois chef-d'œuvres. La manipulation du plus beau de ces chef-d'œuvres, du dernier, est connue du plus épais limousin, à quelques accessoires près qui font les délices de nous autres gourmets, mais dont le limousin ne se soucie point du tout; car il lui est d'une impossibilité absolue de les concevoir, quoique cet animal soit de la même espèce que nous; cette manipulation, dis-je, est connue de tous les limousins du monde, parce qu'il était nécessaire qu'elle le fût; celle des deux premiers chef-d'œuvres est plus difficile à connaître, parce qu'il n'était pas *nécessaire* qu'elle fût très-connue.

10.

assez mûr. Ne voyons-nous pas des végétaux se changer les uns dans les autres, parce qu'ils conviènent en leurs racines et en leurs principes matériels ? Pourquoi la même chose n'arriverait-elle pas aux métaux où les mêmes raisons se rencontrent et encore plus fortes ? J'ai vu un morceau de bois qui n'était pas simplement recouvert d'une croûte de pierre, mais effectivement changé en pierre, quant à sa substance. Or, si la transmutation est possible à l'égard des substances de différents genres, comme le bois et la pierre, peut-on nier qu'elle le soit à l'égard des métaux qui n'ont qu'un même principe séminal et une même espèce? Enfin, l'expérience est pour nous ; y a-t-il rien de plus fort au monde ? »

Quant à nous, nous ne cherchons point à nous convaincre d'une vérité qui nous a été démontrée par le fait. Il nous serait impossible sans doute de ne pas croire à ce que nous avons vu. En voici le récit fidèle : Nous étions une petite société, composée de huit amateurs de chimie, et nous nous occupions de quelques expériences dans le laboratoire du comte de Milly, de l'académie des sciences ; sur ces entrefaites, le comte de Ganganelli, neveu du pape empoisonné, de ce nom, arrive à Paris ; il est introduit dans notre société par un des membres. C'était un jeune homme très-instruit et passionné pour tous les arts ; il nous entendit agiter la question de ce qu'on appèle *la pierre philosophale* : Je veux, nous dit-il un jour, après s'être intimement lié avec nous, fixer vos doutes à cet égard. Un de mes oncles (ce n'était point le pape) niait avec acharnement à Rome, dans un cercle, l'existence de la transmutation. Il reçut le lendemain un très-petit paquet d'une poudre violette dans une lettre, par laquelle on l'invitait à faire l'essai sur du mercure ; les doses étaient indiquées. Mon oncle fit cet essai, et convertit le mercure en or. Il lui reste encore une très-petite portion de cette même poudre, et je vous promets de vous en envoyer dès que je serai de retour en Italie. Il partit quelques mois après, et nous tint parole ; nous reçûmes bientôt dans une lettre une pincée de cette même poudre, enveloppée dans du papier qu'on nomme, à Paris, *Joseph*, pareil à celui dont les joailliers se servent pour envelopper les diamants : il y en avait, à-peu-près, la valeur de la huitième partie d'une prise de tabac. Nous voilà tous fort aises de pouvoir acquérir une preuve de fait. M. de B.., l'un de nous, à qui le comte de Ganganelli avait adressé sa lettre, avait aussi un très-joli laboratoire dans la rue des Gravilliers ; il invita à dîner toute la société qui se rassembla chez lui le jour indiqué. Nous étions huit : l'expérience fut faite avant de nous mettre à table ; nous fîmes modérément chauffer dans un très-petit creuset deux gros de mercure bien purifié ; nous ramassâmes bien toutes les parcelles de la poudre contenue dans le papier *Joseph*, avec un petit morceau de cire molle que nous jetâmes ensuite dans le creuset découvert. Au moment de cette projection, nous observâmes qu'il sortit du creuset une vapeur qui nous parut un peu trop considérable pour n'être que l'effet de la cire fondue, et en moins de six minutes, montre à la main, les deux gros de mercure furent convertis en or. Quelques - uns avaient été d'avis de projeter sur une plus forte dose de mercure, et nous sommes tous demeurés persuadés que la transmutation se serait également opérée ; mais le chevalier de B... représenta que, peut-être, cette petite quantité de poudre n'était pas assez virtuelle, et qu'alors nous courrions le risque de manquer l'occasion unique de nous confirmer dans notre opinion par un fait qui ne pouvait plus nous laisser le moindre doute. Cette observation nous détermina à n'opérer que sur deux gros de mercure. Nous essayâmes le petit culot sur la pierre de touche, et nous nous assurâmes qu'il était d'or ; mais pour épuiser les certitudes, il fut convenu que le comte de Milly, présent à l'opération, irait le lendemain à la Monnaie pour y faire faire l'essai du culot, qui fut reconnu pour être de l'or au plus haut titre ; et nous nous hâtâmes de remercier le comte de Ganganelli et de l'instruire de notre succès.

Je n'ignore pas que je me voue, par ce récit, à la risée de cette foule de personnages affligés de *l'omniscience*, et qui croient avoir posé les bornes des connaissances humaines, semblables à un fou qui se disait le Père-Eternel ; mais que m'importe l'opinion de cette horde d'insensés ? Nous instrui-sons nos lecteurs d'un fait assez curieux sans doute pour leur être transmis à telles fins que de raison. Il ne faut pas leur cacher non plus ce que nos anciennes relations chimiques nous ont mis à portée d'apprendre ; que la plupart des grands chimistes de notre temps croyaient à l'existence de ce que le vulgaire nomme *pierre philosophale*, et qu'ils ne laissaient pas d'y travailler, tout en la niant dans leurs ouvrages et dans leurs dissertations académiques, par la crainte de je ne sais quel ridicule. Le temps viendra sans doute où ce travail ne sera pas plus ridicule qu'un autre.

Voltaire nie aussi l'existence de la transmutation ; il a mis cette recherche au nombre des folies humaines ; comme si quelque chose devait étonner dans la nature, comme si elle n'était pas infinie (1). Indépendamment de ses faiblesses, ce grand homme, peut-être le plus grand des hommes et sûrement le plus extraordinaire, avait pour principe de nier tout ce qu'il ne connaissait pas, tout ce qu'il n'avait pas vu ; et quelquefois encore, il entrait un peu de malice dans son obstination ; il suffisait qu'un homme qu'il n'aimait pas eût soutenu l'affirmative.

Il a traité ce sujet très-légèrement dans son ar-

---

(1) A une découverte dans la nature, a dit si sagement le chevalier de Bruix dans son excellent ouvrage, intitulé *Réflexions diverses*, on est aussi étonné que si l'on n'y croyait que ce qu'on y voit.

ticle *Alchimiste*, au premier volume de ses *questions sur l'Encyclopédie*. Il se contente de rassembler des anecdotes qui prouvent que des char-
latans et des fripons ont souvent abusé de l'ignorance de quelques gens avides d'or, pour leur
persuader par des escamotages, qu'ils possédaient
l'art d'en faire : il cite ce qu'il a pu ramasser de
vraisemblances contre l'existence de la transmutation, et il tait toutes les autorités, tous les raisonnements, tous les faits, qui peuvent déposer en sa
faveur, et dont il est possible de faire un gros volume.
Si ce grand homme n'a voulu que dégoûter de l'alchimie, il a sans doute bien fait de prendre cette
tournure efficace pour appaiser les fumées de l'i-
magination des jeunes gens sur des recherches, le
plus souvent aussi dangereuses qu'illusoires ; mais
il ne s'est pas borné à nier des choses probables ; il
en nie encore d'une évidence absolue, telle que
l'existence des serpents monstrueux, quoique le témoignage d'un grand nombre de témoins oculaires
eût dû ramener son opinion ; malgré les rapports
de plusieurs officiers de la compagnie des Indes,
il n'a cessé de traiter de fables les descriptions de ces
serpents énormes de l'île de Ceylan, qui avalent
de très-gros quadrupèdes ; mais il soutint la négative avec plus de fureur, lorsque Fréron publia l'a-
necdote qu'on va lire :

Un négociant anglais était logé, à Ceylan, dans la
maison de campagne d'un hollandais son correspondant : un matin qu'il prenait du thé auprès d'une

fenêtre donnant sur un petit bois voisin de la maison, il apperçoit un énorme rouleau pendu à un arbre, semblable à un rouleau des plus gros câbles ; il prend d'abord ce volume pour un amas de cordages et n'y fait pas grande attention ; mais bientôt elle fut fixée par un spectacle des plus étonnants ; il était de très-grand matin ; une prodigieuse quantité d'écureuils paraît tout-à-coup dans le bois, allant, venant, broutant, sautant, et se livrant à la même joie que les lapins lorsqu'ils vont saluer l'aurore. Après qu'il eut passé beaucoup d'écureuils sous l'arbre où était suspendu le rouleau, l'anglais voit son volume s'agiter, et bientôt une tête énorme sortir d'un des contours et descendre jusqu'à terre sans que le reste du rouleau en fût seulement ébranlé. C'était un serpent-géant à l'affut ; il avait descendu sa tête et son cou pour attraper et avaler des écureuils, dont il dévora une grande quantité : après ce déjeûner, il reguinda son cou et sa tête et les rejoignit au rouleau. L'observateur anglais crut le spectacle fini, et se retira de la fenêtre ; mais il y est rappelé bientôt après par un grand bruit et par des hurlements : il voit le serpent à terre, presqu'entièrement déroulé, gonflé, et d'un verd éclatant (il lui avait d'abord paru gris), aux prises avec un gros tigre, sur lequel il s'était d'abord élancé, et qu'il faisait les plus grands efforts pour enlacer dans ses replis. La force convulsive du ser- pent devait être prodigieuse, puisque le tigre pous- sait des hurlements affreux, occasionnés par la pression des contours de l'énorme reptile ; le tigre ne faisait même pas le moindre mouvement offensif ; ses cris s'affaiblirent insensiblement, et son ennemi parvint à l'étouffer. Lorsque le tigre fut mort, le serpent déroula de dessus lui une partie de son corps, et se mit à enduire le cadavre de sa bave qui était très-abondante ; dès qu'il l'eut suffisamment enduit pour le rendre glissant, il commença à l'avaler peu-à-peu, en faisant, à la vérité, des efforts extaordinaires, et dans moins d'une demi-heure, il engloutit le tigre tout entier. Ce monstre était alors considérablement grossi ; bientôt ses mouvements devinrent presque insensibles, et bientôt, enfin, il parut plongé dans une espèce de léthargie, ce qui arrivait toujours à ces affreux serpents, selon le rapport des naturels du pays à l'anglais observateur, lorsqu'ils avaient fait curée de quelque grosse proie. A peine celui-ci fut-il plongé dans cette sorte d'anéantissement, qu'on vit sortir de tous les côtés, des hommes, des femmes, des enfants, armés de bâtons ; ils se jetèrent tous sur le monstre, qu'ils assommèrent enfin sans qu'il donnât le moindre signe de vie.

Ce fait fut constaté par des dépositions faites à la factorerie hollandaise. Fréron le rapporte dans l'Année Littéraire, en rendant compte de l'Histoire générale des Voyages, de l'abbé Prevôt ; je n'ai sous les yeux, ni cette histoire, ni l'Année Littéraire, mais je suis sûr que ma mémoire me sert assez bien pour ne pas me tromper.

Ayant communiqué cet article à M. Palissot de Beauvoir, membre de l'Institut national, et l'un des plus célèbres botanistes, voici ce qu'il me répondit :

« M. Adamson, dans son Voyage au Sénégal, décrit le serpent-géant qui habite ce pays ; il en a vu plusieurs, mais le plus grand qu'il ait eu occasion d'observer n'avait que vingt-deux pieds et quelques pouces de long ; sa peau étendue portait vingt-cinq à vingt-six pouces de largeur. On lui donna, avec cette peau, un tronçon de la chair de ce reptile, dont le reste devait servir de nourriture aux chasseurs et à tous les habitants de leur village pendant plusieurs jours. La tête de ce serpent égalait celle d'un crocodile de six pieds ; les dents étaient longues de plus d'un demi-pouce, fortes et aiguës. D'après les informations faites par M. Adamson, il s'assura que ce serpent n'était que médiocre, et qu'il n'était pas rare d'en trouver à quelques lieues vers l'est de l'île, dont la grandeur égalait celle d'un mât ordinaire de bateau côtier. M. Adamson conclut de toutes ses recherches, que les plus grands de ces serpents doivent avoir jusqu'à cinquante pieds de longueur. Ce reptile roule son corps sur lui-même, et ressemble alors de loin à la margelle d'un puits ; c'est dans cette position que pouvant appercevoir sa proie à de grandes distances, il a la facilité de s'élancer dessus lorsqu'elle est à sa portée. Il dévore ainsi les plus grands animaux.

Le P. Gumilla, dans son Histoire de l'Orénoque,

rapporte qu'on y voit des serpents qui ressemblent
à de vieux troncs de pins abattus ; ils ont neuf ou
dix aunes de longueur ; lorsqu'ils entendent du
bruit , ils lèvent la tête, l'alongent d'une ou deux
aunes, et se tournent vers le tigre, le veau, le singe
ou l'homme qu'ils veulent saisir ; ce serpent n'a
point de dents.

Pendant mon séjour à Oware, j'ai voulu m'assurer par moi-même de l'existence du serpent-
géant. Ayant questionné les naturels du pays, tous
me l'assurèrent unanimement ; ils me firent voir un
nègre , dont le frère , âgé de quatorze ans, avait
été avalé par un de ces serpents. Je fis cent lieues
exprès pour me transporter dans les lieux habités
par ces énormes reptiles ; j'étais accompagné de
trois nègres ; nous en cherchâmes pendant cinq
jours, mais inutilement. Suivant mes guides, les
plus grands de ces serpents devaient avoir soixante
pieds de longueur ; ils ne se roulent pas sur eux-
mêmes comme le serpent-géant du Sénégal, mais
ils se glissent sous des monceaux de feuilles mortes,
en formant avec leur corps des anneaux de distance en distance. Si un animal a le malheur de
mettre le pied dans une de ces sortes de boucles,
le serpent la resserre promptement, fait tomber sa
proie, se roule sur elle, l'étouffe, et l'avale après
l'avoir enduite de sa bave pour qu'elle glisse avec
plus de facilité. Les nègres m'avaient prévenu de
ce danger, et bien recommandé de ne pas poser le
pied sur des amas de feuilles plus élevés que le

niveau du terrein. Selon mes guides, ce reptile n'a point de dents, ce qui me fait présumer qu'il est plus voisin de l'espèce de ceux dont parle le P. Gumilla, que du serpent-géant du Sénégal.

Quoique nos recherches ayent été infructueuses, il ne m'est pas permis de douter, d'après l'autorité du P. Gumilla et celle de M. Adamson, et d'après toutes les enquêtes que j'ai faites à cet égard dans le pays, de douter, dis-je, qu'il n'existe des serpents d'une grandeur prodigieuse, et capables d'avaler les plus grands animaux.

Je vous autorise, mon cher ami, à faire l'usage que vous voudrez de ces renseignements; je me propose, au reste, de rendre compte de ces faits dans la relation de mon voyage en Afrique, dont je m'occupe en ce moment.

Signé PALISSOT DE BEAUVOIR. »

Il n'y a point d'officier de l'ancienne marine de la compagnie des Indes, qui ne soit prêt à certifier que, dans l'île de Macassar, il existe des serpents qui font nuit et jour la guerre aux singes, et qui en avalent d'aussi grands que de petits hommes.

Pourquoi donc s'obstiner à révoquer en doute un fait attesté par tant d'écrivains dignes de foi? Pourquoi se permettre de poser des bornes à la puissance créatrice? La différence d'un anchois à une baleine n'est-elle pas plus étonnante que l'existence des serpents - géants? Ce n'est pas d'aujourd'hui d'ailleurs qu'elle est reconnue : les historiens de l'antiquité nous apprènent que Régulus (celui qui mourut victime de son serment) trouva sur le bord d'un fleuve près de Carthage, un serpent si monstrueux, qu'il incommoda son armée; ses écailles étaient si épaisses et si dures qu'il était invulnérable à tous les traits et à toutes les armes. Il fallut l'attaquer comme une citadelle avec des machines de siége. Régulus en envoya la dépouille à Rome; la peau de cet épouvantable serpent avait cent vingt pieds de longueur, et fut suspendue dans un temple où Pline assure qu'on la voyait encore du temps de la guerre de Numance.

Fin de la première partie.

ESSAI

SUR

DE·PRÉTENDUES DÉCOUVERTES

NOUVELLES.

SECONDE PARTIE.

Des découvertes que nous devons aux Grecs
et aux Latins.

Si nous remontons à des siècles plus reculés, nous nous convaincrons sans doute de plus en plus que les modernes, pour la plupart aussi injustes qu'ingrats envers les anciens, ressemblent à ces enfants vigoureux et nourris d'un excellent lait, qui battent leur nourrice. C'est ce que Dutens a démontré dans son excellent ouvrage intitulé : *Origine des Découvertes attribuées aux Modernes.* En effet, si nous examinons avec impartialité les systêmes prétendus nouveaux de presque tous nos philosophes, il est aisé de voir qu'ils n'ont fait que marcher sur les traces des anciens.

Descartes et Leibnitz ont puisé leurs sentiments sur les idées innées dans Platon, dans Héraclite, dans Pythagore. Mallebranche leur a les mêmes obligations.

Locke est redevable de son *Essai sur l'Entendement humain* à la doctrine d'Aristote, à celle des Stoïciens, des Epicuriens, de Zénon ; ils l'ont professée avant Locke.

Les écrits modernes sur les *qualités sensibles* ne sont que des répétitions de ce qu'ont enseigné Platon, Epicure, Démocrite, Socrate, Lucrèce, et plusieurs autres anciens. Il n'y a point de matière sur laquelle ils se soient expliqués avec plus de clarté. La prétendue doctrine des modernes à cet égard ne diffère de celle des anciens qu'en ce qu'elle est infiniment plus obscure. C'est ainsi que les raisonneurs ne feront que répéter, jusqu'à ce que les hommes soient parvenus à ces siècles fortunés où de nouvelles connaissances seront ouvertes à leur curiosité, où l'espèce humaine sera perfectionnée en s'élevant davantage vers son divin auteur.

C'est ainsi qu'on peut retrouver toute la doctrine de Leibnitz dans Pythagore, dans Straton de Lampsaque, dans Platon, dans Démocrite ; mais au moins Leibnitz ne s'enrichissait pas furtivement des dépouilles des anciens : il les a toujours reconnus pour ses maîtres.

La lecture d'Anaxagore, d'Empédocle, d'Hippocrate, de Pythagore, d'Aristote, n'a pas été inutile au Pline français, à l'illustre Buffon, dont la perte paraissait irréparable , et qui a été si dignement remplacé par M. de Lacépède.

La philosophie corpusculaire a été renouvelée , d'après Epicure, par le célèbre Gassendi, et d'après Leucipe, Démocrite et Epicure, par Newton et ses disciples.

La divisibilité de la matière à l'infini, admise par les Cartésiens et par les Newtoniens , et par un grand nombre de philosophes de tous les siècles , n'a jamais été traitée aussi complètement que par Aristote, en aussi grand métaphysicien qu'en habile mathématicien.

Les propositions des Newtoniens qui ont paru les plus nouvelles sur cette matière, ont été connues par Anaxagore, et exprimées dans les mêmes termes.

La définition du mouvement, son accélération , la pesanteur et la chûte des corps graves, étaient à-peu-près connus d'Aristote, des Péripatéticiens et de Lucrèce. Galilée a tiré de grands secours de ces philosophes pour fonder sa théorie ; mais il faut rendre justice à ce grand homme ; il a imité Leibnitz et Newton ; il a généreusement avoué ce qu'il devait aux anciens.

La gravitation universelle, la force centripète et centrifuge (au nom près) ont été connues des Pythagoriciens et des Platoniciens. Les philosophes modernes ne laissent pas d'assurer que le principe de la gravitation était inconnu aux anciens.

Quelques-uns d'eux ont aussi bien raisonné que nous sur la voie lactée et sur la pluralité des mondes.

Le beau système de l'analyse des différentes couleurs qui composent la lumière, lequel a immortalisé Newton, était connu de Pythagore et de Platon; mais la gloire de Newton n'en est pas moins grande, puisqu'il a démontré ce qui paraissait inexplicable à un génie tel que Platon.

Le système de Copernic sur le mouvement de la terre autour du soleil, appartient entièrement aux anciens : Pythagore, Platon, Aristarque, Philolaüs, Diogène de Laerce et Plutarque, se sont expliqués très-clairement à ce sujet.

Pythagore a le premier établi le système des antipodes, et Platon a le premier employé ce mot pour désigner les habitants de la terre qui nous sont opposés, nos antesciens.

Les conjectures des anciens sur la rotation des astres ont été confirmées par les observations des modernes.

Héraclides, Ecphantus et Platon, ont connu la révolution des planètes sur leur axe.

Les modernes n'ont rien écrit sur les comètes que les anciens n'eussent enseigné avant eux : Newton et Cassini n'ont fait que fixer les sentiments des philosophes par les observations et les calculs les plus exacts; ou, pour mieux dire, *ils n'ont fait que ramener les esprits à s'arrêter à cet égard, sur ce qu'avaient déjà enseigné les Chaldéens, les Egyptiens, Anaxagore, Démocrite, Pythagore, Hippocrate de Chio, Sénèque, Apollonius, Mendius et Artémidore.*

Les anciens ont reconnu de très-bonne heure que la lune n'avait point de lumière propre, et qu'elle ne brillait que par celle du soleil qu'elle réfléchissait : leurs conjectures et leurs détails sur cet astre sont parfaitement conformes à ce que nos modernes en ont écrit. Les anciens, observe Dutens, qui, dit-on, n'avaient point de télescopes, suppléaient donc au défaut de cet instrument par une pénétration d'esprit bien extraordinaire : ils avaient tiré toutes ces conséquences avant les modernes, sans avoir eu, pour les aider, tous les moyens que nous avons de nous affermir dans nos conjectures; ils avaient découvert avec les yeux de l'esprit ce que les télescopes nous ont fait voir depuis avec les yeux du corps.

Tout ce que les modernes ont pensé de l'Œther, de l'air, de sa pesanteur et de son élasticité, ainsi que les sentiments les plus généralement reçus sur la nature du feu et sur ses propriétés, a été pensé et écrit par les anciens philosophes : l'opinion de Descartes et de Newton sur le tonnerre, n'est que celle de plusieurs anciens; tous les passages qui se trouvent en foule chez eux sur la cause de la formation du tonnerre, contiènent clairement les mêmes raisons alléguées par les Newtoniens, et réunissent quelquefois les deux sentiments qui partagent les modernes.

Ceux-ci n'ont rien écrit sur les tremblements de terre qui n'ait été dit par les anciens.

Quant au flux et reflux de la mer, Pline les attribuait aux mêmes causes que leur donne Newton.

Les propriétés de l'aimant ont été connues et expliquées par Platon, Lucrèce et Plutarque : l'explication de ces philosophes est celle de nos modernes ; mais ces modernes n'ont pas tous la bonne foi d'avouer les obligations qu'ils ont aux anciens ; ils ont *emprunté tacitement*, pour me servir de l'expression si plaisante de Diderot, lorsqu'il voulait excuser un plagiat.

La vertu magnétique n'a pas échappé aux anciens ; l'électricité est indiquée dans les ouvrages de Timée de Locres ; ils n'ont pas moins connu l'électricité relative au tonnerre.

Les anciens ont excellé dans la médecine ; jamais Hippocrate n'a été égalé ; la médecine n'a pas fait un pas depuis ce grand homme ; il a connu la circulation du sang, ainsi que Platon et Aristote ; et il est souverainement injuste d'attribuer à Hervey toute la gloire de cette découverte.

On a surtout accusé les anciens d'ignorance dans le plus utile de tous les arts (celui de la chirurgie.) On a prétendu que les modernes les ont laissés bien loin derrière eux. Ecoutons sur cette importante matière M. Bernard, premier chirurgien du roi d'Angleterre.

« Si nous faisons bien attention, dit ce célèbre artiste, à ce que les modernes ont ajouté à la chi-

rurgie des anciens, *nous serons obligés de con-*
venir que nous n'avons pas le moindre droit de
nous élever au-dessus de ces derniers, ou d'être
tentés de les mépriser, comme il arrive à ceux qui
ne savent rien, n'ont rien lu, et ne peuvent donner
de preuves plus fortes et plus convaincantes de leur
ignorance et de leur orgueil, qu'en se conduisant
de la manière qu'ils le font à l'égard de ces grands
hommes. Je ne prétends pas que les modernes n'ont
en aucune manière contribué à l'avancement de la
chirurgie : ce serait une extravagance aussi grande
que celle dont je me plains. Ce que je prétends,
c'est que le mérite des modernes consiste plutôt à
avoir renouvelé les inventions des anciens, et à
les avoir exposées dans un meilleur jour, qu'en aucune découverte importante qu'ils ayent faite eux-
mêmes dans cette science, soit que l'art de guérir
les blessures, tombant immédiatement sous nos
sens, ait été, par cette raison, l'objet de l'étude des
hommes de meilleure heure, et soit devenu par là
plus susceptible d'acquérir certain degré de perfection que les autres branches de la médecine, ou
que la plus grande partie de ceux qui ne sont rien
de plus que de simples professeurs, ayent été des
ignorants ou des empiriques ; que ce soit celle qu'on
voudra de ces deux raisons, il est certain que cette
science n'a pas été cultivée depuis quelques siècles
avec autant de succès qu'elle aurait pu l'être, et il
suffit pour preuve de ce que j'avance de comparer
le petit nombre de bons écrivains sur cette matière

avec ceux qui ont écrit sur les autres branches des arts et des sciences (1).

» Quiconque est versé dans les écrits des anciens, et a eu l'occasion et la capacité de juger de leur mérite par l'expérience, avouera ingénuement que ce qui doit contribuer à rendre leur lecture plus utile que celle des modernes, est qu'ils ont été plus exacts à décrire les signes et les indications des maladies, et plus justes et plus précis que les modernes dans leurs distinctions des différentes espèces d'ulcères et de tumeurs. Si notre siècle a retranché certaines parties superflues de la pratique, comme on doit en convenir, on ne peut pas démontrer que ces mêmes méthodes soient venues des anciens, mais il est plus probable qu'elles ont été introduites en grande partie par des professeurs ignorants et barbares d'une date beaucoup plus récente. Il n'est pas douteux que la perfection à laquelle la chirurgie a été portée dans ces derniers siècles, est principalement due aux découvertes qui ont été faites dans l'anatomie, par le moyen desquelles nous sommes plus en état de rendre raison de plusieurs

____

(1) Si les Verdier, les Morand, les le Cat, les Vincelou, les Fabre, et tant d'autres chirurgiens français, qui ont autant illustré la chirurgie par leurs écrits que par la pratique, *eussent été anglais*, le bon M. Bernard n'aurait pas laissé échapper l'occasion de convenir que ces écrivains-là pouvaient aisément supporter la comparaison avec les plus célèbres écrivains qui ayent traité des autres arts.

de ces phénomènes qui étaient auparavant inexpli-
cables ou souvent mal expliqués ; mais la partie la
plus essentielle (l'art de guérir les plaies), à laquelle toutes les autres doivent céder, est restée,
à - peu - près , dans le même état dans lequel les
anciens nous l'ont transmise. Ce que je viens de
dire est incontestable, et j'en appèle pour preuve
à tous ces cours de chirurgie qui ont été publiés par
les plus savants et les plus célèbres d'entre les modernes, et qui paraissent avoir été copiés les uns
d'après les autres, excepté les meilleurs, qui sont
pris des anciens. . . . . . .

» Il suffira d'un court détail pour déterminer si les
anciens méritent autant d'être négligés que quelques-uns voudraient nous le persuader.

» Pour commencer par l'opération de la pierre,
personne ne doute qu'ils n'ayent droit de la réclamer. Celse et plusieurs autres en ont donné d'exactes
descriptions ; quoique, pour rendre justice à chaque
siècle, il faille avouer que la manière d'opérer,
connue sous le nom de grand appareil, a été in-
ventée par Jean de Romanis de Crémone , qui vi-
vait à Rome en 1520, et publiée à Venise en 1555.

» L'invention de l'instrument dont nous faisons
usage pour trépaner, appartient sans doute aux
anciens, et il a été seulement perfectionné par
Woodall et Fabrice d'*Aqua pendente.*

» La ponction est aussi, à tous égards, une de
leurs inventions.

» La laryngotomie ou l'ouverture du larynx dans

l'esquinancie était pratiquée par eux avec succès ; cette opération sûre et nécessaire, est hors d'usage à présent parmi nous, soit par la timidité des malades et de leurs amis, soit par la répugnance et quelquefois l'ignorance des médecins et des chirurgiens.

» La cure de l'hernie intestinale avec la manière de guérir les autres espèces de cette maladie, sont exactement décrites par les anciens; ce sont eux qui ont enseigné la cure du ptérygion et de la cataracte.

» Ils ont traité des maladies des yeux aussi judicieusement qu'aucun de nos oculistes modernes, lesquels, s'ils voulaient être de bonne foi, conviendraient qu'ils ne font rien de plus que ce que ces grands maîtres ont enseigné là-dessus.

» L'ouverture de l'artère et de la veine jugulaire n'est pas plus de l'invention des modernes, que la ligature de l'anévrisme, qui n'était certainement pas entendue, même dernièrement, par Ruisch, célèbre anatomiste hollandais (1).

» L'extirpation des amygdales ou de la luette n'est pas de l'invention des modernes.

» La manière de traiter la fistule lacrymale (cure si délicate et si difficile) dont nous nous servons encore, est précisément celle des anciens.

» Quant au cautère actuel, qui fait un article si

(1) Où le bon M. Bernard va-t-il chercher ses anatomistes ? Il craint toujours de s'approcher des côtes de France.

considérable dans la chirurgie, quoique Costens,
Fienus et Sévérinus, ayent écrit si amplement sur
ce sujet, cependant il est évident par un seul apho-
risme d'Hyppocrate, que ce grand médecin connaissait son usage aussi bien que ceux qui sont
venus après lui.

» La cure des varices par incision, à peine men-
tionnée de nos jours, paraît avoir été pratiquée familièrement par les anciens, comme il est manifeste dans les ouvrages de Celse et de Paul Eginette.

» Le polype de l'oreille est une maladie si peu
connue des modernes qu'on n'en trouve que fort
rarement le nom dans leurs écrits, et la description
de cette cure n'a pas été omise par les anciens.

» Ils étaient parfaitement instruits dans la connaissance de toute espèce de fractures et de luxations et
des moyens d'y remédier, ainsi que de toutes les
sutures en usage parmi nous, outre plusieurs que
nous avons perdues.

» Toutes les différentes sortes d'amputation de
membres, mamelles, etc., étaient pratiquées parmi
eux aussi familièrement et avec autant de succès
qu'il est possible de prétendre qu'elles les ont parmi
les modernes.

» Quant à l'art des bandages, aussi important que
nécessaire, tout négligé qu'il est, dont les français
font tant de cas, et qu'ils se piquent de posséder
mieux que par-tout ailleurs (1); les anciens le con-

____

(1) Les français ont sans doute le droit *de se piquer* de

naissaient si bien et à un tel degré de perfection, que nous ne pouvons nous flatter d'avoir ajouté beaucoup à l'excellent traité que Galien a jugé à propos d'écrire à ce sujet.

» Si nous jetons un coup-d'œil sur les méthodes générales de guérir, nous trouverons que plusieurs ont été si éminemment traitées par les anciens, et entr'autres celle des blessures à la tête, que ceux des modernes qui en ont écrit le plus judicieusement, ont pensé qu'ils ne pourraient rendre un plus grand service à la postérité qu'en commentant le livre admirable qu'Hippocrate a écrit à ce sujet.

» Ce que je viens de dire est suffisant pour faire voir qu'il nous convient de parler des anciens avec plus de respect et de déférence. »

La France se glorifie, à juste titre, d'avoir produit le plus grand nombre de chirurgiens illustres, Il est remarquable que dans l'analyse de l'estimable chirurgien anglais, qu'on vient de mettre sous les yeux du lecteur, il se garde bien de parler avec éloge de la chirurgie française, ni de prononcer le nom d'un français : le bon Bernard nous paraît un

---

plusieurs avantages en chirurgie sur les autres nations. Nous rendons trop de justice aux lumières de M. Bernard pour croire qu'il ait voulu sérieusement, et abstraction faite de l'antipathie nationale, dont il ne nous paraît pas exempt, établir une rivalité non seulement entre les chirurgiens ses compatriotes et les chirurgiens français, mais encore entre tous les chirurgiens de l'univers et les nôtres.

peu sujet à la *gallophobie*, comme tout bon anglais doit l'être.

En poursuivant le cours de ses observations, Dutens nous fait voir que les chimistes anciens, non seulement n'ont point ignoré nos connaissances dans cet art, mais encore qu'ils avaient des lumières qui ne sont point parvenues jusqu'à nous ; qu'ils travaillaient parfaitement l'or, l'argent, le cuivre, le fer, ce qui suppose qu'ils étaient versés dans l'art d'exploiter les mines ; qu'ils ont porté plus loin que nous quelques parties de la chimie ; que nous ne les approchons point dans l'art d'embaumer, dans celui de peindre le verre, de teindre les étoffes, d'imiter les pierres fines ; qu'ils connaissaient les diverses manière de faire le sel, le nitre, l'alun, le sel armoniac ; qu'ils savaient employer comme curatifs, la litharge d'argent, la rouille de fer, l'alun calciné ; que les différentes préparations des plantes, et des simples propres à la médecine leur étaient familières ; que Pline et Dioscorides font foi des remèdes efficaces qu'ils savaient tirer des substances métalliques ; que c'est au médecin de Néron que nous devons la thériaque, si estimée dans tous les temps ; que les anciens ont connu, peut-être mieux que les modernes, les ressources les plus secrètes de l'art de guérir, et que plusieurs monuments attestent que les mages chaldéens étaient aussi versés dans la chimie et dans la médecine que dans l'astronomie (1).

---

(1) C'est ce qui nous aurait été vraisemblablement démontré

On ne conçoit pas sur quel fondement plusieurs chimistes modernes ont prétendu que les anciens ne connaissaient pas l'usage des alambics : ils l'ont si bien connu, qu'ils nous ont transmis les dessins de ceux qu'ils conseillent d'employer de préférence pour la distillation.

Des monuments historiques les plus irréprochables attestent que les anciens ont connu l'art de rendre le verre ductile et malléable ; on ne peut raisonnablement se refuser à cet égard, au témoignage de Pline, d'Isidore, de Pétrone et de quelques autres.

La composition de la poudre à canon leur a été connue, quoiqu'on en puisse dire, ainsi que celle des autres feux propres à être lancés sur l'ennemi et à lancer des armes de jet. Ce qui doit mettre hors de doute à cet égard, est un passage clair et positif de Marcus Græcus, dont on voit un ouvrage manuscrit à la Bibliothèque Nationale, intitulé : *Liber ignium*. L'auteur y propose plusieurs moyens de combattre l'ennemi en lançant des feux sur lui, et il donne, entr'autres, cette composition : *Prenez une livre de soufre vif, deux livres de charbon de saule et six livres de salpêtre, et réduisez le tout ensemble en une poudre très-fine dans un mortier de marbre.* Il ajoute, qu'en mettant une

______

sans les deux funestes incendies de la bibliothèque d'Alexandrie, dont Voltaire affecte toujours de parler avec tant de mépris, pour cajoler la philosophie moderne.

certaine quantité de cette poudre dans une enveloppe longue, étroite et bien foulée, on la fait voler
en l'air ; voilà certainement la fusée. L'enveloppe,
continue-t il, avec laquelle on veut imiter le tonnerre, doit être au contraire courte, grosse et
fortement liée ; voilà le pétard.

Les anciens connaissaient aussi la redoutable
composition du feu grégeois (1).

---

(1) Il a été retrouvé en France sous le ministère du duc
d'Aiguillon, par un metteur en œuvre qui ne le cherchait
assurément pas, et qui travaillait, au Hâvre, à des pierres
de composition. Mon témoignage, à cet égard, est irrécu-
sable, puisque c'est moi qui ai fait le *Mémoire au Conseil*,
par lequel cet honnête artiste faisait hommage au roi de sa
funeste découverte, lui demandait ses ordres et offrait d'en-
fermer dans un canon de bois, qu'un seul homme pouvait
porter, sept cents flèches remplies de sa composition, lesquelles s'enflammeraient, éclateraient et mettraient le feu en
tombant. Cet appareil et le canon de bois qui devait porter
le feu grégeois à huit cents toises, étaient de l'invention de
l'artificier Torré. Le devis et les dessins dont j'ai fait *la
lettre*, étaient joints au mémoire. Le conseil agita cette question : *Emploiera-t-on le feu grégeois contre les ennemis de
l'Etat?* Louis XV, traité depuis de Sardanapale et de Tibère,
par les plus vils scélérats qui ayent jamais souillé la lumière
du jour, Louis XV, qui avait tant de motifs d'abhorrer
les anglais, et qui n'attendait qu'une occasion favorable d'en
tirer une vengeance éclatante, opina que les lois de l'humanité défendaient de faire usage d'une pareille découverte : il acheta le secret de cette infernale composition,

Tout ce que nous venons de dire prouve évidemment l'injustice des modernes envers les anciens : la suite de cette analyse nous en fournira de nouvelles preuves.

Pourquoi Hervey n'a-t-il pas avoué que son systême sur la génération est renouvelé d'Empédocle, d'Aristote et d'Hippocrate ?

Pourquoi aucun philosophe moderne n'est-il convenu que celui des animalcules ou vers spermatiques, était connu des anciens ?

---

accorda deux mille écus de pension à l'inventeur après l'enquête la plus sévère sur sa moralité, et lui fit ordonner de consommer toutes ses matières en présence du comte de Beauvoir, lieutenant de roi, du Hâvre. Ce secret du feu grégeois a dû se trouver dans la collection si précieuse des secrets relatifs à tous les arts successivement acquis par nos rois. Quel a été le sort de cette collection à l'époque *fortunée* des pillages, des brigandages et des assassinats ? J'en écrivis deux fois au comité de salut public, qui décida dans sa sagesse, de ne pas me faire l'honneur de me répondre. Après que le 9 thermidor, nommé par *les patriotes*, la *funeste journée*, m'eut ouvert les portes de ma prison et dérobé à l'échafaud, involontairement tourmenté par l'idée de ce feu grégeois, j'adressai une pétition à la Convention nationale ; sa sagesse ne lui permit pas non plus de me faire répondre. Difficile à rebuter, je m'adressai au Directoire ; les triumvirs ne voulurent point du tout céder en sagesse au comité de salut et à la Convention ; point de réponse ; et enfin je me suis déterminé à raconter ce fait au lecteur bénévole, qui ne répondra pas davantage, mais qui le saura.

Quelqu'un a-t-il lu dans les ouvrages modernes que la reproduction des polypes a été connue d'Aristote, et que le systême sexuel des plantes, perfectionné par Linnée, nous a été transmis par les anciens?

Les vibrations du pendule et la réfraction de la lumière ne leur ont point échappé, et ils ont connu les lois de la perspective aussi bien que nous.

Ils ont fait, comme nous, des tentatives sur la quadrature du cercle. Anaxagore y travailla non sans succès, et s'il reste aux modernes quelque espoir de trouver la solution de ce problême, cet espoir est fondé sur une découverte d'Hippocrate de Chio.

Quelques modernes envieux ont beau nier l'existence des miroirs ardents d'Archimède, plusieurs historiens se réunissent pour en faire foi, et le P. Kirker en a prouvé la possibilité.

Qui peut nier que les découvertes des anciens dans les mathématiques n'ayent été très-nombreuses, et que cette science ne doive beaucoup à Thalès, à Pythagore, à Platon, à Hyparque et à Diophante?

Aristarque n'a-t-il pas mesuré le premier la distance du soleil à la terre? Timée de Locres et Hyparque n'ont-ils point connu la précession des équinoxes?

Personne, jusqu'à présent, n'a surpassé Archimède dans la mécanique, et ses merveilleuses découvertes font encore l'étonnement des plus célèbres mécaniciens.

Les anciens ont connu l'usage du verre pour éclairer les appartements, et ce qui le prouve sans réplique, c'est qu'on a découvert à Pompéïa, près de Naples, une maison dont les fenêtres étaient de verre.

Jusqu'à présent, nous avons vu les modernes rivaliser avec les anciens, et quelquefois l'emporter sur eux. Nous allons voir maintenant les anciens laisser les modernes à une distance incommensurable.

Où sont les sculpteurs qui ayent approché de Phidias, de Policlète et de Praxitèle? Les monuments que nous avons sous les yeux ont été le désespoir et l'admiration des plus grands sculpteurs modernes italiens et français.

C'est d'après les ruines de l'ancienne architecture que les plus célèbres architectes modernes ont élevé ces palais et ces temples qui, malgré leur magnificence, ne paraissent que des études auprès des anciens monuments.

Quel est l'orateur moderne chez quelque nation que ce soit, qui marche d'un pas égal avec Démosthène et Cicéron?

Où est le poète qu'on puisse comparer à Homère, à Virgile et à Horace, à Racine près, peut-être, qui ne peut en approcher encore que par la diction?

Quel historien moderne a écrit l'histoire comme Theucidide, Xénophon, Tite-Live et Tacite?

Oserait-on comparer à Hippocrate et même à Galien le plus célèbre médecin moderne ?

Les effets prodigieux de leur musique ne prouvent-ils pas qu'ils ont porté cet art enchanteur au plus haut degré de perfection ? Et ces effets si extraordinaires, attestés par tant d'historiens, la mélodie seule n'a pu les produire ; c'est à la connaissance, au pouvoir et au charme de l'harmonie que nous devons principalement les attribuer. Leur lyre était un instrument très-étendu, et conséquemment si harmonieux que Platon en craignait le danger, et le regardait comme très-propre à amollir les cœurs et les esprits ; elle était déjà composée de quarante cordes du temps d'Anacréon, et l'on peut tout exécuter sur un instrument composé de quarante cordes : les anciens faisaient usage de plusieurs autres semblables aux luths et aux tuorbes.

Avant qu'un empereur d'Orient eût envoyé au roi de France, vers la fin du huitième siècle, la première orgue que nous ayions connue, celle de Saint-Corneille de Compiègne, Archimède, comme nous l'apprend Tertulien, avait construit des orgues qui ne le cédaient point aux nôtres. Voyez, dit-il, cette machine étonnante et magnifique, cette orgue hydraulique d'Archimède, composée de tant de pièces, de tant de parties différentes, de tant de jointures, de tant de différents tuyaux, formant un si grand assemblage de sons, un si grand mélange de tons, un si grand nombre de flûtes, dont le tout ensemble ne forme qu'un seul instrument.

On voit aussi une médaille de Néron sur laquelle est représentée une orgue.

Le genre chromatique et enharmonique, le plus touchant, le plus attendrissant et le plus ravissant de tous, était familier aux anciens. Tous les monuments historiques attestent que leur musique devait être bien supérieure à la nôtre ; ce qui est d'autant plus vraisemblable, que les anciens comptaient quinze modes ou tons différents, dont les principaux étaient, l'Ionien, le Lydien, le Phrygien, le Dorien et l'Eolien.

Il est prouvé que nous avons perdu beaucoup d'ouvrages des anciens sur la musique ; mais le peu qui nous en reste est aussi profondément traité que ce que les modernes ont fait sur le même sujet. Il ne serait pas croyable d'ailleurs que la musique, qui avait fleuri pendant mille ans chez les Grecs à l'époque de la plus grande gloire des arts dans la Grèce, n'y fût point parvenue au degré de perfection où elle n'a pu encore arriver parmi nous dans l'espace de deux siècles qu'elle a commencé à y revivre. Ajoutons que les compositeurs grecs devaient avoir, comme ceux d'Italie, la tête et le cœur tout autrement organiques que les compositeurs français. Tous les beaux arts se tiènent, et le peuple célèbre qui enfanta tant de prodiges dans tous les genres, devait avoir aussi une musique dont nous n'avons pas d'idée. La présence continuelle des chef- d'œuvres de tous les arts devait nécessairement exalter la tête inflammable des jeunes musiciens grecs qui les admiraient tous les jours, et qui brûlaient de partager la gloire de leurs rivaux.

Si nous élevons nos regards vers des connaissances plus sublimes et bien plus importantes, nous lisons avec étonnement dans les ouvrages des anciens, qu'au milieu des ténèbres du paganisme vulgaire, personne n'a eu des idées plus saines, plus grandes, plus touchantes, de la divinité et de l'immortalité de l'âme, que les philosophes les plus célèbres de l'antiquité. Socrate, Platon, Aristote, Sénèque, Plutarque, ont tous rendu hommage à l'Etre - Suprème, au Dieu rémunérateur et vengeur ; tous ces grands hommes ont professé cette doctrine si consolante, à l'évidence de laquelle nul mortel ne peut se refuser, s'il veut de bonne foi descendre en lui-même, et qui ne peut être révoquée en doute que par la folie ou la stupidité.

Aucun moderne n'a plus profondément raisonné sur la matière que les philosophes grecs; les ouvrages écrits depuis sur cet objet ne sont que des redites.

Dutens a prouvé jusqu'à l'évidence que dans presque toutes les vérités importantes, les anciens ont précédé les modernes, ou du moins qu'ils ont indiqué et frayé le chemin à leurs découvertes; que ceux-ci n'ont pas toujours eu le désintéressement d'avouer les obligations qu'ils avaient à leurs guides ; cependant lorsque les philosophes modernes ont vu leurs opinions attaquées, ou lorsqu'ils ont craint qu'elles ne le fussent, ils se sont appuyés de l'autorité de ces grands hommes pour imposer silence à l'envie et à la calomnie ; c'est ainsi qu'en ont usé Descartes, Mallebranche et plusieurs Newtoniens.

Nous demandons maintenant à qui appartient la plus grande portion de gloire, aux inventeurs ou à ceux qui ont perfectionné les découvertes, et qui nous ont tellement surpassés dans tous les arts, que le comble de nos succès n'a été et ne peut être que de les imiter imparfaitement.

Quelques philosophes modernes n'ont affecté de jeter du ridicule sur la prétendue ignorance des anciens philosophes que pour couvrir les plagiats des nôtres ; aussi lorsque Dutens leva le voile et démasqua les plagiaires, la tourbe philosophique poussa des cris de fureur, et selon l'usage des philosophes de nos jours, si bien voués à la risée publique par Palissot, Dutens, fut accablé de sarcasmes, d'injures et de calomnies.

C'est principalement aux profondes recherches de ce savant, que nous devons cette apologie des anciens qu'il nous a mis en état de faire. Il est peut-être utile de la publier au moment où l'amour-propre le plus révoltant le dispute, dans presque tous les genres, à la plus excessive médiocrité. Ce ne serait pas une petite entreprise que de persuader à tant de jeunes gens de lettres, si capables, si tranchants, et si profondément ignares, de se mettre en état de lire les anciens. La plupart d'entre eux ne croit pas même à leur mérite ; ils ont lu Fontenelle, et ils sont convaincus, sur la foi de ce bel esprit, que si l'insipide parodie de l'Iliade, par Lamothe, est illisible, *c'est la faute de l'original* (1).

Si la cause des anciens philosophes avait été aussi victorieusement défendue que celle des anciens poëtes l'a été par Boileau, ou si M. Dutens avait été contemporain de ce fameux satyrique, et qu'il eût pris parti dans la querelle sur la prééminence qui partagea si long-temps la littérature française sous le grand siècle de Louis XIV, il serait sans doute demeuré pour constant que la palme appartenait aux anciens. C'est ici le cas de se permettre cet adage vulgaire : *Il vaut mieux tard que jamais*; et M. Dutens, en plaidant cette belle cause, les pièces de conviction à la main, achève enfin le triomphe des anciens, et leur assure pour toujours l'égalité , à presque tous les égards, avec les modernes, et la grande supériorité à plusieurs autres.

N'y a-t-il pas lieu de s'étonner, d'après ce qu'on vient de lire, que Voltaire, sous le prétexte frivole que les anciens ont erré comme les autres hommes, ait osé écrire : *Ancienne histoire, ancienne astronomie, ancienne physique, ancienne*

---

(1) Les poëtes Lebrun et Sivry ont prouvé l'absurdité de cette assertion en nous montrant Homère dans tout son éclat, par leurs belles traductions de quelques chants de son poëme immortel.

médecine (à Hippocrate près), ancienne philosophie; tout cela n'est qu'une ancienne absurdité. Il voulait cajoler les philosophes (1).

---

(1) Il parle ici le langage de la secte dont il était le chef; il adopte leurs décisions tranchantes. Tout est absurde chez les anciens : il n'y a que les philosophes modernes qui ne le soient pas.

C'est ainsi que certaines opérations de l'alchimie, pour peu qu'elles s'écartent des principes avoués par les chimistes modernes, sont qualifiées d'impostures dans l'Encyclopédie, et que les adeptes sont traités de *visionnaires*. Les collaborateurs de ce grand ouvrage nient surtout la possibilité de l'opération la plus chère aux alchimistes, celle qui est connue sous le nom de *grand-œuvre.* Nous demandons à tout lecteur impartial, s'il est néanmoins vraisemblable, que ceux des savants alchimistes auxquels la chimie vulgaire convient qu'elle a tant d'obligations, ayent tous, après avoir fait preuve de beaucoup de savoir, commencé à déraisonner ou à mentir de concert dès l'instant où ils ont écrit de l'*œuvre.*

Comment des hommes aussi savants que les auteurs de quelques articles de l'Encyclopédie sur cette matière, ont-ils pu prononcer avec tant d'assurance, sans être en état de démontrer géométriquement l'impossibilité de la chose qu'ils niaient d'un ton si positif? C'était dire à l'Europe entière : *Cette chose ne peut être, car nous ne la croyons pas.* Etait-ce là une logique digne d'eux ?

Voltaire, forcé néamoins de rendre justice aux anciens, dont il connaissait si bien le mérite, ne voulant pas sacrifier sa gloire à ses protégés, craignant que la postérité ne l'accusât de partialité ou de mauvaise foi, et beaucoup trop fin pour ne pas laisser des armes à ses défenseurs, saisit l'occa-

(199)

ARTICLE ADDITIONNEL.

Nous convenons cependant que les modernes ne laissent pas de faire, de temps à autre, des découvertes rares ; en voici une qui tient du phénomène, et c'est à un anglais que nous la devons. Nos journalistes annoncent à l'envi que M. Kemble, le premier acteur tragique de l'Angleterre, est arrivé de Londres, *en trois bateaux*, dirait Lafontaine, pour nous apprendre que notre déclamation est très-*éloignée de la nature :* c'est une sorte d'engagement que prend ce virtuose de nous déduire les motifs de son improbation, et de mettre nos tragédiens dans la bonne route. Puisqu'il a été *assez franc*, disent les journalistes (assez franc est plaisant) pour avouer que *notre genre de déclamation ne lui convient pas*, il sera sans doute assez généreux pour nous en indiquer un qui réunisse la noblesse, le pathétique et la terreur, qualités indispensables à la tragédie, et dont nous avons cru de bonne foi nos tragédiens célèbres en possession. M. *Kemble*, continuent les journalistes, *reconnaît un grand talent à quelques-uns de nos acteurs, et il se plaît surtout à rendre hommage à Corneille, à Racine et à Voltaire* (1).

---

sion de dire dans son article *Ange*, aux mêmes *questions sur l'Encyclopédie :*

Plus on fouille dans l'antiquité, plus on voit combien les modernes ont puisé tour-à-tour dans ces mines, aujourd'hui presque abandonnées.

(1) M. Kemble a bien de la bonté !

Nous croyons sans doute que notre genre de déclamation est très-insuffisant pour rendre par exemple, avec vérité, le mélange horrible de beautés et d'inepties, de grandeur et de bassesse du célèbre Schakespear (1), mais nous croyons aussi, jusqu'à ce qu'on nous ait désabusés, que Racine et Voltaire ont connu la nature, et que la tragédienne Dumesnil et le tragédien le

---

(1) Les adorateurs de Schakespear ont trouvé le moyen de justifier l'excès de leur enthousiasme en mutilant cet inconcevable tragique, en supprimant dans leurs traductions ses plus grossières extravagances.

Voltaire, en traduisant avec tout le charme de la poésie les beautés de Shakespear, en leur donnant quelquefois un nouvel éclat, ne manque pas de relever aussi la bassesse, la grossièreté et la folie d'un grand nombre de morceaux de ce poëte; mais M. Mercier de l'Institut national, ne compose point; il trouve, par exemple, le plus beau naturel (et il veut impérieusement qu'on soit de son avis) dans cette exclamation de Richard II :

« O terre de mon royaume, ne nourris pas mon ennemi ! » mais que les araignées qui sucent ton venin et que les » lourds crapauds soient sur sa route; qu'ils attaquent ses » pieds perfides qui la foulent de ses pieds usurpateurs : ne » produis que de puants chardons pour eux, et quand ils » voudront cueillir une fleur sur ton sein, ne leur présente » que des serpents en embuscade .... »

M. Mercier, de l'Institut national, préfère franchement cette imprécation à celles de Cléopâtre dans Rodogune, de Camille dans les Horaces, d'Hermione dans Andromaque, etc.

Kain, ont rendu la nature et la vérité des personnages mis en scène par ces deux grands hommes,
avec une perfection qu'on ne saurait pousser plus
loin. Peut-être M. Kemble a-t-il dit ou a-t-il voulu
dire, que notre déclamation actuelle *ne lui convient pas*. Nous n'en sommes point surpris, et
certes, à un très - petit nombre d'exceptions près,
il y a beaucoup de français à qui elle ne convient
pas davantage.

L'hommage que M. Kemble veut bien rendre à
Corneille, à Racine et à Voltaire (et à l'auteur de
Rhadamiste, sans doute, dont le nom a été omis)
est d'autant plus méritoire qu'il court le risque d'être
dénoncé aux auteurs et aux acteurs de Londres
par M. Mercier-Schakespear, et que son excès de
politesse pourrait bien exposer M. Kemble à être
forcé de faire amende honorable de son panégy-
rique en plein théâtre de Drury-Lane; ce qui ne
manquerait pas d'être annoncé à toute l'Europe par
notre ami le *Times* (1).

Nous observons ici que si M. Kemble se détermine à confier à nos acteurs la manière de réciter
les vers de nos poètes tragiques, la leçon sur les vers
de Racine sera la plus pénible de toutes pour un
professeur anglais; car, comment pourra-t-il plier

______

(1) Journal anglais spécialement consacré à injurier le
gouvernement français, et qui s'acquitte de cette noble fonc-
tion avec toute la grossièreté *d'un batteur* ivre de bierre
forte.

sa manière austère et terrible, ses tons mâles et effrayants, au langage doucereux de monsieur Titus, de monsieur Xipharès, et même de monsieur Orosmane? (1)

Nous oserions pourtant conseiller au professeur qui trouve notre déclamation *trop éloignée de la nature*, d'entendre, avant de tenter une révolution théâtrale, madame Talma dans presque tous les rôles de Racine, de ce poète du cœur; et mademoiselle Bourgoin dans celui de Monime principalement, du même poète, l'un des rôles les plus difficiles, à tous les égards, qu'il y ait sur la scène française, et qu'elle a joué avec une supériorité si prodigieuse à son âge, que ce rôle tout seul a failli la faire repousser du Théâtre de la République. Quant à Talma et à Lafond, avec leurs talents, ils se prêteront aisément à essayer tous les genres qui pourraient leur inspirer l'espoir de s'approcher encore plus près de la nature, s'il

---

(1) C'est ainsi que les anglais nomment les héros du Théâtre Français, beaucoup trop mielleux pour des organes accoutumés à réciter et à entendre Schakespear. Il faut pourtant convenir que ce n'est pas parce que nos tragédies leur déplaisent, que les anglais les vouent au ridicule : le plus grand vice de nos pièces, aux yeux de ces haineux insulaires, est d'être faites par des français. Nous n'avons pas besoin de prévenir que nous parlons en général; sans doute que M. Kemble, en sa qualité d'artiste, et d'artiste célèbre, est exempt de ces préjugés nationaux.

est possible, et il n'y en a point sans doute qu'ils ne tentassent avec succès, excepté *le genre plat*, qui en est un dans les pièces de Schakespear. Heureusement ces deux tragédiens ne seront pas misà cette épreuve; car, comment s'y prendraient-ils pour saisir, par exemple, et rendre la nature dans une scène du Jules César de ce poète anglais entre deux conjurés (je crois que c'est Brutus et Cassius) où ces deux romains s'expriment ainsi, sans que les anglais trouvent que la majesté *naturelle* du cothurne en soit offensée ?

B R U T U S.

On dit que tu t'es laissé graisser la patte.

C A S S I U S.

Je veux être un chien si j'ai reçu un écu.

Voilà ce beau naturel qui fait les délices de M. Mercier ; voilà le langage qu'il préfère à des fadeurs , telles que, *vous y serez ma fille*, dans Iphigénie ; *sortez !...*, dans Bajazet ; *j'embrasse mes enfants* , dans Mahomet ; *je suis consul de Rome* , dans Brutus ; à ces traits qui enchantent , qui ravissent, qui déchirent des spectateurs français, sans qu'aucun héros viène mourir sur le théâtre dans les convulsions, anatomiquement graduées, d'un malfaiteur expirant.

Les journalistes assurent qu'on fera à M. Kemble la galanterie qu'ils appèlent *française*, de jouer Macbeth et Othello. Il est triste que madame Vestris ne joue plus. La perfection avec laquelle elle a joué Frédégonde dans Macbeth, ce rôle hors de tous les rôles, aurait vraisemblablement raccommodé M. Kemble avec notre déclamation : il n'est pas moins triste que dans la tragédie d'Othello les comédiens n'ayent pas pu faire la galanterie complète, et que Ducis ait été obligé de sacrifier à je ne sais quelle délicatesse française si ridicule, si pusillanime, la belle scène où le nègre Othello baise sa femme avant de l'étrangler ; ce transport conjugal est - il dans la nature ? M. Mercier peut seul prononcer ; pour nous, nous sommes persuadés que si jamais, dans la crise d'une fièvre chaude, il a le malheur d'étrangler la sienne, plein du charme de ce beau naturel britannique, comme il l'est, il l'embrassera tendrement avant l'exécution.

Quoi qu'il en soit, en supposant que nos tragédiens fussent effectivement ramenés par le tragédien anglais dans les sentiers de la nature ; quelqu'avantage qu'il résultât pour nous de cette révolution, elle ne serait pas sans danger ; il serait à craindre que les acteurs comiques du théâtre de Londres, témoins du succès du tragédien anglais, ne voulussent partager l'honneur d'éclairer le théâtre Français ; ils viendraient à leur tour professer à Paris : une fois *engoués* de ces novateurs, nous trouverions leur manière *délicieuse*, *sublime*, et bientot nous verrions substituer la gaucherie (1) anglaise aux grâces des Gaussins, des Contat, des Grandval, des Molé.

Toutes réflexions faites, concluons à ce que nous restions chacun comme nous sommes. Les pièces et la déclamation anglaises sont faites pour les anglais, et ils sont faits pour leurs pièces; il en est de même de nous. Notre théâtre, dans les deux genres, est précisément celui qui nous convient, et notre tournure d'esprit et de corps est précisément celle qui convient à notre théâtre.

Au reste, je ne serais pas étonné que M. Kemble, de retour en Angleterre, ne se moquât de nos *flagorneries*, et de tout ce qu'il aura vu et entendu à Paris (aura-t il tort?) : c'est du moins ainsi que le pratiquent presque tous ses compatriotes qui séjournent dans notre capitale, et qui n'attendent pas même d'en être partis pour se moquer de nous. La plupart prènent notre politesse pour des devoirs, pour un aveu tacite de la supériorité de leur nation sur toutes les nations du monde. Ne serait-il point possible d'échapper aux risées britanniques en exerçant envers ces insulaires une hospitalité plus

---

(1) On trouve dans la jeunesse anglaise un plus grand nombre de *jolis cavaliers* que dans la nôtre, et presque tous ces beaux hommes sont gauches pour les exercices du corps. Il y en a peu qui sachent se présenter, aborder une femme, soit dans le monde, soit au théâtre; Garrick lui-même n'était pas à l'abri de ce reproche.

tempérée, moins française, mais assez prononcée cependant pour ne pas mériter le reproche qu'Horace faisait aux anglais, il y a deux mille ans : il les appelait *hospitibus feros*.

Nous ne finirons point sans nous permettre une dernière observation :

Ne pourrait-on pas méttre au rang des découvertes dramatiques l'artificieuse supercherie dont on se sert depuis peu pour absoudre un acteur de toutes ses bévues? A-t-il mal joué une scène? Le public a-t-il témoigné son mécontentement ? C'est le spectateur qui se trompe ; ce n'est point l'auteur qui a mal joué ; c'est Racine, c'est Voltaire, qui ont mal composé. Le moyen de donner une belle exécution à une mauvaise musique ? La tournure est commode pour la médiocrité : l'auteur ne peut plus avoir tort. Vous l'avez cru médiocre ou mauvais, tandis que c'est Corneille, Racine, Voltaire, qui méritent ce reproche : *Risum teneatis amici :* et ce sont des gens éclairés qui font semblant de croire à ces sortes d'inepties !

OBSERVATIONS

SUR

LA POÉTIQUE FRANÇAISE

DE MARMONTEL.

Si de nos jours un code poétique
Par son volume étonna la critique,
Et réglant tout en dépit de Boileau,
De l'art des vers fit un art tout nouveau ;
Si ce Boileau dont j'ai craint le génie
Est décrié même à l'Académie :
Si les honneurs dus au chantre romain
Sont aujourd'hui prodigués à Lucain ;
Si ce mortel, dont la superbe audace
Sut de Pindare égaler le destin,
Rousseau chancèle au sommet du Parnasse ;
Braves amis, ces immortels exploits,
C'est à vous seuls, à vous que je les dois.

Chant second de la DUNCIADE ;
Discours de la Stupidité.

CES vers de la Dunciade firent naître l'idée
d'imprimer des observations sur la poétique fran-

çaise ; le public les reçut avec beaucoup d'indulgence. Comme la première édition est entièrement
épuisée, nous avons cru qu'il ne serait pas inutile à
l'instruction de la jeunesse d'en imprimer une
seconde ; elle ne saurait être déplacée à la suite
d'un ouvrage principalement destiné à défendre
la mémoire des hommes célèbres dans tous les
genres. L'*Art poétique* de Boileau est sans doute
d'autant plus suffisant pour diriger un jeune poète,
que cet ouvrage immortel réunit l'exemple au précepte : cependant Marmontel, ne craignant pas
de ressembler à ces écrivains qui n'ont brillé,
comme nous venons de le voir, que d'un éclat
emprunté, osa bien entreprendre une poétique
après le chef-d'œuvre de Boileau, dont il avait le
malheur de nier le génie et de mépriser les talents.
Quel a été le fruit de cette téméraire tentative ? La
poétique en prose et en trois gros volumes, dépouil-
lée du verbiage philosophique si recommandable à
l'époque où Marmontel la publiait, n'enseignait rien
de plus, lorsque l'auteur ne s'égarait point, que
les préceptes de Boileau, dont il faudra toujours
réclamer l'autorité et se rappeler le charme, lorsqu'un écrivain voudra perdre son temps à écrire
sur la poétique. Il est vraisemblable que Marmontel, en publiant l'ouvrage qu'il se plut à travailler
avec tant de soin, espéra de diminuer le mérite de
l'*Art poétique* de Boileau, contre lequel il y avait
alors un parti à l'Académie française, dont les ri-
sibles champions auraient tressailli sur leurs fau-

(209)

teuils si le hasard avait fait remuer le portrait de ce grand homme qui décorait la salle des quarante.

Marmontel, il faut l'avouer, l'un des plus célèbres littérateurs français, à qui de vrais talents dans plus d'un genre assignent une place très - honorable parmi les gens de lettres du 18°. siècle, avait une faiblesse de prédilection pour ses plus mauvais ouvrages, pour ses tragédies. Le public et Fréron lui prouvaient en vain qu'il n'était pas né pour la carrière dramatique ; il s'obstina long - temps à la courir. Toutefois en se rappelant le sort de Pradon, avec lequel il n'eût peut-être pas lutté, sous plusieurs rapports, sans courir le risque de la défaite ; en se rappelant le ridicule immortel dont le fameux satyrique l'avait couvert, jamais Marmontel ne put pardonner à Boileau ce que ce grand poète aurait dit de ses tragédies s'il les avait connues. Quoi qu'il en soit, il était bien loin de soupçonner avec tout son esprit, que son Code poétique ajoutait un nouveau lustre au poëme de Boileau. Nous ne craignons pas de soumettre cette opinion au jugement du lecteur.

On avait cru jusqu'à présent qu'Aristote, Horace, Castalvetro, Daniel Heinsius, Boileau, Daubignac, l'abbé Dubos, avaient écrit sur la poétique tout ce qu'il était possible d'écrire. M. Marmontel est bien loin de le penser, puisqu'il vient de publier une *Poétique française*, en trois gros volumes.

Il annonce, à la vérité, *qu'il sera diffus pour*

13

les gens instruits, qu'il n'écrit que pour les commençants, (quel livre pour eux !) qu'un avantage de son travail sera d'éclairer le commun des hommes sur les beautés de la poésie, et de les rendre plus sensibles à la douce joie de les appercevoir, qu'au plaisir malin d'exagérer des défauts souvent légers ou inévitables.

Comme si dans un temps où la nature a épuisé les modèles dans tous les genres, où les moyens de parvenir à la perfection sont développés par une longue suite d'exemples immortels, où les grands poètes de toutes les nations nous ont prescrit des règles invariables en allant tous à la perfection par le même chemin; comme si, dis-je, les commençants, c'est-à-dire ceux que la nature a créés poètes, avaient besoin d'autres guides que les ouvrages de nos maîtres ! Nos jeunes élèves, s'ils sont destinés à partager les faveurs des muses avec Homère, Virgile, Horace, Corneille, Racine, Crébillon, Rousseau et Voltaire, peuvent-ils lire de meilleure poétique que les chef-d'œuvres de ces grands hommes ? Ou cette lecture suffira sans doute exclusivement pour donner l'essor à leur génie, pour diriger et régler son vol; ou vainement s'efforceraient-ils de faire de beaux vers. Horace et Boileau étaient pénétrés de cette vérité : le peu d'extension qu'ils ont donné à leurs préceptes nous le prouve d'une manière bien intelligible ; et encore ces préceptes sont-ils eux-mêmes des modèles de poésie.

Si un seul homme avait jeté un coup de lumière sur cet art divin par un chef-d'œuvre unique, peut-être faudrait-il se hâter, d'analyser les causes de notre admiration, d'en conserver les principes, de les transmettre d'âge en âge, de veiller à la garde du feu sacré ; mais il ne saurait plus s'éteindre, et nos jeunes poètes ont moins besoin de lois que de génie.

Le second objet de la nouvelle poétique me paraît aussi vague que le premier ; les raisonnements les plus vrais, les plus solides, les plus conséquents, l'analyse la mieux développée, ne rendront personne sensible aux beautés de la poésie, ne lui feront *goûter la douce joie de les appercevoir*, si son cœur ne lui fait éprouver sur-le-champ tout ce que le poète a voulu lui inspirer, si la nature ne l'a pas organisé pour en ressentir tout le charme. Cela est d'autant plus vrai, qu'il n'y a rien de beau en poésie que ce qui est simple, facile et naturel (1) ; et si les hommes pour lesquels on prétend que cette poétique serait d'un grand secours, ne sont pas de la classe de ceux dont je viens de parler, ils ne goûteront jamais *la douce joie* que M. Marmontel leur promet : tous les soins qu'on se donnerait à cet égard, n'auraient pas plus de succès que ceux qu'on prendrait pour expliquer à un aveugle de

______

(1) Il n'y a pas dans Racine un seul vers dont l'intelligence coûte un moment de réflexion. *M. Marmontel, Poétique française.*

13.

naissance, le systême de Newton sur la lumière : un auteur moderne a dit bien judicieusement que *les règles dont les ouvrages de goût sont l'objet, ne sont utiles que pour ceux qui pourraient presque s'en passer* (1). M. Marmontel ne le croit pas, puisque trois volumes de préceptes sur la poésie française lui paraissent à peine suffisants : parcourons-les, et voyons comment il a réussi dans cette singulière entreprise.

L'auteur débute par un avant-propos où règnent l'ordre, la clarté et la précision ; il fait une courte énumération de quelques auteurs qui ont traité de la poésie ; il y reproche à *le Bossu de n'avoir étudié l'Epopée que dans Homère et Virgile ;* il définit Despréaux, *l'homme de son siècle qui a le plus fait valoir la portion de talent qu'il avait reçue de la nature et la portion de lumière et de goût qu'il avait acquise par le travail* (2);

______

(1) Réflexions diverses du chevalier de Bruix.

(2) Il semble de lire les calculs géométriques de M. de Piles et de M. de Mairan sur les différents degrés de mérite des peintres : en admettant comme ces deux académiciens le nombre 20 pour la perfection, les plus grands hommes, c'est-à-dire Homère, Virgile, Corneille, Racine, resteront assurément au nombre 19, parce que la perfection est incompatible avec un être fini ; or, malgré l'envie, les systêmes, les schismes littéraires, tout ce qui constitue le plus grand poète, imagination, coloris, vérité, style, sagesse, se trouve réuni dans le *Lutrin ;* M. Marmontel nous permettra donc

et moins occupé quelquefois du soin de trouver des

---

de placer Boileau au nombre 19 ; je ne parle pas de tant d'autres titres auxquels Despréaux peut prétendre le premier rang : parmi les beautés innombrables dont ses ouvrages fourmillent, on n'est en peine que du choix ; mais que M. Marmontel cite des vers de quelque poète que ce soit, qui caractérisent mieux toutes les qualités de la plus belle poésie que ces vers de l'épître au roi sur le passage du Rhin.

> Au pied du mont Adulle, entre mille roseaux,
> Le Rhin tranquille, et fier du progrès de ses eaux,
> Appuyé d'une main sur son urne penchante,
> Dormait au bruit flatteur de son onde naissante ;
> Lorsqu'un cri tout-à-coup suivi de mille cris,
> Vient d'un calme si doux retirer ses esprits ;
> Il se trouble, il regarde, et par-tout sur ses rivos
> Il voit fuir à grands pas ses Naïades craintives,
> Qui toutes accourant vers leur humide roi,
> Par un récit affreux redoublent son effroi ;
> Il apprend qu'un héros, conduit par la victoire,
> A, de ses bords fameux, flétri l'antique gloire ;
> Que Rhimberg et Wesel terrassés en deux jours
> D'un joug déjà prochain menacent tout son cours.
> Nous l'avons vu, dit l'une, affronter la tempête
> De cent foudres d'airain tournés contre sa tête.
> Il marche vers Tholus, et tes flots en courroux
> Auprès de sa fureur sont tranquilles et doux :
> Il a de Jupiter la taille et le visage ;
> Et depuis ce romain dont l'insolent passage,
> Sur un pont, en deux jours, trompa tous tes efforts,
> Jamais rien de si grand ne parut sur tes bords.

M. de Voltaire ne paraît pas être du sentiment de M. Marmontel au sujet de Boileau ; il le cite toujours avec nos plus grands écrivains : *nos Corneille, nos Racine, nos Despréaux.*

règles que des excuses, il ne veut pas qu'on soit obligé d'observer à la rigueur l'unité de lieu dans la tragédie.

Selon lui, *les sentiments de la nature sont plus touchants que ceux de l'amour; il ne faut point prendre à la lettre ces deux vers de Despréaux :*

> De cette passion la sensible peinture
> Est, pour aller au cœur, la route la plus sûre (1).

Et il n'y a point, sur le théâtre, d'amante qui nous intéresse au degré de Mérope : ce serait à la vérité un paradoxe à discuter ; on serait peut-être fondé à croire que le sentiment d'où peuvent naître les situations les plus touchantes, est celui auquel on ne sacrifie que trop souvent tous les autres ; que la nature a versé dans tous les cœurs les impressions actives de l'amour, au lieu qu'il faut avoir éprouvé le charme de l'amour paternel pour en être bien pénétré ; mais ces observations nous mèneraient trop loin : suivons M. Marmontel dans les éclaircissements qu'il nous donne sur les vers de Boileau et sur les ouvrages de ce grand homme.

> On peut être à-la-fois et pompeux et plaisant (2)
> Et je hais un sublime ennuyeux et pesant.....

---

(1) M. de Voltaire écrit aussi à M. Maffei que l'amour est la passion la plus théâtrale et la plus fertile en sentiment.

(2) Rien ne prouve mieux la vérité de ce vers de Boileau que la lecture de la Pucelle.

dit le poète législateur. De peur qu'on ne se trompe
sur l'étendue de cette maxime, M. Marmontel
avertit *de ne pas croire, sur l'éloge que Despréaux fait de l'Arioste, qu'on puisse mêler au
sublime de l'Epopée, l'insipide et froid badinage du poète italien :*

> Quel Sciocco, che del fatto non s'accorse,
> Per la polve cercando iva la testa.

Est-ce qu'on pourrait s'égarer d'après le précepte
de Boileau, dont les ouvrages sont remplis d'exemples qui servent à le développer ? Ne dirait-on pas
qu'il approuvait les excès du poète italien ? Qu'on
se rappèle les vers de l'Horace français.

> J'aime mieux Arioste et ses fables comiques ,
> Que ces auteurs toujours froids et mélancoliques ,
> Qui dans leur sombre humeur se croiraient faire affront,
> Si les graces jamais leur déridaient le front.

Boileau aime encore mieux les folies de l'Arioste
que ces ouvrages mélancoliques et pesants : aurait-il pu se tromper sur le choix des fleurs, dont
il est permis d'orner la tête altière de Calliope ?
Pour que l'observation de M. Marmontel eût été
juste, il aurait fallu que Despréaux eût dit :

> On peut être à-la-fois et pompeux et *bouffon.*

Et pourquoi croirait-on, sur *l'éloge que Despréaux fait de l'Arioste, qu'on puisse mêler
un insipide badinage au sublime de l'Epopée ?*

Quand il serait possible qu'on pût douter du sentiment de Boileau sur ce ridicule assemblage, il s'est expliqué trop formellement dans sa dissertation sur *Joconde*, pour qu'on puisse se permettre de commenter ses préceptes d'une manière aussi éloignée de leur sens.

Premièrement, dit-il, je ne vois pas par quelle licence Arioste a pu, dans un poëme héroïque et sérieux, mêler une fable et un conte de vieille, pour ainsi dire aussi burlesque qu'est l'histoire de Joconde. Je sais bien, d'après un grand critique, qu'il y a beaucoup de choses permises aux poètes et aux peintres ; qu'ils peuvent quelquefois donner carrière à leur imagination ; et qu'il ne faut pas toujours les resserrer dans les bornes de la raison étroite et rigoureuse : bien loin de leur vouloir ravir ce privilège, je le leur accorde pour eux et je le demande pour moi : ce n'est pas à dire toutefois qu'il leur soit permis de confondre toutes choses, de renfermer dans un même corps mille espèces différentes, aussi confuses que les rêveries d'un malade ; de mêler ensemble des choses incompatibles, etc.... Comme vous voyez, monsieur, Horace avait fait le procès à l'Arioste plus de mille ans avant qu'Arioste eût écrit....

On est surpris de voir qu'un homme comme M. Marmontel se serve de ces petits moyens pour travailler à détruire sourdement la réputation de

Boileau : on ne l'est pas moins de lire dans la poétique française :

C'est à propos de l'élévation d'ame et du noble désintéressement qu'exige le commerce des Muses, que Boileau remonte à l'origine de la poésie, et qu'il la fait voir pure et simple dans sa naissance, et dégradée dans la suite par l'avarice et la vénalité : tout ce morceau est habilement imité d'une Idylle de Saint-Géniez, comme tout ce qui regarde le choix d'un critique sévère et judicieux est imité d'Horace.

Comparons les deux morceaux : ô Saint-Géniez ! devais-tu t'attendre à sortir un jour de la poussière pour être mis en parallèle avec Despréaux !

JOANNIS SAN-GENESII
POEMA.

Sumptibus Augustini Courbé. Parisiis, 1654,
in-4°.

IDYLLIUM III.
Euterpe, sive de re Poeticá.

Tempus erat, densis penitus cum mersa tenebris
Gens humana feris paulum distaret, agrestis,
Inconsulta, ferox, expers virtutis, honorum
Non cupiens, non laudis amans, per inhospita tesqua
Per vastos, sine sede vagans, sine tegmine campos.
Tempore nos illo cæcis discussimus umbras
Ex animis : primi mores finxere poetæ,
Et mentes coluere rudes, præcepta que doctis
Mandavere libris : omnis monstratur ab illis
Cultus cœlicolum, et vivendi regula fluxit.
Quæ bona miratus divini muneris orbis,
More Deûm nostros venerans suspexit alumnos.
Fortunatus erat Parnassia culmina quisquis
Attigerat, via divitiis hæc certa patebat.
Hoc decoris cupidæ currebant tramite gentes.
Tempore captabant illo suffragia vatum
Magnanimi reges; res gestas carmine pandi
Omnibus optabant votis; Mavortia nusquam
Laurea, si nostræ non esset juncta, placebat.
Ducere bellorum Comites, testes que Poetas

Tunc in more fuit; sed et hi præconia magna
Relligione dabant ; qui nunc nolentibus ultra
Aversis que canunt, tum vix ac sæpe rogati
Supplicibus verbis, expectati que canebant.
Ars non vilis erat; non illo tempore quemquam
Aures obstreperi, tundi, sine voce Poetæ
Audisses questum ; recitabat carmina nemo
In triviis; parcâ prodibant edita venâ.
Verum hæc humanæ ratio est naturaque menti
Ut non usque situ consistere possit eodem.
Disciplina chori sensim est laxata, viâque
Deflexit, primo laudes mercede redemptas
Scripsit, et æternos nummis addixit honores.

. . . .
. . . .

ART POÉTIQUE DE BOILEAU.

Chant IV.

Avant que la raison, s'expliquant par la voix,
Eût instruit les humains, eût enseigné des lois,
Tous les hommes suivant la grossière nature,
Dispersés dans les bois, couraient à la pâture ;
La force tenait lieu de droit et d'équité,
Le meurtre s'exerçait avec impunité :
Mais du discours enfin l'harmonieuse adresse
De ces sauvages mœurs adoucit la rudesse,
Rassembla les humains dans les forêts épars,
Enferma les cités de murs et de remparts,
De l'aspect du supplice effraya l'insolence,
Et sous l'appui des lois mit la faible innocence.
Cet ordre fut, dit-on, le fruit des premiers vers.
De là sont nés ces bruits reçus dans l'univers,
Qu'aux accents dont Orphée emplit les monts de Thrace.
Les tigres amollis dépouillaient leur audace ;

Qu'aux accords d'Amphion les pierres se mouvaient,
Et sur les murs Thébains en ordre s'élevaient.
L'Harmonie en naissant produisit ces miracles.
Depuis , le Ciel en vers fit parler ses oracles :
Du sein d'un prêtre ému d'une divine horreur
Apollon par des vers exhala sa fureur.
Bientôt ressuscitant les héros des vieux âges ,
Homère aux grands exploits anima les courages ;
Hésiode à son tour par d'utiles leçons
Des champs trop paresseux vint hâter les moissons.
    En mille écrits fameux la Sagesse tracée
Fut à l'aide des vers aux mortels annoncée ,
Et par-tout , des esprits ses préceptes vainqueurs
Introduits par l'oreille entrèrent dans les cœurs.
Pour tant d'heureux bienfaits les Muses révérées
Furent d'un juste encens dans la Grèce honorées ,
Et leur art attirant le culte des mortels
A sa gloire en cent lieux vit dresser des autels ;
Mais enfin l'indigence amenant la bassesse ,
Le Parnasse oublia sa première noblesse ;
Un vil amour du gain infectant les esprits ,
De mensonges grossiers souilla tous les écrits ;
Et par-tout enfantant des ouvrages frivoles ,
Trafiqua du discours et vendit les paroles.
. . . .
. . . .
. . . .

Ne s'ensuit-il pas de cette comparaison, que
Saint-Géniez, dans ses vers prosaïques, pleins de
gallicismes , lâches, sans verve, sans élégance,
a parodié Ovide et Horace dans son *Art poétique*
et dans l'ode dixième du premier livre ? que Boi-

leau a embelli les deux poètes latins; que l'idée
principale des mauvais vers que je viens de citer,
est commune à tous les poètes; que presque tous
les anciens et les modernes l'ont eue, et qu'ils
n'ont pu ne pas l'avoir en parlant de l'origine et
du pouvoir soit de la poésie, soit de l'éloquence :
tout lecteur impartial conviendra que le rapport
n'est que dans le fond; que le mérite des détails, le
seul qui puisse être ici un objet de rivalité, appartient entièrement à Boileau, et qu'il faut être prévenu pour appeler cela *imiter*. On a peine à concevoir l'acharnement, si j'ose me servir de cette expression, avec lequel plusieurs écrivains essayent
d'arracher la couronne de ce grand homme : n'est-il
pas démontré que dans le chef-d'œuvre d'où nous
avons tiré ce passage, le poète français n'a pas
imité cent vingt vers d'Horace; qu'il est infiniment supérieur à son modèle, même lorsqu'il
s'en est approprié les idées; qu'il était impossible à
Boileau de ne pas traduire, si l'on veut, les préceptes d'Horace, parce que ces préceptes sont les
mêmes; que ce qu'il y a de plus sublime dans l'art
poétique de ce premier, sans nulle espèce de comparaison, tient à la langue et à la poésie française,
et que c'est là ce qui caractérise surtout le mérite
de cet ouvrage immortel : je pousse les choses plus
loin; quand même l'art poétique de Boileau, tel
qu'il est, serait traduit d'Horace, vers pour vers,
Boileau ne mériterait pas moins de s'asseoir à côté
de nos plus célèbres écrivains. Il faut être soi-même

un très-grand poète pour transmettre les beautés
d'une langue dans une autre. M. Marmontel l'a
quelquefois essayé ; il n'a pas toujours heureusement réussi ; deux vers d'une de ses tragédies nous
en offrent un exemple ; il avait aussi pour modèle
un des plus beaux passages d'Horace

Si fractus illabatur orbis,
Impavidum ferient ruinæ.

Voici comme M. Marmontel les traduit :

L'univers écroulé tomberait en éclats ,
Le choc de ses débris ne m'ébranlerait pas.

**Avouons et respectons nos maîtres ; lisons les vers
de Boileau, au lieu d'insulter à son génie ; tâchons
d'imiter les grands hommes, au moins par notre
modération : M. Marmontel a le droit de leur ressembler à tant d'autres égards que les préceptes de
ce même Boileau semblent le regarder plus particulièrement :**

Fuyez surtout , fuyez ces basses jalousies ,
Des vulgaires esprits malignes frénésies ;
Un sublime écrivain n'en peut être infecté ;
C'est un vice qui suit la médiocrité :
Du mérite éclatant cette sombre rivale
Contre lui chez les grands incessamment cabale ,
Et sur les pieds en vain tâchant de se hausser ,
Pour s'égaler à lui cherche à le rabaisser.
Ne descendons jamais dans ces lâches intrigues ;
N'allons point à l'honneur par de honteuses brigues.

Art poétique.

On avait cru jusqu'ici qu'après le siècle de Louis XIV, il restait peu de recherches et d'observations à faire en matière de goût : M. Marmontel *s'écartera cependant de la route que nous ont tracée les grands maîtres, parce qu'il vient après eux, parce qu'il a de plus qu'eux l'expérience de tous les temps qui se sont écoulés d'eux à lui, et que dans cet intervalle il compte pour beaucoup un demi-siècle de philosophie.* Quelle ressource pour la médiocrité de notre siècle que ce grand mot de philosophie qu'on lui attribue par excellence, et dont retentissent tous nos ouvrages modernes ! Aurions-nous donc de meilleurs philosophes qu'Horace, Cicéron, Plutarque, Boëce, Montagne, Molière, Lafontaine et tant d'autres ? Qu'on nous démontre qu'ils n'ont pas connu toute la bonne philosophie qu'il est possible de connaître : pourquoi vouloir jouer un rôle en dépit de la nature ? Pourquoi ne pas convenir de bonne foi que nous ne faisons plus que parodier ?

> Qu'il ne nous reste plus que des superficies,
> Des pointes, du jargon, de tristes facéties,
> Et qu'à force d'esprit et de petits talents,
> Dans peu nous pourrions bien n'avoir plus le bon sens.

Prenons notre parti : nous touchons à cette décadence que Quintilien déplorait ; la destruction des arts suit nécessairement la corruption des mœurs : c'est une vérité bien dure ; mais nous ne saurions nous la dissimuler : le philosophe gascon que je viens de nommer ne cessait de l'écrire :

La décadence des lettres s'annonce par les progrès et rafinements de l'esprit......

Jamais les romains n'écrivirent tant de sottises que lors de leur dépravation ; cet embesognement oisif naît de ce que chacun se prend lâchement à l'office de sa vacation et s'en débauche : la corruption entière du siècle se fait par la contribution particulière de chacun de nous : les uns y confèrent la trahison, les autres l'injustice, l'irreligion, l'avarice, la cruauté, selon qu'ils sont plus puissants : les plus faibles y apportent la sottise, la vanité, desquels je suis ; il semble que ce soit la saison des choses vaines quand les dommageables nous pressent.

Est-ce donc toujours un titre pour mieux voir que de venir après les autres ? L'auteur de la tragi-comédie de la Passion de Jésus-Christ n'est-il pas venu après les grecs et les romains ? L'empire des lettres éprouve les mêmes révolutions que les royaumes ; c'est le génie, le génie, qui nous manque ! La nature, avare de grands hommes, a brisé le moule ; cédons sans nous révolter à cette vicissitude nécessaire :

Nec species sua cuique manet, rerumque novatrix
Ex aliis alias reparat natura figuras.

Les temps de splendeur que nous regrettons ne peuvent revenir qu'après une longue suite de siècles, peut-être barbares. Philosophes modernes ! vos impuissants efforts ressemblent à ceux d'un enfant monté sur des échasses, pour persuader aux passants qu'il est d'une taille gigantesque.

La Poétique de M. Marmontel est divisée en deux parties; l'une contient *les idées élémentaires et les principes généraux;* l'autre en *fait l'application aux divers genres de poésie.* L'auteur entre en matière par une définition de cet art en général.

Ce premier chapitre contient les rapports de la poésie avec la musique et la peinture; ses avantages sur les autres arts y sont établis par des exemples généralement connus. On y voit qu'il y a des langues plus harmonieuses, plus sonores, plus nombreuses les unes que les autres; que les langues anciennes sont beaucoup plus propres à la poésie que les langues modernes; qu'on peut faire de la prose poétique, *que c'est le fonds des choses et non la forme des vers qui caractérise la poésie;* que la fiction est de l'essence de la poésie; mais que la nature est quelquefois assez belle pour être peinte sans ornement. Les témoignages de toute l'antiquité vièdent à l'appui de ces assertions sur lesquelles l'auteur a cependant jeté de l'intérêt par le brillant des images. *A présent,* s'écrie M. Marmontel, *quelle est la fin que la poésie se propose? il faut l'avouer, c'est le plaisir.* Castalvetro avait fait le même aveu après Aristote : *la Poesia sia stata trovata solamente per dilletlare e per ricreare.* Une définition de l'art termine ce chapitre qui ne nous a paru renfermer que ce qu'on peut

14

lire dans presque tous les auteurs qui ont parlé de la poésie : ici, M. Marmontel semble envisager et présenter ce bel art sous un point de vue nouveau : *l'idée qu'il attache à la poésie est donc celle d'une imitation en style harmonieux, tantôt fidèle, tantôt embellie de ce que la nature, dans le physique et dans le moral, peut avoir de plus capable d'affecter au gré du poète l'imagination et le sentiment* : observez que l'auteur a commencé ce chapitre par dire : *si je dis que la poésie est une peinture animée et parlante, je suis encore bien au-dessous de l'idée qu'on en doit avoir.* Ces deux définitions seraient-elles dissemblables, par la plus légère nuance, aux yeux de ceux qui connaissent la valeur des termes ? Qu'est-ce *qu'une imitation en style harmonieux ?* Aurium pictura : Qu'est-ce que *l'art de rendre et d'embellir ce que la nature, dans le physique et dans le moral, peut avoir de plus capable d'affecter au gré du poète l'imagination et le sentiment ?* Aurium pictura. La définition que M. Marmontel trouve insuffisante pourrait bien être la plus claire, et la plus heureusement exprimée ; tandis que l'autre ne semble qu'un entortillage, un travestissement *métaphysique.*

On a vu ce que c'est que la poésie : on va bientôt connaître quels sont les talents qui caractérisent un poète ; il faut savoir d'abord que les trois facultés de l'ame d'où dérivent tous les talents littéraires, sont l'esprit, l'imagination et le sentiment ;

que dans le poète c'est l'imagination et le sentiment qui dominent ; que toutes les qualités de l'esprit ne sont pas essentielles à tous les genres de poésie ; que l'esprit faux gâte tous les talents ; que l'esprit superficiel ne tire avantage d'aucun ; que la poésie sait prendre le style noble de l'histoire ; que chacune des qualités de l'esprit a son genre de poésie où elle domine ; que la comédie les exige presque toutes ; que la raison est la base de l'esprit ; que l'esprit philosophique, l'esprit poétique et l'esprit oratoire ne sont qu'un ; qu'il faut étudier la nature, etc., etc., etc. Après avoir établi toutes ces vérités, M. Marmontel nous apprend ce que c'est que l'imagination. Ces détails ne peuvent guère arrêter le lecteur le moins instruit ; mais il y trouvera une belle description de tempête, dans laquelle, cependant, M. Marmontel représente *des lames polies comme des glaces qui réfléchissent le feu des éclairs au milieu des vagues écumantes ;* ce qu'il est d'une impossibilité absolue que personne ait jamais vu sur la mer ; outre que des *lames polies comme des glaces qui réfléchissent des feux*, sont une image plus agréable que terrible. Peut-être paraîtrai-je bien difficile, mais lorsqu'on veut donner le précepte et l'exemple, il faut que *les pensées soient justes dans la plus exacte rigueur.*

L'auteur donne ensuite des règles pour secouer l'imagination, et ces règles aboutissent à prouver que plus on réfléchit sur un objet que l'on veut

14.

peindre, plus on apperçoit dans cet objet les détails et les accessoires dont il est susceptible.

Le second talent du poète, plus précieux encore
que l'imagination, est celui de s'oublier soi-même
et de se mettre à la place du personnage que l'on
veut peindre (1); il veut être cultivé surtout par
l'étude de la nature. M. Marmontel ne pense pas
qu'il faille avoir éprouvé les passions pour les
rendre avec vérité (2); cependant quelle étude plus
profonde de la nature que d'avoir soi-même éprouvé
les passions? c'est cet art de s'oublier soi-même que
l'auteur appèle l'enthousiasme.

Pour que le poète étudie avec fruit, il faut qu'il
connaisse *son art, ses talents, ses moyens, les
instruments dont il se sert et les matériaux qu'il
emploie.* On a parlé des principes de l'art et des
facultés qu'il exige; voici quels sont les moyens:
le premier est de découvrir si l'on est né poète.
M. Marmontel assure qu'il faut se consulter pour
le savoir : c'est cette étude de soi-même qu'il
appèle les moyens *personnels* (3), les moyens

---

(1) Ce n'est pas un portrait, une image semblable,
C'est un amant, un fils, un père véritable.

    Boileau, *Art poétique.*

(2) Mais pour mieux exprimer ces caprices heureux,
C'est peu d'être poète, il faut être amoureux. *Ibid.*

(3) Et consultez long-temps votre esprit et vos forces.

    Boileau, *Art poétique.*

étrangers (1) sont la langue et les matériaux ; l'instrument de la poésie c'est la langue ; la nature four-
nit les matériaux ; il faut donc étudier la nature,
et l'objet le plus intéressant qu'elle présente à
l'homme, c'est l'homme même (2) ; mais dans
l'homme, il y a plusieurs études, celle de la nature, celle de l'habitude et de la nature combi-
nées, ou, si l'on veut, *modifiées par les mœurs* (3).
Selon M. Marmontel, *il n'est pas mal-aisé de
distinguer en soi et en ses pareils, ce que le naturel y produit, de ce que la culture y trans-
plante ; il en donne pour preuve l'empresse-
ment, l'avidité avec laquelle la nature nous
fait saisir et applaudir dans nos spectacles, un
trait qui la décèle et qui l'exprime vivement.*

M. Gresset veut prouver la même chose dans
le Méchant, par des vers pleins de chaleur ; mais
la situation où il les emploie, exige que l'auteur
touche et non pas qu'il démontre :

Consultez, écoutez pour juges, pour oracles,
Les hommes rassemblés ; voyez à nos spectacles,

---

(1) Sans la langue, en un mot, l'auteur le plus divin
    Est toujours, quoiqu'il fasse, un méchant écrivain.
                    BOILEAU, *Art poétique.*

(2) Que la nature donc soit votre unique étude ;
    Quiconque voit bien l'homme et d'un esprit profond
    De tant de cœurs cachés a pénétré le fond.   *Ibid.*

(3) Des siècles, des pays étudiez les mœurs.   *Ibid.*

Quand on peint quelque trait de candeur, de bonté,
Où brille en tout son jour la tendre humanité,
Tous les cœurs sont remplis d'une volupté pure,
Et c'est là qu'on entend le cri de la nature.

Quoi qu'il en soit, il ne s'agit plus que de savoir si ces transports ne naissent pas (à bien des égards) de ce que la culture a transplanté dans nous : on conçoit aisément où cela nous mènerait ; ces sortes de discussions qui se multiplient dans la Poétique française, doivent embarrasser et souvent égarer les *commençants* pour lesquels elles ne semblent pas faites.

Après avoir étudié *le nud* dans l'homme moral, M. Marmontel veut qu'on s'instruise des différents *modes* que l'institution a pu donner à la nature : *du culte, des lois, de la discipline, des opinions, des usages, des diverses formes de gouvernement, de l'influence des mœurs sur les lois, de lois sur le sort des empires, de la constitution philosophique, morale, politique des différents peuples de la terre et de tout ce qui dans l'homme est naturel ou factice, du peuple, de la cour, de l'histoire naturelle, de l'astronomie, de l'agriculture, des mécaniques, de la navigation, de l'anatomie, de tous les arts de décoration et d'agrément ; les philosophes, les historiens, les orateurs, un poète doit tout savoir :* la vie de l'homme pourrait-elle suffire à tirer de ces immenses études d'autre profit que des notions superficielles ? Serait-il bien vrai que les grands poëtes ne l'auraient pas été sans avoir débrouillé ce chaos de connaissances ? M. Marmontel assure que notre siècle a l'exemple d'un génie qui a rempli *toute l'étendue* de ce plan ; on voit assez que la reconnaissance lui a dicté cette hyperbole ; heureusement pour nous, le génie dont il parle n'a pu fournir cette tâche incroyable dans *toute son étendue ;* et si M. de Voltaire avait voulu l'entreprendre, nous serions assurément privés d'un grand nombre de beaux ouvrages, desquels il n'aurait pas eu le loisir de s'occuper. Ne craignons pas de dire qu'il était aussi peu difficile que nécessaire d'imaginer ce chapitre, en ajoutant à une paraphrase de Boileau l'énumération de toutes les connaissances humaines.

Distinguons, *continue M. Marmontel*, dans le style poétique, ses qualités permanentes et ses modes accidentels ; ses qualités permanentes sont, la clarté (1), la précision (2), la justesse (3), la

---

(1) Et de son tour heureux imitez la clarté ;
    Si le sens dans vos vers tarde à se faire entendre,
    Mon esprit aussitôt commence à se détendre.

Boileau, Art poétique.

(2) Fuyez de ces auteurs l'abondance stérile,
    Et ne vous chargez point de détail inutile.   *Ibid.*

(3) La plupart emportés d'une fougue insensée,
    Toujours loin du droit sens vont chercher la pensée.
    Tout doit tendre au bon sens....   *Ibid.*

correction (1), la facilité (2), l'abondance (3), la richesse (4), l'élégance (5), le naturel (6), la décence (7), le coloris (8), l'harmonie (9).

Les modes accidentels sont : l'énergie (10), la véhémence (11), la naïveté (12), la délica-

---

(1) Surtout qu'en vós écrits la langue révérée
    Dans vos plus grands excès vous soit toujours sacrée.
      . . . . BOILEAU , *Art poétique.*

(2) Et les mots pour le dire arrivent aisément, etc. *Ibid.*

(3) Tout ce qu'on dit de trop est fade et rebutant, etc. *Ib.*

(4) Enfin Malherbe vint. . . . .
    Soyez riche et pompeux . . . . . . *Ibid.*

(5) En vain vous me frappez d'un son mélodieux,
    Si le terme est impropre, ou le tour vicieux. *Ibid.*

(6) . . . . Soyez simple avec art,
    Sublime sans orgueil, agréable sans fard. *Ibid.*

(7) Quoique vous écriviez, évitez la bassesse ;
    Le style le moins noble a pourtant sa noblesse. *Ibid.*

(8) Il faudrait copier l'Art poétique, où Boileau a pris tous les tons, où il a employé toutes les couleurs.

(9) Il est un heureux choix de mots harmonieux ;
    Fuyez des mauvais sons le concours odieux. *Ibid.*

(10) . . . .
    L'ode avec moins d'éclat et non moins d'énergie, etc. *Ibid.*

(11) Soyez vif et pressé dans vos narrations.
    Une heureuse chaleur anime ses discours. *Ibid.*

(12) Distingua le naïf du plat et du bouffon. *Ibid.*

tesse (1), l'élévation (2), la simplicité (3), la légèreté (4), la finesse (5), la gravité (6), la douceur (7), le coloris et l'harmonie (8); ôtez de la
division de M. Marmontel ces mots imposants de
qualités permanentes et de modes accidentels,
il ne restera exactement que les préceptes de Boileau, embellis dans ce dernier et appuyés de
l'exemple. C'est ainsi qu'on trouverait dans Epicure, Anacréon, Cicéron, Horace, Montagne,
Charon, Baile, Locke; etc., toute la philosophie
prétendue moderne, que les écrivains de ce siècle
n'ont fait que rhabiller en la défigurant presque
toujours; j'ajouterai que la distinction de ces *qualités permanentes* et de *ces modes accidentels*,

---

(1) Suivez pour la trouver Théocrite et Virgile.
. . . . BOILEAU, *Art poétique.*
. Telle qu'une Bergère . . . . *Ibid.*

(2) D'un air plus grand encore la poésie épique.   *Ibid.*

(3) Soyez simple avec art, etc. . . . .   *Ibid.*

(4) Tantôt comme une abeille . . . etc.
. . . .
Agréable indiscret . . . . *Ibid.*
. . . .

(5) Pourvu que sa finesse éclatant à propos.   *Ibid.*

(6) D'un ton un peu plus haut, mais pourtant sans
audace.   *Ibid.*

(7) Le madrigal plus noble . . . . *Ibid.*

(8) On a déjà cité Boileau sur le coloris et sur l'harmonie

pourrait encore devenir l'objet d'une discussion métaphysique.

Je ne suivrai point l'auteur dans le détail de chacune de ces *qualités ;* il faudrait mettre tout l'*art poétique* en notes, et la vérité nous oblige d'avouer qu'après un grand nombre de raisonnements plus abstraits qu'instructifs, on n'apprend rien de plus que les vers de Boileau. Passons à quelques applications des qualités du style : à propos de la simplicité, M. Marmontel censure M. Racine qui préférait l'image dans ces vers de la tragédie de Mithridate de son illustre père.

> Jusqu'ici la fortune et la victoire même
> Cachait mes cheveux blancs sous trente diadèmes.

A l'image de ces vers de Quinault :

> Je ne suis plus au temps d'une aimable jeunesse ;
>   Mais je suis roi, belle princesse,
> Et roi victorieux.

M. Racine n'avait-il pas raison de trouver une image poétique dans les expressions de son père, et de ne pas en voir dans celles de Quinault ? *Le critique aurait dû se souvenir,* continue M. Marmontel, que cette idée est rendue dans Quinault par une image assez belle.

> Faites grace à mon âge en faveur de ma gloire;
> La vieillesse sied bien sur un front couronné,
> Quand on y voit briller l'éclat de la victoire (1).

____

(1) Pourrait-on déterminer la composition d'un tableau d'après

Il me semble que d'après les lois rigoureuses de l'analyse, ce n'est point là la même idée ; les deux derniers vers de Quinault, qui, seuls, peuvent faire une espèce d'image, veulent dire le contraire de ceux de Racine, et renferment une pensée qui s'éloigne beaucoup de celle du premier vers : le héros de l'Opéra reconnaît que la vieillesse est un vice pour plaire ; il sent qu'il a besoin d'indulgence ; il commence par demander *grace*, et dans les deux derniers vers il fait de cette même vieillesse un accessoire de la beauté : *la vieillesse sied bien sur un front couronné où l'on voit briller l'éclat de la victoire ;* cependant il a voulu dire que l'éclat de la victoire effaçait ce que la vieillesse pouvait avoir de désagréable ; et c'est ce que Racine a rendu à la rigueur : *la fortune et la victoire cachaient mes cheveux blancs sous trente diadêmes.*

Il y a des détails intéressants qui sont perdus faute de moyens pour les embellir ; en voici un que M. Marmontel regrète : dans l'éclat des fêtes qu'on a données pour la convalescence du roi, il ne trouve *rien de plus beau que le tableau du peuple de Paris baisant la botte du courier qui lui rendait l'espérance, et embrassant les jambes du cheval qui portait ce même courier,* et un

---

ces vers ? L'éclat de la victoire est trop vague pour être pittoresque ; et comment représenter la vieillesse qui sied bien sur un front ? Le tableau est tout fait dans les vers de Racine.

savoyard partageant une chandelle en quatre, pour faire ainsi, selon ses moyens, une illumination sur les quatre coins de sa sellette. Mais ces objets, les bottes du courier, les jambes du cheval et la chandelle du savoyard, peuvent-ils ajouter du pathétique au tableau d'un peuple de citoyens dont le concours forme une barrière impénétrable sur les avenues de la capitale, qui attendent ce courier, qui s'opposent à son passage, qui se précipitent sur lui, comme si ce n'était qu'à eux qu'il dût rendre compte de la santé de leur père ; qui, dans le même instant, versent des larmes de douleur, d'incertitude et de joie ; dont les cris font retentir les temples et les places publiques, et qui, dans l'ivresse de leur bonheur, confondent leurs transports avec ceux des chefs de la nation, dont l'amour les a rapprochés ?

Ne présentez jamais de basses circonstances ;
Sur de trop vils objets c'est arrêter mes yeux.

Boileau.

Si M. Colardeau, dans son poëme du Patriotisme, avait peint un savoyard allant vendre ses haillons et sa sellette pour contribuer au rétablissement de la marine, aurait-il ému nos entrailles, comme il l'a fait par ces vers si touchants ?

Et le pauvre, sensible à la gloire commune,
Pour la première fois pleure son infortune ;

Malheureux seulement, sous ses toits ruinés
De ne posséder pas des biens qu'il eût donnés (1).

Ce chapitre du style est terminé par une petite pièce de vers français que M. Marmontel a traduite d'une idylle de *Kleist*, et cette traduction ne nous paraît pas devoir servir de modèle.

Le coloris, poursuit l'auteur, est l'art de peindre une idée avec des couleurs étrangères à son objet. Les images, d'abord introduites par le besoin, sont devenues, depuis, un ornement de luxe dans le langage. Les idées primitives peuvent se diviser en deux classes : les unes nous rendent les apparences du dehors ; les autres nous instruisent de ce qui se passe au dedans de nous : les impressions du dehors ont précédé la réflexion sur nous-mêmes ; ainsi, les noms des objets sensibles sont les termes des premiers besoins ; or, le besoin est le père des langues ; le langage qui peint à l'imagination a donc été le premier inventé : telle est l'origine des images. L'entendement humain a trois facultés bien distinctes : la raison, le sentiment et l'imagination ; la vérité toute nue suffit à

____

(1) *Il y a de la bassesse à trouver bas les détails de la pauvreté ; gardez-vous bien de les éviter par une fausse délicatesse, ou de les voiler pour les anoblir : il faut seulement avoir soin d'en écarter ce qui est dégoûtant* (M. Marmontel, Poétique française), comme des bottes, des chandelles, une sellette ; en suivant à la lettre ce précepte de M. Marmontel, il n'y aura de *détails perdus* pour nous, que ceux qui ne seront pas des pertes.

la raison; le style philosophique n'a besoin, à la
rigueur, que d'être simple, clair et précis; mais
la poésie et l'éloquence ont le sentiment à émouvoir, l'imagination à frapper. Il s'agit donc dans
ce chapitre, *non de vivifier l'Univers physique,
mais de peindre, de colorer, d'embellir l'Univers intellectuel.*

Faut-il s'étonner, continue M. Marmontel, *si
l'éloquence et la poésie ont eu recours à l'illusion des images? On a long-temps attribué les
figures du style oriental au climat; mais on a
trouvé des images aussi hardies dans les poésies
des Islandais, dans celles des anciens Ecossais
et dans les harangues des sauvages du Canada,
que dans celles des Persans et des Arabes;*
(c'est ce qu'il est, je crois, impossible de prouver)
*moins les peuples sont civilisés, plus leur langue
est figurée et sensible.* Il s'ensuivrait de là que
les poésies des Islandais, des anciens Ecossais, et
les harangues des Canadiens seraient beaucoup plus
remplies d'images et de figures que celles des Persans et des Arabes; car ces premiers peuples n'é-
taient assurément pas civilisés surtout comme les
Perses : il s'ensuivrait aussi que le langage des
Lapons serait beaucoup plus figuré que celui des
Orientaux; on ne saurait, je crois, soutenir que le
climat n'influe point sur la vivacité de l'imagination (1); dans les poésies des Islandais, des anciens

____

(1) *Tout homme n'est pas censé avoir présent à l'esprit*

Ecossais et dans les harangues des sauvages du Canada, « l'imagination ne fait que retracer les » objets qui ont frappé les sens ; dans les ouvrages » des Orientaux, leur imagination exaltée compose » elle-même des tableaux dont l'ensemble n'a point » de modèle dans la nature, et elle devient créa- » trice (1) ».

Comme il ne serait pas aisé de suivre M. Marmontel dans les règles qu'il détermine pour l'emploi des images, et que ces règles sont au génie, ce que la faible lueur d'une lampe est aux rayons du soleil, bornons-nous à remarquer que l'auteur n'est pas toujours exact dans ses applications : *il arrive souvent*, dit-il, *que dans une langue l'opinion attache du ridicule ou de la bassesse à des images qui, dans une autre langue, n'ont rien que de noble et de décent; la métaphore de ces deux beaux vers de Corneille*

> Sur les noires couleurs d'un si triste tableau,
> Il faut passer l'éponge et tirer le rideau.

n'aurait pas été soutenable chez les Romains, où l'éponge était un mot sale.

---

toutes sortes d'images; les productions, les accidents, les phénomènes de la nature diffèrent suivant les climats : M. Marmontel, Poétiqne française. Les productions, les accidents, les phénomènes de la nature exciteront, échaufferont, embelliront bien autrement l'imagination dans l'Orient, qu'en Ecosse, en Islande ou dans le Canada.

(1) M. Marmontel, Poétique française.

Le mot éponge n'était certainement pas plus *sale* chez les Romains que chez nous : Lucrèce l'emploie, au propre, dans des vers pleins de noblesse :

Seu plenam spongiam aquai
Si quis forte manu premere.

Martial n'a fait aucune difficulté de s'en servir ; mais ce qui détruit absolument l'opinion de M. Marmontel, c'est que les Romains employaient ce mot au sens figuré, comme Corneille : Suétone, en parlant des ouvrages d'Auguste, s'exprime ainsi : *Tragediam magno impetu exorsus, non succedente stilo abolevit : quærentibus que amicis, quidnam Ajax ageret? respondit, Ajacem suum in* spongiam *incubuisse.* On voit qu'Auguste n'étant pas content de sa tragédie d'Ajax, répond à ses amis qu'il avait passé l'éponge sur cet ouvrage. La phrase latine ne saurait présenter un autre sens, quoique l'empereur, par la tournure qu'il lui donne, ait voulu faire une espèce de *concetti*, en disant que son Ajax était tombé sur l'éponge, au lieu de tomber sur son épée ; action qui était sans doute le dénouement de sa pièce, suivant la tradition de l'histoire d'Ajax. Voilà donc le mot éponge employé dans la même acception que celle de Corneille, et par Auguste, qui se piquait de parler avec tant d'élégance.

Je ne crois pas devoir faire mention des chapitres qui traitent de l'harmonie du style, et du méca-

·nisme des vers ; nous osons dire que c'est un chaos de combinaisons, de détails abstraits, et de paradoxes hasardés sur le projet tant de fois discuté et peut-être impraticable, d'une prosodie française déterminée : le saphique, l'alcaïque, le phaleuce, l'asclépiade, le trachaïque, les épitrites, les poéans ne manqueront pas d'étonner, pour ne rien dire de plus, les *commençants*, les gens du monde et les femmes qui voudront s'instruire de la poésie française : huit jours d'une lecture agréable dans les poètes mêmes, avec l'indication la plus succincte, apprendront là-dessus tout ce qu'il est nécessaire de savoir : ceux qui auront besoin d'une méthode raisonnée pour faire des vers français, n'en feront jamais de bons ; quant aux personnes qui doivent se contenter du plaisir de les entendre, l'oreille et le sentiment, voilà leur quantité.

Pour inventer, M. Marmontel veut que *le poète, selon sa faiblesse, contemple la nature comme Dieu la voit :* le poète qui invente doit avoir sous les yeux ces deux vérités : *tout ce qui est possible n'est pas vraisemblable ; tout ce qui est vraisemblable n'est pas intéressant : la vraisemblance consiste à n'attribuer à la nature que des procédés conformes à ses lois et à ses facultés;* c'est-à-dire que la vraisemblance consiste dans la vraisemblance. *Celui qui découvre et saisit dans les objets ce que n'y voit pas le commun des hommes, celui-là est inventeur : l'histoire, la scène du monde donnent quelquefois les causes*

*sans effet et quelquefois les effets sans cause;
plus elle donne, moins elle laisse de gloire au
génie.* Ce sera cependant, continue l'auteur, un
mérite de reproduire la nature, de la rendre présente aux yeux de l'esprit, quoique le tissu des
évènements soit tel que la vérité dérobe à la fiction le mérite de l'ordonnance : si l'auteur de Rome
sauvée avait fait dire et penser à Catilina ce qu'il a
dit et pensé réellement, il n'aurait pas eu le mérite
de l'invention ; mais si, d'après un caractère connu,
il *invente* des idées, le sentiment, le langage qu'on
attribue à son héros, il est inventeur. On a tort de
refuser le titre de poème aux Géorgiques de Virgile et à la Pharsale de Lucain.... L'épopée suppose en général un génie plus élevé que la comédie, etc., etc., etc. Je demande si c'est à notre
siècle qu'on peut donner de pareilles instructions;
en serions-nous aux premiers éléments ? C'est pourtant en étendant tous ces principes par l'analyse de
la métaphysique, que M. Marmontel a porté jusqu'à trois volumes un ouvrage qu'il n'était plus
temps de faire, du moins sous cette forme didactique
et peut-être nécessairement diffuse : d'après mes
faibles lumières, j'imaginerais que deux cents
pages d'exemples indiqués avec choix et surtout sans
partialité, précédés et suivis d'une courte notice,
contiendraient tout ce qu'il est absolument utile de
savoir sur la poésie française.

M. Marmontel s'élève avec force contre ceux
qui veulent qu'on invente d'abord une fable et

qu'on l'adapte ensuite à des circonstances particulières des temps, des lieux et des personnes : *peut-on
vouloir réduire en méthode la marche de l'imagination*, s'écrie-t-il : tous ceux qui liront la Poétique
française seront en droit de lui faire le même reproche, à bien des égards; mais arrêtons-nous un
moment sur un passage qui mérite d'être remarqué.

Dans l'invention des sujets héroïques, dit-il,
*ce qui occupait le moins les anciens, est ce qui
doit nous occuper le plus; savoir, les mœurs et
les caractères; ils avaient pour mobile la volonté
des Dieux, la fatalité; or, avec de tels agents,
on n'a pas besoin que le malheureux qui en est
le jouet ou la victime ait un caractère décidé.
. . . . Quoi qu'il en soit, il n'y
a plus moyen de retourner sur les traces des anciens; il faut s'en tenir aux passions humaines.*

Si je ne copiais pas littéralement les paroles de
M. Marmontel, pourrait-on croire que ce que je
viens de citer ait été écrit par un homme célèbre ?
Les mœurs seraient-elles autre chose que les incli-
nations bonnes ou mauvaises, ces traits répandus
dont l'ensemble forme le caractère des personnages,
et qui, dans les moindres détails, doivent toujours
convenir à l'âge, à l'état, au lieu, à la tradition,
aux préjugés mêmes ? Où en sommes-nous donc ?
Quoi ! les poèmes des anciens n'ont *ni mœurs, ni
caractère* (1) ? Ulysse n'est pas prudent et rusé ?

____

(1) Un auteur dont la manière ressemble beaucoup à celle

Agamemnon n'est pas superbe ? Andromaque n'est pas tendre ? Achille n'a pas tout l'enthousiasme de la valeur ? Ce dernier et Patrocle ne sont pas des modèles d'amitié ? Priam, Hector, Ajax n'ont *ni mœurs, ni caractère?* Se serait-on abusé depuis tant de siècles que les noms de ces héros sont devenus des proverbes ? Les grands poètes, les grands orateurs de toutes les nations ont toujours été des juges prévenus ou insuffisants, lorsqu'il s'est agi de

---

de Chapelain, dit, il y a quelques années, dans le foyer de la comédie française, qu'en dépit du préjugé, les vers de Racine étaient faibles. Un autre, connu par quelques ouvrages, qui, à la vérité, ne sont rien moins que plaisants, m'a dit que si Molière paraissait aujourd'hui pour la première fois, ses pièces ne réussiraient point ; que notre siècle était bien autrement difficile ; qu'il exigeait plus de profondeur ; je lui représentai que rien n'était plus profond que le Misantrope et le Tartuffe ; que c'était là la véritable philosophie du théâtre ; que l'homme inimitable dont il parlait avec tant de *prestesse*, réunissait à la plus vaste connaissance du cœur humain, les talents d'Aristophane, de Plaute et de Térence ; que le *Médecin malgré lui* l'emportait assurément, en tant que comédie, sur la meilleure pièce de ce siècle sublime et philosophique, malgré l'élégance incroyable dont elle est écrite ; je parlais du Méchant : il finit par m'assurer que l'Avare était une de ces pièces à faire dans vingt-quatre heures, si l'on n'était pas sûr de tomber. Un autre enfin, dont les essais ont très-bien réussi, dit un jour, devant moi, à deux comédiens, qu'il n'y avait rien à apprendre dans Corneille pour un auteur tragique.

prononcer sur les poëmes des anciens. Il fallait sans
doute, malgré tant de suffrages réunis, qu'Homère,
pour mériter celui du dix - huitième siècle, fît de
chacun de ses personnages un professeur de métaphysique et de droit naturel. Est-ce parce que M. de
Voltaire a dit : *si l'on veut mettre, sans préjugé,*
l'Odyssée dans la balance avec le roman de l'A-
rioste, l'italien l'emporte à tous égards ? Encore
quelques siècles et on n'en fera peut-être pas de
comparaison (1). Est-ce parce que M. de Voltaire a
dit ce que je viens de rapporter, que M. Marmontel
ne trouve *ni mœurs, ni caractères* dans les poëmes
des anciens ? Quel est donc le poëme moderne où
la fable soit plus belle, où les caractères soient
mieux prononcés, plus intéressants, plus soutenus,
plus marqués aux traits du génie, que dans les
poëmes d'Homère ? où l'art des détails renferme
plus de beautés, où les moyens soient plus grands
et plus simples, où les situations soient plus touchantes, plus pittoresques ? où les images semblent
plus animées de tout le coloris de la peinture, et
de tous les charmes de l'imagination ? où le prestige
de l'éloquence soit employé avec plus de véhémence, de douceur et de sagesse ? Quel est ce
poëme où tout l'éclat de l'Epopée, enfin, brille

---

(1) Qui ne voit dans cette phrase que M. de Voltaire est
justement persuadé que la postérité ne mettra point l'Arioste
en parallèle avec lui?

àvec plus de splendeur ? Quant à l'Enéide, peut-on penser que le caractère d'Enée n'en soit pas un, quoique ce héros ne nous attache pas comme les héros du poète grec ? La volonté des Dieux est sans doute aussi le mobile de toutes les actions d'Enée ; mais sans cette volonté des Dieux, d'où naissent principalement le merveilleux de l'Enéide, et cet intérêt si adroit et si touchant pour les Romains de devoir à une cause divine l'établissement de leur empire ; sans cette volonté des Dieux, quand le projet de fonder une nouvelle Troie en Italie serait un projet purement humain, Enée aurait-il un caractère moins décidé, moins soutenu ? serait-il moins le modèle d'un bon prince, d'un sage législateur, d'un grand capitaine (1) ?

---

(1) Il est à remarquer cependant que dans les deux morceaux de l'Enéide qui attachent le plus par les événements, je veux dire l'épisode de Didon et le dernier livre, le lecteur n'est pas pour Enée ; une autre remarque qui n'est pas indigne d'attention, c'est que le même poème doit une de ses principales beautés au déshonneur de Didon, de cette belle reine qui se donna la mort pour ne pas épouser Iarbe dont elle ne pouvait éviter les poursuites, parce que la puissance de Carthage était encore naissante, et qui se poignarda sur un bûcher pour être fidèle aux mânes de Sichée : cette vertueuse princesse, qui ne devrait être connue que par sa fermeté, sa sagesse et sa constance, *ne l'est presque plus que par la faiblesse qu'il a plu à Virgile de lui donner ;* voilà comme les poètes font les réputations en dépit des historiens : Plutarque observe qu'il est dangereux d'encourir l'indigna-

Il en coûte de défendre une pareille cause : observons néanmoins que depuis dix ou douze ans, il semble qu'on ait pris à tâche d'ébranler la réputation de la plupart des grands hommes anciens et modernes, pour donner une consistance à notre petit siècle. M. de Voltaire paraît avoir sonné l'alarme en s'écartant quelquefois de ce précepte : *modeste tamen et circonspecto judicio de tantis viris pronuntiandum est* ; mais les prétentions de ceux qui veulent l'imiter, et souvent aller encore plus loin, n'en sont pas mieux fondées :

. . . .

Un amas de lauriers *rend Voltaire excusable ;*
Vous n'avez pas *le droit de faillir comme lui :*

---

tion de ces premiers ; il cite l'exemple de Minos que les Athéniens ont diffamé dans leurs pièces, pour se venger de la guerre cruelle que ce prince leur avait faite ; la recommandation d'Hésiode et les louanges d'Homère, ajoute-t-il, n'empêchèrent pas les poètes de la Grèce de prendre le dessus ; *ils lancèrent contre Minos des traits qui l'ont fait passer pour un prince cruel et inhumain.* Malgré les poètes dramatiques Grecs et l'opinion de Plutarque, nous avons cependant de Minos l'idée la plus avantageuse, supposé que Plutarque n'ait pas confondu deux Minos ; le poème épique laisse des impressions bien plus fortes et bien plus durables : il y a beaucoup plus de gens qui lisent, qu'il n'y en a qui fréquentent le spectacle ; l'épopée semble réunir d'ailleurs au pouvoir qu'elle a sur l'imagination des hommes, toute l'autorité de l'histoire.

Si l'on veut suivre M. Marmontel dans le cabinet de Corneille, il y fait voir comment ce grand
homme s'occupait du choix et de la disposition du
sujet d'Héraclius ; *comment il a développé cette
masse d'idées d'où naissent l'inquiétude, la terreur et la pitié* : d'où il résulte que si la tragédie
d'Héraclius n'était pas si bien faite, elle ne nous
intéresserait pas tant.

Pour éclairer le choix dans l'imitation, *on ne
cesse de dire aux arts*, dit M. Marmontel, *imitez la belle nature* : sans doute ; et quoiqu'en
dise l'auteur, après tant de modèles en tous les
genres, l'idée de ce principe n'est ni vague ni
abstraite, et ce n'est point *une énigme à deviner,
que l'accord des parties d'où résulte la beauté
du tout* : le beau, en poésie, est déterminé à tous
égards, et démontré au sentiment, si j'ose m'exprimer ainsi, avec autant de certitude qu'une vérité géométrique, est démontrée à la raison. Il n'est
plus temps de soumettre ces principes-là aux détails de l'analyse, et M. l'abbé le Bateux a bien
raison de dire : *la qualité de l'objet n'y fait
rien ; que ce soit un hydre, un avare, un faux
dévot, un Néron, dès qu'on les a présentés avec
tous les traits qui peuvent leur convenir, on a
peint la belle nature* ; or, la beauté des traits qui
peuvent leur convenir est déterminée d'une manière invariable, ou d'après des principes essentiels, ou d'après des conventions générales ; ensuite, que M. Marmontel mette en question *si l'ame*

d'un Néron est ce qu'on doit entendre par la belle nature; c'est, à ce qu'il me semble, jouer sur le mot; car si le *vrai seul est aimable*, si le vrai seul est beau, peindre l'ame d'un Néron avec les traits hideux qui doivent la caractériser, c'est assurément avoir rendu la belle nature, et lorsque M. Watelet, dont M. Marmontel cite l'autorité, a dit que la belle nature n'était pas la même dans un Faune que dans un Apollon; c'est avoir dit aussi que la belle nature n'est pas la même dans l'ame d'un Néron que dans celle de Titus; mais qu'on peut rendre la belle nature en peignant l'une ou l'autre indifféremment.

Je demande seulement, s'écrie M. Marmontel, *quels sont les traits qui conviènent à un bel arbre* (1); *pourquoi le peintre et le poète préfèrent le vieux chêne brisé par les vents, brûlé, mutilé par la foudre, au jeune orme dont les rameaux forment un si riant ombrage? Pourquoi l'arbre déraciné qui couvre la terre de ses débris, est plus précieux au peintre et au poète, que l'arbre qui dans sa vigueur fait l'ornement des bords qui l'ont vu naître.*

Il y a sans doute des traits qui conviènent à un

―――――――――――――

(1) L'arbre est *beau*, pour me servir des expressions de M. Marmontel, *lorsqu'il est bon, lorsqu'il est tel que l'exige sa destination;* j'entends sa *destination* propre, celle de tout être (l'existence); l'arbre est laid lorsqu'il est malade, maigre, faible.

bel arbre : je sais bien ce que les relations ajoutent à sa beauté ; mais tout homme qui entendra
le latin, sans analyser les causes de son admiration, dira que cet arbre peint par Virgile, est un
bel arbre :

> Altius ac penitus terræ defigitur arbos ,
> Æsculus in primis, quæ quantum vertice ad auras
> Æthereas, tantum radice in tartara tendit :
> Ergo non hyemes illam, non flabra neque imbres
> Convellunt; immota manet, multosque per annos
> Multa virum volvens durando sæcula vincit.
> Tum fortes late ramos, et brachia tendens
> Huc, illuc, media ipsa ingentem sustinet unbram.

Si ce qui est *bon* est *beau*, cet arbre a d'ailleurs
par lui-même une belle existence ; il est sain, ro-
buste , fait pour jouir de la création , (et qui nous
assurera qu'elle ne lui est d'aucun prix ?) pour en
remplir l'objet par la durée de son être , pour
résister aux accidents, pour les braver, pour re-
tarder par sa force l'instant de la destruction qui
est le point naturel d'imperfection relativement à
l'objet détruit. Quant au choix du peintre et du
poète, Rousseau aurait vraisemblablement préféré
le chêne brisé par les vents, brûlé et mutilé par
la foudre , dans cette strophe :

> Par les ravages du tonnerre
> Nous verrions nos champs moissonnés,
> Et des entrailles de la terre
> Les plus hauts monts déracinés . . . .

Et Chaulieu, le jeune orme, lorsqu'il dit :

Et que bientôt après, vainqueur de tant de charmes,
Sous un tilleul, au frais, je vins me réposer. . . . .
Cet arbre porte encor le tendre caractère
Des vers que j'y gravai pour l'aimable bergère.
Arbre, croissez, disais-je . . . . ,

si dans les deux positions différentes les deux poètes avaient voulu peindre des arbres.

Qu'il y ait des peintres ou des poètes qui préfèrent le terrible au gracieux, cela peut venir de l'attrait du caractère, de la pente du génie, *de ce que le plaisir augmente à mesure que l'art présente plus de difficultés, ou suppose plus de talent.*

Au reste, en cherchant le beau dans les rapports, il faudra toujours en venir aux relations dans la peinture de *l'arbre mutilé*, comme dans celle du *jeune orme* : le premier tableau inspirera l'effroi et la terreur; le second, les délices de la paix champêtre : voilà, je pense, quel sera le résultat de la décomposition; et lorsque, par l'analyse de ces différentes beautés, il ne restera plus que le moral réveillé ou rappelé par le physique, quel que soit alors le choix du peintre ou du poète, le spectateur ou le lecteur donnera certainement la préférence au *jeune orme*, s'il est vrai, comme on le verra d'après M. Marmontel, *que le tableau du printemps invite à des noces universelles, et celui de l'automne à des funérailles.* Le peintre ou le poète qui choisira, selon l'auteur, *l'arbre brûlé et mutilé*, préfère donc la destruction , le ravage et la mort aux charmes du repos et de la vie , puisqu'en réfléchissant il est forcé de faire abstraction de l'image , pour s'en approprier l'effet moral. On voit où de pareilles discussions peuvent entraîner; voilà le labyrinthe de l'analyse : laissons au sentiment l'enveloppe de cette illusion agréable et confuse qui en fait le prix et la douceur , surtout dans un art né au sein de la joie et des plaisirs, et destiné à les faire naître lui-même : les sévères regards d'Uranie troubleraient les jeux des amours et des graces.

Dans l'imitation de la belle nature, on distingue le vrai simple et le vrai idéal : *le vrai idéal*, dit M. Racine le fils, *rassemble des beautés que la nature a dispersées.* Maintenant, *à quel signe les reconnaître? où est le beau, où n'est-il pas?* demande M. Marmontel; *voilà le nœud qu'il fallait dénouer.* Mais pense-t-il l'avoir dénoué tout-à-fait lui-même, en disant avec Socrate : *ce qui est bon est beau ; la vertu est belle dans le même sens qu'elle est bonne...... La beauté des corps résulte aussi de cette forme qui constitue leur bonté, et dans toutes les circonstances de la vie, le même objet est constamment regardé comme beau et bon, lorsqu'il est tel que l'exige sa destination et son usage.* Voilà précisément, poursuit M. Marmontel, le point de réunion de la bonté et de la beauté poétique, *le parfait accord du moyen qu'on emploie, avec la fin qu'on se propose*; mais quelqu'un pourrait demander à son tour : par quelle règle reconnaîtrai-je, d'une manière absolue et incontestable, que je suis parvenu à ce point de réunion, à ce *parfait accord du moyen qu'on emploie avec la fin qu'on se propose*? Il en serait donc toujours à savoir où est le beau, où n'est-il pas?

La nature, soit dans le physique, soit dans le moral, est pour le poète, comme la palette du peintre, sur laquelle il n'y a point de laides couleurs. Voilà, je pense, ce que M. Marmontel a dit de mieux fondé pour ce qui regarde l'imitation du *beau*; le reste dépend du goût, de l'étude, de l'exemple, de la connaissance d'un petit nombre de qualités qui ne sont peut-être pas arbitraires, et des conventions : or, je ne vois pas qu'il fût nécessaire, pour nous éclairer sur le choix dans l'imitation, de remonter à ces deux principes, sur lesquels l'auteur semble avoir voulu rassembler toute notre attention, en les indiquant en gros caractères : *le rapport des objets avec nous-mêmes, l'intention du poète.* Qui ne sait pas que, sans *le rapport des objets avec nous-mêmes,* quelque éloigné qu'il soit, la poésie n'aurait point d'aliment? qui ne sait pas que l'intention du poète est d'intéresser et de plaire? Cependant, ce plaisir et cet intérêt, M. Marmontel les divise encore en *plaisir et intérêt de l'art, plaisir et intérêt de la chose;* et ces rapports, en *rapports de ressemblance et rapports d'influence,* comme si tout cela n'était pas conçu, pénétré, développé et senti depuis long-temps.

Voici, selon M. Marmontel, l'exemple d'un de ces *rapports d'influence* : quelles épines dans un art que le génie seul doit éclairer !

Qu'on se demande à soi-même d'où naît le plaisir délicat et vif que nous fait le tableau de la belle saison; qu'on se demande d'où naît l'impression de mélancolie que fait sur nous l'image de l'automne, lorsque les forêts et les champs se dépouillent; on trouvera que le prin-temps nous invite à des noces universelles, et l'automne à des funérailles.

Supposez que cela soit vrai pour quelques obser-vateurs ; il y en aura un grand nombre à qui ces rapports ne viendront point, et qui en trouveront d'autres suivant leurs affections particulières ; quel-ques – uns qui ne verront ces rapports, comme M. Marmontel, qu'à force d'avoir cherché à les voir; plusieurs qui trouveront celui du printemps et jamais celui de l'automne ; et la plupart, sans sortir du cercle de leurs sensations, attribueront *le plaisir que nous fait le tableau* du prin-temps, à l'effervescence du sang, naturelle dans cette saison, au résultat de la vue, de l'odorat, et j'ose presque dire du goût; ce que madame de Grafigny a si heureusement exprimé dans les lettres Péruviennes : » Si les beautés du ciel et de la terre » nous emportent loin de nous par un ravissement » involontaire ; celles des forêts nous y ramènent

» par un attrait intérieur et incompréhensible dont
» la seule nature a le secret : en entrant dans ces
» beaux lieux, un charme universel se répand dans
» tous les sens et confond leur usage : on croit voir
» la fraîcheur avant de la sentir : les différentes
» nuances de la couleur des feuilles adoucissent la
» lumière qui les pénètre , et semblent frapper le
» sentiment aussi-tôt que les yeux ; une odeur
» agréable, mais indéterminée, laisse à peine dis-
» cerner si elle affecte le goût ou l'odorat ; l'air
» même sans être apperçu , porte dans tout notre
» être une volupté pure qui semble nous donner
» un sens de plus, sans pouvoir en désigner l'or-
» gane. »

Ou je me trompe, ou c'est là la véritable métaphysique du génie et du sentiment : les poètes qui
verront comme madame de Grafigny, feront bien
d'autres vers que les observateurs de M. Marmontel; je comparerais volontiers ces derniers à
des peintres qui auraient les yeux de cette femme
de Lisbonne, dont la vue pénétrait les corps
opaques, et pour qui tous les objets étaient au
moins des objets de dégoût. Ces peintres auraient
beau faire, on verrait toujours le squélette prononcé, malgré tout l'art des carnations et du coloris.

*Comme l'intention du poète ne peut jamais
être de rebuter l'âme, ni de la laisser dans une
langueur insipide ; il doit éviter toute image
dégoûtante, tout détail froid et languissant;*

cependant M. Marmontel croit *que l'enthousiasme fait quelquefois oublier les excès du poète à force de préoccuper l'ame*, et que ces deux vers de Racine

. . . . Un horrible mélange
D'os et de chairs meurtris, et traînés dans la fange.

n'ont rien qui offense notre délicatesse, parce qu'un sentiment plus fort nous occupe dans ce moment.

S'il m'était permis de hasarder mon opinion sur un homme tel que Racine, je croirais pouvoir assurer avec plus de fondement, qu'il y a peu de personnes que ces deux vers ne révoltent : les détails de cet affreux tableau me paraissent trop prononcés ; et je ne sais comment on peut les lire sans une horreur mêlée de dégoût.

M. Marmontel nous apprend que l'enthousiasme a fait encore une impression plus forte sur l'ame de M. Vernet : *au milieu d'une tempête, sur un vaisseau prêt à périr, le capitaine,* dit-il, *a vu ce peintre célèbre, le crayon à la main, et qui, transporté de joie, ne cessait de dire : Ah ! que cela est beau !* Si M. Marmontel avait couru lui-même les dangers de la mer, il saurait qu'il est impossible de dessiner sur un vaisseau battu par une tempête assez violente pour le menacer d'un naufrage prochain ; tout ce qu'on peut faire est de ne pas tomber, en embrassant quelque point d'appui : où M. Vernet d'ailleurs aurait-il pu dessiner ?

dans la chambre ? il n'aurait distingué les objets
que d'une manière très-confuse. Sur le pont, sur le
gaillard? L'embarras des manœuvres l'en aurait
empêché : ce grand artiste aura sans doute profité
du moment d'une grosse mer pour en saisir les effets,
voilà *le vrai simple* : la tempête, le vaisseau prêt
à périr, les transports de joie et l'exclamation;
voilà le vrai idéal.

Pour donner une idée des *rapports qui déter-
minent le choix des objets*, M. Marmontel ajoute
à la description qu'on ferait d'un paysage riant et
agréable, les accessoires qui peuvent causer la plus
douce émotion, et à celle d'un désert affreux, tous
ceux qui peuvent causer le plus d'horreur. Ces deux
morceaux sont également remplis d'images poé-
tiques et d'intérêt : *à présent, de ces deux tableaux,
demande-t-il, quel est celui de la belle nature? tous
les deux me dira-t-on ; j'entends : le désert est
un beau désert ; le paysage est un beau paysage.*
On ne lui dira point cela si le paysage et le désert
ne sont pas beaux en eux-mêmes, et quoi qu'en
dise l'auteur, ils peuvent l'être ; mais on conviendra
qu'il a très-habilement profité de la circonstance ,
pour adapter à sa description les rapports les plus
touchants et les plus capables d'émouvoir. *Lorsqu'on lit,* continue-t-il, *dans Homère, que le
prêtre d'Apollon, à qui les Grecs avaient refusé
de rendre sa fille, s'en allait en silence le long
du rivage de la mer ; à la sensation profonde
que fera le vague de ce tableau, l'on dira que*

ce rivage est un beau rivage, que cette merest une belle mer; mais écartez l'image du père affligé qui s'en allait en silence : le reste du tableau n'est rien.

On ne dira point cela, parce qu'Homère n'a pas voulu faire un tableau : il se contente de dire que *Chrysès suivait en silence le rivage de la mer :* la mer, le rivage, ne sont donc ici que des accessoires qui ajoutent du sombre à la douleur de ce père infortuné : si Homère s'était arrêté sur les bords et qu'il eût voulu peindre, M. Marmontel aurait pu voir si le tableau avait besoin de Chrysès pour faire sensation; mais Homère avait trop de génie pour s'appesantir sur des détails que la circonstance aurait rendus nécessairement très-froids, principalement dans une exposition. Il me semble qu'on ne doit pas dénaturer ainsi les passages pour en faire des autorités.

Écoutons les anciens lorsqu'ils ont voulu détailler; consultons Virgile, par exemple, et voyons si la tempête du premier livre de l'Enéide sera une belle tempête, lorsque nous aurons dépouillé le tableau des rapports qui peuvent en augmenter l'horreur. Ne parlons ni de Junon, ni d'Éole, ni d'Énée, ni des Troyens; supposons que Virgile n'ait eu d'autre dessein que de peindre une tempête, et qu'il n'y ait personne dans les vaisseaux.

. . . . *ac venti, velut agmine facto,*

. . . . *terras turbine perflant.*

Incubuere mari, totum que à sedibus imis
Una Eurusque, Notusque ruunt, creberque procellis
Africus, et vastos volvunt ad littora fluctus.
Insequitur . . . . stridor que rudentûm.
Eripiunt subito nubes cælumque diemque :
. . . . Ponto nox incubat atra :
Intonuere Poli et crebris micat ignibus æther,
. . . .
. . . . stridens aquilone procella
Velum adversa ferit, fluctusque ad sidera tollit.
. . . . tum prora avertit, et undis
Dat latus : insequitur cumulo præruptus aquæ mons,
Hi summo in fluctu pendent : his unda dehiscens
Terram inter fluctus aperit : furit æstus arenis.

Les vents déchaînés s'élancent sur la terre et sur
la mer, y soulèvent la plus horrible tempête et
roulent vers le rivage les flots amoncelés ; le sif-
flement des cordages fait retentir les vaisseaux :
des nuages épais couvrent le ciel et le jour, et la
nuit se répand sur la surface de la mer : l'horison
est enflammé du feu des éclairs : les deux pôles
sont ébranlés par de longs éclats de tonnerre.....
la fureur des Aquilons augmente la tempête ; ils
semblent vouloir déchirer les voiles ; ils élèvent les
ondes jusqu'aux cieux : les vaisseaux renversés
prêtent le flanc aux vagues qui, comme des montagnes, paraissent vouloir les écraser ; ceux - ci
sont portés jusqu'aux nues sur le sommet des flots ;
ceux-là vont être engloutis dans les abîmes de la
terre, que les vents ont entrouverte au milieu des
ondes.

16.

Je ne dis point que ce tableau ne puisse amener des retours sur nous-mêmes, et par-là acquérir une nouvelle force; mais il est aisé, je crois, de faire abstraction de tout intérêt personnel, pour n'y voir que la nature rendue dans toute sa vérité, et pour être en droit d'assurer que cette tempête est belle en elle-même, indépendamment de tout accessoire et de toute relation : c'est ainsi que ces deux vers de Racine, isolés de cette manière,

> Cependant sur le dos de la plaine liquide,
> S'élève à gros bouillons une montagne humide :
> L'onde approche, se brise et vomit à nos yeux,
> Parmi des flots d'écume . . . . . .

seront toujours une belle peinture de la lame qui amoncèle les vagues, pour venir les briser sur le rivage parmi des flots d'écume, sans qu'il soit possible d'y voir autre chose. C'est ainsi qu'il ne serait pas difficile de montrer que la fontaine de Narcisse dans le troisième livre des Métamorphoses, la vallée de Tempé dans le premier, la maison de campagne de Pline dans ses lettres, les jardins d'Alcinoüs dans l'Odyssée, etc., seraient de très-beaux lieux en eux-mêmes.

M. Marmontel observe qu'*il arrive quelquefois qu'un bon mot détruit l'effet d'un tableau pathétique; le penchant de certains esprits de la plus vile espèce, de tourner tout en ridicule, est ce qui éloigne le plus un poète de cette simplicité sublime si difficile à saisir, et si facile à parodier; mais il faut avoir le courage d'é-crire pour les ames sensibles, sans nul égard pour cette malignité froide et basse qui cherche à rire où la nature invite à pleurer.* Sans vouloir pénétrer pourquoi l'auteur fait une sortie si vive, observons à notre tour qu'il faut aussi ne pas abuser de cette exhortation : il est plus aisé de prêter au ridicule dans ce qui est simple, que dans ce qui est extraordinaire, par la seule raison de l'amour des hommes pour le merveilleux; c'est au poète à éviter cet inconvénient. *Lorsque, pour la première fois, on exposa sur la scène le tableau des enfants d'Inès,* je pense, comme M. Marmontel, que *deux mauvais plaisants auraient suffi pour en détruire l'illusion :* on conseilla à Lamothe de retrancher cette scène; il fit très-bien de ne pas se rendre, car il n'y a peut-être rien de si touchant sur notre théâtre; mais je suppose que, dans l'endroit le plus attendrissant de cette scène si pathétique, un de ces enfants, qui ne prend aucune part à l'illusion, se mette à faire quelque grimace bien comique, on pourra rire sans être *infecté de cette basse et froide malignité;* et l'on rira même d'autant plus, qu'il y a une différence prodigieuse entre la situation où cet enfant vient de vous mettre, et celle où vous étiez auparavant. Il est donc très-dangereux, surtout au théâtre, de suivre la nature dans ses plus petits détails, et de faire dépendre le pathé-tique de certains accessoires qui peuvent toucher de près au ridicule ou à la bassesse ; de plus, la douleur que le poëte peint à son comble, incapable d'aucun soulagement, d'aucune distraction, ne saurait être absolument celle des spectateurs, par la raison que *le vrai idéal rassemble les beautés que la nature a dispersées.* Il faut donc que le poëte observe avec la plus grande attention de ne pas donner lieu à ce qu'on puisse être distrait de la situation où il vous a mis ; d'ailleurs, comme celui qui écoute est trompé presque volontairement, il est toujours prêt à être détrompé, et s'il l'est, ce sera la faute du poëte qui n'aura pas assez ménagé ce qui tient aux mœurs, aux usages, aux opinions, au caractère de la nation dont il cherche les suffrages.

Il y a dans les objets de l'imitation poétique, des beautés locales et des beautés universelles. M. Marmontel termine ce chapitre par établir cette distinction : il trouve qu'*Orosmane, dans la tragédie de Zaïre, a plus de délicatesse et de galanterie qu'il n'appartient à un sultan*; je ne sais pourquoi l'auteur croit qu'un sultan bien amoureux n'est pas susceptible de délicatesse, surtout de cette délicatesse d'Orosmane, étouffée, sur le moindre soupçon, par la fierté, la jalousie, et les impressions du despotisme; je ne vois pas non plus par quelle raison M. Marmontel assure que *nous manquons de couleurs pour tout exprimer, avec la vérité locale :* et Racine ? jugeons par le style inconcevable de ses tragédies s'il aurait eu l'art d'employer ces *cou-leurs*, supposé qu'il eût entrepris de mettre en vers français les Géorgiques, par exemple.

L'art d'accorder le vraisemblable et le merveilleux dans la fiction, est celui de *suivre le fil de nos idées et d'en observer les rapports; il y a dans notre manière de concevoir une vérité directe et une vérité réfléchie : l'une et l'autre est de sentiment, de perception ou d'opinion.* Attachons-nous à donner l'extrait élémentaire de ce chapitre avec la plus grande exactitude, et sans interrompre l'auteur.

La vérité de sentiment est l'expérience intime de ce qui se passe au dedans de nous-mêmes, et par réflexion, de ce qui doit se passer en général dans l'esprit et dans le cœur de l'homme. Cette vérité de sentiment est la même dans les hommes, parce que, dans tous les hommes, le fond de naturel se ressemble; que chacun de nous a, comme le poète, la faculté de se mettre à la place de son semblable, et s'y met réellement tant que dure l'illusion; de-là, cette docilité avec laquelle notre ame obéit aux mouvements de celle d'Ariane, de Mérope, d'Orosmane et de Brutus : notre ame et la leur ne font qu'une; ce sont des instruments organisés de même et montés à l'unisson : en lisant le discours qu'Armide tient à Renaud sur le bord de la mer, nous pensons comme Armide, nous agissons comme Armide, nous devenons Armide. La vraisemblance dans les choses de sentiment n'est donc que l'accord parfait du génie du poète avec l'ame du spectateur : or, il est clair que cet accord parfait ne saurait avoir lieu si le poète s'écarte de la route de la nature.

La vérité de perception est la réminiscence des impressions faites sur les sens, et par réflexion, la connaissance des choses sensibles, de leurs qualités communes, de leurs propriétés distinctives, de leurs rapports en général, soit entr'elles, soit avec nous-mêmes; en nous repliant sur cette foule d'idées qui nous viè{n}ent par toutes les voies, nous nous sommes fait un plan des procédés de la nature dans l'ordre physique : si la poésie opère, comme il nous semble qu'eût opéré la nature, elle sera dans la vérité.

La vérité, soit qu'elle ait pour objet l'existence ou l'action, ne peut rouler que sur des rapports de convenance et de proportion de la cause avec l'effet, des parties l'une avec l'autre, et de chacune avec le tout : il est donc aisé de voir dans le physique ce qui est vraisemblable et ce qui ne l'est pas.

L'opinion est tantôt sérieuse et de pleine croyance, tantôt reçue à plaisir et de simple adhésion ; mais quelque faible que soit le consentement qu'on y donne, il suffit à l'illusion du moment : un mensonge connu pour tel, mais transmis d'âge en âge, est dans la classe des faits authentiques : que ces faits soient d'accord avec l'opinion, cela suffit à leur vraisemblance ; mais il faut distinguer l'opinion d'avec la vérité historique, et les faits compris dans le tissu du poème, d'avec les faits supposés au-dehors.

L'opinion commune tient lieu de vraisemblance dans les faits supposés au-dehors de la fable ; mais il n'en est pas de même du témoignage de l'histoire, à moins que les faits qu'elle atteste ne soient vulgairement connus ; ce qui rentre dans la classe des récits d'opinion.

De quelque manière que les faits soient fondés, rien ne les dispense d'être vraisemblables, dès qu'ils sont employés dans l'intérêt de l'action ; il n'y a que les faits supposés au-dehors, auxquels l'opinion commune tient lieu de vraisemblance ; cependant *la chaîne des causes et des effets n'est pas si constamment visible, et le cercle des facultés de la nature n'est pas si marqué, que le vrai connu soit la limite du vrai possible*, et c'est par une extension de nos idées que la poésie s'élève du familier au merveilleux.

Dans la nature, tout est simple et facile pour elle ; tout est merveilleux pour nous. L'organisation d'un brin d'herbe est aussi prodigieuse que la formation du soleil ; mais l'habitude semble nous rendre familiers et communs ces mystères incompréhensibles ; lorsque la nature s'éloigne de ses procédés ordinaires, et qu'elle ne se ressemble plus, ses opérations inconnues deviennent des prodiges à nos yeux : *voilà donc dans la nature même une sorte de merveilleux connu sous le nom de prodige* ; si la feinte passe les moyens et les facultés que nous attribuons à la nature ; si elle emploie d'autres ressorts, d'autres mobiles que les siens, ce sera le merveilleux surnaturel et par excellence. *Il faut donc distinguer deux sortes de merveilleux, l'un en deçà, l'autre en delà des limites de la nature.*

Nous regardons comme un prodige ou comme une merveille de la nature, tout ce qui porte la marque d'une application particulière que la nature a mise à le former : si les moyens qu'elle emploie sont connus, il faut les déguiser pour en soutenir l'illusion : maintenant, quels sont les objets qui, dans la nature, sont mis au rang des prodiges? Le premier c'est la perfection ; le second tient de l'exagération des forces de la nature, des grandeurs, des facultés de l'être physique ; mais cela tient au merveilleux surnaturel : une sorte de prodige encore, *c'est la rencontre et le concours de certaines circonstances que le mouvement naturel des choses semble n'avoir jamais dû combiner ainsi, à moins d'une expresse intention de la cause qui les arrange.*

Le merveilleux hors de la nature n'est qu'une extension de ses forces et de ses lois : ce merveilleux surnaturel est tantôt l'image directe et simple, tantôt le voile symbolique et transparent de la vérité : dans le premier cas, c'est la fiction ; dans le second, c'est l'allégorie : la contemplation de la nature est l'origine de ce merveilleux : les hommes

virent autour d'eux une multitude de prodiges , ils
pensèrent qu'il devait y avoir au-dessus de ce qu'ils
voyaient , un principe de force et d'intelligence ;
cette cause universelle , ils la divisèrent en une multitude d'idées particulières dont l'imagination fit autant d'agents : delà les dieux, les démons, les génies ;
il a été facile de leur donner des sens plus parfaits,
des corps plus agiles , plus forts et plus grands que
les nôtres : il n'a pas été possible de proportionner
des ames à ces corps : *parce que je mesure bien le
firmament avec mes yeux , mais qu'avec ma
pensée , je ne mesure que ma pensée* A ce merveilleux surnaturel dans le physique , on ajouta
bientôt le merveilleux dans le moral , en réalisant
tous les êtres moraux.

Ce chapitre finit par des conseils sur la nature et
sur l'emploi de l'allégorie ; quelques personnes
ont prétendu qu'il contenait des idées neuves et
instructives ; qu'on le dépouille des détails métaphysiques et des applications , il en résultera que
*l'art d'employer le merveilleux est de le mêler
avec la nature , comme s'ils ne faisaient qu'un
seul ordre de choses , et comme s'ils n'avaient
qu'un mouvement commun.* Si ce n'est pas là ce
que je me permettrai d'appeler un principe rebattu ,
j'ignore ce qui n'en sera pas un : le merveilleux
est toujours pris dans la nature , parce qu'il ne saurait être pris ailleurs ; on aura beau tourner autour
du cercle et même s'en écarter , il faudra toujours
en revenir à ce point (la nature) : ensuite avec la

connaissance presque générale des proportions, des rapports, et des forces, on poussera ce merveilleux aussi loin que l'on voudra, sans jamais faire oublier sa source.

Le Discours poétique peut se réduire au monologue et à la scène; monologue, toutes les fois que celui qui parle n'est censé avoir ni interlocuteurs, ni témoins; scène, toutes les fois qu'il est entendu, ou qu'il est supposé l'être, soit qu'on l'écoute en silence, ou qu'on s'entretiène avec lui.

Que le monologue est dans la nature, qu'il y a des situations où l'homme s'entretient nécessairement tout seul, c'est ce qui n'a pas besoin d'exemples. Il me semble que tout ce morceau de *la poétique française* est diffus et vague, qu'il manque de liaison, rentre dans le chapitre du style, et peut rebuter le lecteur par le trop grand nombre de divisions et de détails recherchés. L'auteur, après avoir expliqué ce que c'est que le monologue et les qualités qu'il exige, distingue plusieurs sortes de discours, qu'il appèle, *définition, image et description*: il y ajoute la narration, et comprend ensuite la description dans cette dernière espèce. Les règles de la narration sont relatives aux convenances et à l'intention du poète, et les premières sont la clarté et la vraisemblance. M. Marmontel, peut-être trop scrupuleux, approfondit encore les différentes nuances de la clarté et de la vraisemblance; à propos de cette dernière qualié, il nous apprend que pour donner de la croyance aux choses extraordinaires qu'un poète fait faire aux personnages qu'il emploie, il faut aussi que ces personnages fassent des choses qui se passent tous les jours sous nos nos yeux (1) , afin que la persuasion se réfléchisse d'un fait sur l'autre; et sur-le-champ , abandonnant le sujet principal , pour des accessoires inutiles , il entre dans le détail de ces choses qui se passent tous les jours sous nos yeux, et donne des préceptes sur la manière d'employer *ces détails de la vie commune* : il passe ensuite à une troisième qualité de la narration , comme s'il l'avait établie d'abord; c'est l'*à-propos* : *une règle sûre pour éprouver si le récit vient à propos , est de se demander : si j'étais à la place de celui qui l'écoute, l'écouterais-je? est-ce là même , dans ce même instant, que ma situation , mon caractère, mes sentiments me détermineraient à le faire ?* comme si le sentiment ne prévenait pas cette demande ! L'auteur s'apperçoit alors que cela tient à une *qualité plus essentielle que l'à-propos : c'est l'intérêt.*

La narration purement épique, c'est-à-dire du poète à nous, n'a besoin d'être intéressante que pour nous-mêmes : elle peut même se passer d'instruire , pourvu qu'elle attache : une narration

---

(1) C'est comme si M. Marmontel disait qu'il faut que nous reconnaissions dans ces personnages nos semblables.

épique peut - elle attacher sans des caractères bien soutenus et bien contrastés? et ces caractères peuvent-ils être bien soutenus et bien contrastés, et ne pas instruire?

Dans le plaisir que la narration peut causer, *il faut distinguer trois plaisirs : plaisir de l'esprit, plaisir de l'imagination et plaisir du sentiment.* Le plus délicat de tous ces plaisirs, c'est celui qui tient au sentiment.

Jusqu'ici M. Marmontel *n'a considéré l'intérêt que du poète ou lecteur, et tel qu'il est dans l'Epopée ; mais dans le poème dramatique, il est relatif encore aux personnages qui sont en scène :* écoutez l'objection que l'auteur se fait à lui-même: *qu'importe, direz-vous, qu'un autre que moi s'intéresse au récit que j'entends ?* il importe beaucoup et on va le voir. M. Marmontel écrit-il pour des gens qui pourraient se faire une pareille question ? est-ce qu'il serait possible que le spectateur s'intéressât à un récit qui n'attacherait pas celui qui a le principal intérêt de l'entendre et de l'écouter? en vérité : on pourrait dire sans humeur que c'est là du remplissage.

Je ne suivrai pas l'auteur dans tous les détails *de style, de ton, de caractère, de convenance,* que doit avoir la narration, pour que celui qui raconte intéresse celui qui écoute. Le récit d'Egiste à Mérope, dans la situation où est ce prince infortuné; celui de Bérénice à Phénice, de Palamède à Oreste, d'Andromaque à Céphise, sont cités comme des modèles ; et celui de Théramène à Thésée, comme une faute impardonnable (1).

L'auteur passe ensuite à la description, cette partie si essentielle du discours poétique : il en présente tous les détails dans le jour le plus lumineux : ce morceau intéresse nécessairement par la manière dont il est traité.

Le goût, poursuit-il, *consiste à bien choisir, 1°. l'objet que l'on veut peindre ; 2°. le point de vue le plus favorable ; 3°. le moment le plus avantageux, si l'objet est changeant ou mobile ; 4°. les traits qui l'expriment le plus vivement tel qu'on a dessein de le faire voir ; 5°. les oppositions qui peuvent le rendre plus saillant et plus sensible encore.* Les morceaux de poésie dont l'auteur fait ici l'application sont, le discours de Cinna aux conjurés ; la sixième strophe de l'Ode à la Fortune, du grand Rousseau ; les cruautés qu'Hermione reproche à Pyrrhus dans un accès de jalousie ; l'assaut des faubourgs de Paris dans la Henriade ; l'effroyable tableau d'une mère qui égorge son fils, pour assouvir sa faim dans le même poème : un morceau du Dante, traduit par M. Watelet, dont la lecture fait frémir d'horreur ; et Henri le Grand sauvant un peuple rebelle et lui faisant donner du pain.

L'art des contrastes et des comparaisons ne mérite-

---

(1) Nous ne sommes pas, à bien des égards, de cette opinion là.

rait pas moins l'attention des lecteurs, dans un autre siècle que celui-ci. L'auteur prend les exemples de ces deux figures dans les ouvrages de M. de Voltaire, dont il emprunte presque toutes les citations.

La narration est donc un exposé de ce qu'on a vu ou entendu dire de curieux ou d'intéressant ; mais une communication plus intime, est celle qui exprime au dehors ce qui se passe au dedans de nous-mêmes : M. Marmontel compare cet attrait de multiplier ainsi notre âme, à celui de la réproduction physique : il indique par une foule d'exemples ce que c'est que cette *intention de persuader et d'émouvoir : son action*, dit-il, *se dirige au dehors : c'est l'âme qui agit sur d'autres âmes ; mais quelquefois aussi, celui qui parle ne veut que répandre et soulager son cœur : par exemple, lorsqu'Andromaque fait à Céphise le tableau du massacre de Troie, ou qu'elle lui retrace les adieux d'Hector, son dessein n'est pas de l'instruire, de la persuader, de l'émouvoir ; elle n'attend, ne veut rien d'elle.* Comment Andromaque intéressera-t-elle donc le spectateur, si elle ne veut ni instruire, ni persuader, ni émouvoir Céphise, ni solliciter le cœur de sa confidente à partager sa douleur et son indignation, à l'affermir dans ses desseins ; *si elle ne veut rien d'elle en un mot ?* Ici M. Marmontel oublie, à quelques égards, ce qu'il a dit plus haut ; que *l'intérêt des spectateurs n'est que celui des personnages* : or, si Andromaque n'a ob-

solument aucune des intentions que je viens de détailler , ni Céphise , ni les spectateurs ne s'intéresseront à elle : cependant ils prènent les uns et les autres , au sort de cette princesse , l'intérêt le plus tendre : Andromaque a donc voulu l'inspirer : mais voyons avec Racine , si la veuve d'Hector n'a d'*autre dessein* dans cette scène que *de répandre et soulager son cœur ;* et nous conviendrons , je crois , que les interlocuteurs y mettent tout en usage pour se persuader , et pour s'émouvoir.

Pyrrhus vient de presser Andromaque de lui donner la main , si elle ne veut pas que son fils soit livré à la fureur des Grecs ; et sur le refus de la reine , il la quitte , transporté d'amour et de rage :

> Songez-y ; je vous laisse, et je viendrai vous prendre
> Pour vous mener au temple, où ce fils doit m'attendre ;
> Et là vous me verrez, soumis ou furieux,
> Vous couronner, madame, ou le perdre à vos yeux.

Andromaque reste avec Céphise : la confidente tremble pour sa maîtresse et pour le jeune Astyanax : elle exhorte Andromaque à ne pas exposer une tête si chère , et à se rendre à l'amour de Pyrrhus :

> Madame, à votre époux c'est être assez fidéle ;
> Trop de vertu pourrait vous rendre criminelle .
> Lui-même il porterait votre ame à la douceur .

. . . .
>Ainsi le veut son fils que les Grecs vous ravissent :
>Pensez-vous qu'après tout ses mânes en rougissent,
>Qu'il méprisât, madame, un roi victorieux
>Qui vous fait remonter au rang de vos aïeux ?

que répond Andromaque aux conseils de Céphise ? elle lui fait le tableau le plus affreux des ravages et de l'embrâsement de Troie : elle lui représente Pyrrhus s'offrant à ses yeux couvert du sang de toute la famille de Priam :

>Enfin, voilà l'époux que tu veux me donner !

Veut-elle la persuader ? veut-elle l'émouvoir ? ou n'a-t-elle *aucun dessein* ?

Céphise ne se rebute pas : il semble qu'elle observe toutes les gradations de l'éloquence : elle met enfin en usage le motif le plus tendre et le plus puissant :

>Eh bien ! allons donc voir expirer votre fils ;
>On n'attend plus que vous...... Vous frémissez, madame !

La malheureuse Andromaque sent rouvrir toutes les plaies de son cœur ; elle voit que Céphise vient de lui porter les derniers coups :

>Ah ! de quel souvenir viens-tu frapper mon ame !
>Quoi ! Céphise, j'irais voir expirer encor
>Ce fils, ma seule joie, et l'image d'Hector ?

pourrais-tu le croire ? rappèle-toi ce jour affreux où mon cher Hector, en s'arrachant de mes bras pour aller combattre Achille, recommanda ce fils à ma tendresse :

(275)

S'il me perd, je prétends qu'il me retrouve en toi;
Si d'un heureux hymen la mémoire t'est chère,
Montre au fils à quel point tu chérissais le père.

Andromaque ne veut-elle pas *persuader* à Céphise qui vient de renouveler ses douleurs, combien elle est éloignée de concevoir l'affreux dessein de laisser immoler son fils :

Ce fils, sa seule joie et l'image d'Hector.

elle avoue que cette cruelle extrémité l'emporte
sur la juste horreur qu'elle a pour Pyrrhus :

Non, tu ne mourras point, je n'y puis consentir.

Sur quel fondement l'Auteur peut-il donc avancer,
qu'Andromaque n'a d'autre dessein que celui d'é-
pancher sa douleur ; tandis que tous les mouvements du cœur de cette princesse sont relatifs aux
conseils de sa confidente : concluons avec plus de
vraisemblance, qu'il n'y a point de dialogue de
cette espèce : toutes les fois qu'on veut *soulager*
et répandre *son cœur*, on veut aussi être consolé,
ou affermi, ou détourné, ou se justifier à ses propres yeux par l'adhésion d'autrui ; et on cherche
par conséquent à persuader et à émouvoir : je ne
dis pas qu'Andromaque n'ait eu le *dessein* que
M. Marmontel lui attribue; mais je dis qu'elle n'a
pu l'avoir exclusivement à tout autre.

Il ne me paraît pas que l'auteur ait plus de
raison d'assurer, en traitant du dialogue, que
l'entretien de Mélibée avec Tytire, dans la pre-

17.

mière des Bucoliques , *est coupé par un de ces propos alternatifs qui, détachés l'un de l'autre, ne se terminent à rien.*

MÉL. Tytire ! vous jouissez d'un plein repos :
TYT.   C'est un Dieu qui me l'a procuré.
MÉL. Quel est ce Dieu bienfaisant ?
TYT.   Insensé ! je comparais Rome à notre petite ville !

M. Marmontel trouve cette dernière phrase étrangère et décousue ; il voudrait que lorsque Mélibée demande : *quel est ce Dieu bienfaisant ?* Tytire répondît : *Je l'ai vu à Rome ce jeune héros pour qui nos autels fument douze fois l'an.* Quoi de plus heureux cependant que cette transition , dont les anciens connaissaient si bien l'art, comme l'abbé Desfontaines l'a observé dans des remarques pleines de goût et de raison ? La première réponse de Tytire,

> C'est un Dieu qui me l'a procuré.

réveille nécessairement en lui l'idée du séjour que ce *Dieu* remplit de sa gloire et de ses bienfaits, et où le berger, attiré au pied du trône par l'amour de la liberté, vient d'entendre les douces paroles de ce Dieu bienfaisant : encore frappé de ces objets si grands pour lui , il semble se parler à lui-même, et répond en même temps à Mélibée d'une manière détournée, mais qui lie néanmoins le dialogue en excitant la curiosité de ce dernier interlocuteur. Au reste, cela se sent, et ne s'analyse pas.

Je ne m'arrêterai point à parcourir avec l'auteur *les formes du dialogue et ses qualités* : c'est une matière épuisée et sur laquelle il serait inutile de revenir.

LA TRAGÉDIE.

Nous venons de faire connaître la première partie de la *Poétique française*; on a vu qu'elle contient, comme l'auteur l'avait annoncé lui-même, *les idées élémentaires et les principes généraux* : examinons dans la seconde l'application de ces principes aux différents genres, et commençons avec M. Marmontel par la tragédie.

L'homme est né timide et compatissant ; et comme il se voit dans ses semblables, il craint pour eux et pour lui-même les périls dont ils sont menacés; il s'attendrit sur leurs peines ; il s'afflige sur leurs malheurs ; et moins ces malheurs sont mérités, plus ils l'intéressent : l'émotion de la joie ne saurait durer sans s'affaiblir; l'admiration est un sentiment aussi court. Il n'y a donc que la terreur et la pitié dont le pathétique soit vif et durable (1), et qui puisse nous faire goûter le charme

---

(1) *Desir, effroi, pitié, amour, haine, tout cela porté aux derniers excès s'épuise bientôt : la violence d'une*

de la douleur : le double intérêt de la crainte et de
la pitié est donc l'ame et la base de la tragédie ;
*mais si la première règle est d'émouvoir les
spectateurs, la seconde est de ne les émouvoir
qu'autant qu'ils veulent être émus; cela dépend
du naturel et des mœurs du peuple : par le
degré de sensibilité qu'il apporte à ses spectacles, on jugera du degré de force qu'on peut
donner au tableau qu'on expose à ses yeux.*
Ce dernier principe de M. Marmontel, si nécessaire et si bien vu, nous jèterait dans une longue
contestation sur ce qu'il a dit plus haut ; que *si
les mœurs ne sont pas assez prononcées sur la
scène française, on ne doit pas s'en prendre
au goût de la nation, mais aux poètes.* Croi-
rions-nous que Corneille, Racine, Crébillon et
Voltaire n'ont pas su *mesurer le degré de force
qu'ils pouvaient donner à leurs tableaux, sur
le degré de sensibilité* dont la nation est susceptible ? Ces tragiques célèbres ont vu sans doute
qu'il s'en fallait bien que nous fussions Anglais,
et que plus notre sensibilité est aisée à émouvoir,
plus il serait facile et dangereux au poète de passer
les bornes. M. Marmontel pense-t-il qu'on puisse
témoigner plus de *sensibilité* qu'on n'en voit écla-

---

*tempête est un présage de sa fin ; les passions vives et courtes
sont donc les mobiles propres à animer le théâtre.*

Brumoi, Th. des Grecs.

ter à notre théâtre, lorsque mademoiselle Dumesnil, par exemple (1), tremble avec nous pour

---

(1) Dans ces moments délicieux, on ne conçoit d'autre
degré de sensibilité que de cesser de sentir : je n'ignore pas
néanmoins ce qu'on doit de l'impression à mademoiselle
Dumesnil : toujours l'organe de la nature, elle vous fait oublier l'actrice ; à sa voix, l'évènement le plus fabuleux devient une réalité : veut-elle exprimer le déchirement d'une
mère prête à voir égorger son fils ? elle fait passer dans votre
ame toute la douleur dont elle est pénétrée ; chacun en tremblant pour ce fils, frémit encore pour la mère ; et le premier
sentiment que vous éprouvez, ne vous ferait pas dire : qu'elle
peint avec vérité ! Mais vous vous écrieriez, en versant
des pleurs : voilà une mère bien tendre et bien malheureuse ! C'est Mérope, enfin, c'est Athalie, c'est Phèdre,
c'est Cléopâtre que vous voyez et qui vous parlent ; et ce
n'est jamais qu'à la fin de la scène, dans cet instant où le
plaisir, la douleur, les larmes et la joie vous arrachent des
applaudissements, que vous commencez à respirer en reconnaissant l'illusion et l'actrice.

Quelques personnes lui reprochent une trop grande fami-
liarité dans les détails ; mais qu'on me passe l'expression,
tout le monde a-t-il le droit de juger un acteur jusques dans
les nuances ? C'est au contraire dans ces détails si difficiles,
que ceux qui ont étudié le théâtre voyent la profonde connaissance que mademoiselle Dumesnil a de la déclamation :
c'est alors qu'elle prépare avec une justesse, une intelligence
et une finesse sans exemple, ces grands traits qui nous ravissent : écoutez attentivement chacun de ses vers, et vous
verrez qu'elle ne manque jamais l'intention du poète ; observez les gradations de son jeu, et vous y trouverez tout le

les jours d'Iphigénie qu'on vient arracher de ses
bras : s'il n'a pas vu couler des torrents de larmes,

---

prestige de l'éloquence ; elle est *inégale*, je le crois ; c'est
toujours son ame qui parle, et l'ame n'a pas un jeu factice ;
elle ne peut pas toujours se vaincre ; son irruption au-dehors
dépend quelquefois de certaines situations entièrement op-
posées à la convenance du moment ; et comme il est de l'essence de la sienne de s'affecter vivement, mademoiselle
Dumesnil ne peut connaître l'art de suppléer alors aux mouvements de la nature, par les ruses de la voix, des attitudes
et de tout l'échafaudage de la médiocrité. Que dans la conversation elle vous raconte le fait le plus vulgaire, elle vous
intéresse, elle vous attache, elle vous entraîne ; son ame
dispose toujours de la vôtre ; je ne crains point de vous le
dire : Jeunes actrices ! tâchez de l'imiter ; si vous êtes assez
heureuses pour l'atteindre, quelque talent que vous ayiez,
ne vous flattez jamais de la surpasser : voilà votre modèle,
étudiez-le, il ne changera point, c'est celui de la nature ;
n'hésitez pas de la consulter, elle ne vous égarera point ;
elle ne connaît pas la jalousie, parce que la jalousie est le
partage des faux talents ; déclamez, vous lui verrez répandre
des larmes aux accents enchanteurs de la vérité. Parmi
tous les moyens que l'envie sait mettre en usage contre le
mérite, on en a employé un assez adroit pour nuire à mademoiselle Dumesnil ; comme sa santé l'oblige à prendre souvent quelque liqueur chaude dans les entr'actes, on a profité
de cette circonstance pour répandre qu'elle n'était pas toujours de sang froid sur la scène : ce mensonge a eu quelque
croyance, parce que mademoiselle Dumesnil n'a pas essayé
de le détruire ; parce qu'elle n'a su mendier ni protecteurs,
ni protectrices, dont le nom, l'éclat et les agréments pûssent

s'il n'a pas entendu le cri de la douleur, et ces sanglots arrachés qui annoncent le déchirement de l'ame ; qu'il ne cesse de dire : poètes ! prononcez les objets, renforcez votre coloris, parlez aux yeux, on ne vous entend point ; mais notre *sensibilité* est épuisée où celle des Anglais commence ; c'est-à-dire lorsque la fille d'Agamemnon va au supplice, il ne nous reste plus que la crainte et l'espoir ; et l'appareil du bûcher, nécessaire peût-être pour ébranler les admirateurs de *Shakespear*, ne ferait que nous révolter, ou nous refroidir du moins, en réveillant notre ame de l'illusion dont elle a reçu tous les traits avec trop d'avidité pour n'en être pas accablée : sans m'appuyer d'un exemple récent, comme je pourrais le faire (1), observons qu'il semble que ce soit pour

---

en imposer à la calomnie et donner le ton à la voix publique ; parce que, supérieure aux basses ressources du manège, elle a la simplicité du génie, et ne saurait imaginer qu'on puisse travailler à sa réputation par d'autres ressorts que ceux du talent ; mais toutes les personnes qui ont vu mademoiselle Dumesnil chez elle, se sont bientôt apperçu qu'elle était aussi digne de l'estime et de l'attachement de ses amis dans la vie privée, que de notre admiration sur la scène ; elles ont aisément dissipé l'imposture, et le public, aujourd'hui désabusé, la venge tous les jours et de la méchanceté des calomniateurs et de ceux qui ont eu l'absurdité de les croire.

(1) Nous devons à cette envie de *prononcer les objets*, tous

nous que M. Marmontel a déjà dit, *que les peintures physiques ne feront sûrement pas autant
d'impression que les adieux d'Hector et d'Andromaque;* tenons-nous-en donc à la seconde règle
de l'auteur, *de n'émouvoir les spectateurs qu'autant qu'ils veulent être émus :* nous le sommes,
je crois, ce que nous pouvons l'être. Il n'y a point
de feu si violent, ni qui s'allume avec plus de rapidité que le feu de la poudre ; mais sa violence
même le consume et l'éteint aussitôt.

N'oublions pas qu'à peine avons-nous pu supporter la tragédie d'Atrée et Thieste, parce que
les mœurs y sont trop prononcées ; et que l'impression affreuse de cette pièce avait même donné
une sorte d'éloignement pour l'auteur : cependant
personne n'ignorait que Crébillon méritait sous
tous les rapports l'estime publique.

Qu'on rassemble toute la force des moyens les
plus extrêmes, et qu'on tâche de s'en servir pour
élever l'ame d'un peuple sensible à l'honneur ;

les abus de la soène, l'appareil de nos pièces à la mode, les
coups de théâtre, ces assassinats pittoresques, ces jeux de
salle d'armes, ces meurtres en attitudes, ces pantomimes
dignes des tréteaux, que les jeunes gens qui sortent du collège prènent pour les grands ressorts de la tragédie : la médiocrité a de tout temps employé ces sortes de subterfuges :
quelques avocats imbécilles faisaient peindre autrefois les malheurs de leurs clients, pour émouvoir la pitié des juges qu'ils
désespéraient d'ébranler par leur éloquence.

comme on pourra le faire par ces vers si simples
et si grands de situation ,

. . . . César ! prends-garde à toi :
    Ta mort est résolue , etc.

Qu'on rassemble l'appareil de toutes les calamités
humaines , pour nous émouvoir comme par ce
vers , ce seul vers, où le charme de tous les sentiments de la nature se trouve réuni à l'horreur
de la situation la plus tragique ,

    Frappez vos assassins ;
                    J'embrasse mes enfants.

Il ne faut que lire pour sentir que notre ame ne
suffirait pas à une plus grande émotion ; la scène
de Mahomet d'où j'emprunte ce beau vers , me
paraît être le modèle et les bornes du tragique
français.

De tout ce qu'Aristote a dit sur la tragédie ,
M. Marmontel conclut que la fatalité était absolument le dogme de la *tragédie ancienne* ; que
son but moral était de rendre l'homme *patient
par habitude et courageux par désespoir* (1) :

____

(1) Comme s'il était possible malgré tous les systêmes ,
que les passions eussent une marche déterminée ; ces anciens
étaient ce peuple qu'une musique terrible mettait en fureur,
ce peuple assez facile à émouvoir, pour que la danse des
Furies fît avorter les femmes enceintes : quelle apparence

l'effet du pathétique était mis en problême chez les anciens : Aristote veut que la tragédie guérisse les passions ; et Platon veut qu'elle les nourrisse, et les éveille au lieu de les éteindre ; mais ils s'accordent, *selon M. Marmontel, sur le but moral de la tragédie, de nous rendre insensibles à des évènements dont la douleur ne change pas le cours ; d'habituer notre ame aux impressions de la terreur et de la pitié ; et d'apprendre à l'homme, qu'il doit s'y attendre et s'y résoudre.* M. Marmontel examine ensuite si cette doctrine qu'il dit être exclusivement celle du théâtre ancien, s'accorde avec l'utilité morale : voici ses réflexions à ce sujet.

Il y a sans doute une crainte salutaire qu'il est bon d'exciter en nous : mais est-ce la crainte des évènements qu'il n'est pas en nous d'éviter ? la vue habituelle d'un spectacle où l'homme est l'aveugle jouet de la destinée (1), où le sentier de la vertu le conduit au crime, et celui de la

---

qu'ils ne fussent pas touchés lorsqu'on leur présentait des exemples même d'infortune et de vertu, par l'exemple même ? Que de gens pensent que tout est nécessaire ! Cependant ont-ils toujours ce principe devant les yeux ? Nous serions bien à plaindre, si nos passions ne l'emportaient pas sur notre entendement.

(1) Je ne sais si nos spectacles sont autre chose, toujours par la raison du docteur Pangloss.

prudence au malheur, où la vie humaine est
semée de pièges, d'écueils, d'abîmes inévitables : cette vue doit produire des effets opposés,
suivant les caractères : si elle agit sur des ames
faibles (et c'est le plus grand nombre), elle les
rendra inquiets, craintifs, pusillanimes (elle
pourrait faire bien d'autres effets) : si elle agit
sur des hommes naturellement courageux, elle
les rendra plus déterminés ; mais dans l'un et
l'autre cas, la persuasion de la fatalité conduit à l'abandon de soi-même : dès que tout est
nécessaire, la prudence est inutile : le crime et
la vertu se confondent : il n'y a plus ni devoirs,
ni mœurs : l'homme conduit au malheur par la
fatalité, est digne de compassion : alors c'est
contre les dieux qu'on s'intéresse à l'homme,
et le plaisir d'être compatissant, touche au danger de devenir impie ; ainsi la crainte qu'inspire la tragédie n'est pas celle du crime ; mais
celle du malheur : ce n'est pas cette crainte salutaire de nous-mêmes qui nous modère et nous
retient ; mais une crainte injurieuse pour les
dieux, qui nous consterne et nous décourage (1).

---

(1) Les modernes sans doute n'ont pas adopté cette doctrine aussi souvent que les anciens : Euripide laisse impunis
les crimes affreux qu'il fait commettre à Médée ; mais il ne
s'ensuit pas de là et de quelques autres exemples, que les anciens n'eussent point de but moral, comme on le verra bien-

Quels sont les crimes d'Œdipe, demande M. Marmontel ? *il est trop curieux, dit-on, puisqu'il tâche de découvrir la source des maux qui désolent Thèbes : la digne cause pour se trouver incestueux et parricide !*

Dire qu'Œdipe a mérité son sort par trop de curiosité, ce serait tomber dans un Océan de discussions qui sont du ressort de nos Théologiens: la destinée de ce malheureux prince n'a d'autre fondement que la fatalité ; puisqu'il ne cherche à pénétrer les secrets des dieux, que lorsqu'il est déjà incestueux et parricide; puisque tous les crimes dans lesquels il est entraîné, sont déjà commis, lorsqu'il envoie Créon consulter l'oracle d'Apollon sur les maux qui désolent la ville de Thèbes: sa curiosité ne saurait être la cause de ses malheurs ; car ses malheurs sont le motif de sa curiosité.

Du côté de la terreur, ce que les anciens appèlent la tragédie pathétique, n'était rien moins que moral : on aurait beau vouloir y démêler

---

tôt ; qu'ils n'ayent point effrayé le vice par des châtiments et encouragé la vertu par des récompenses ; et même, lorsque la contexture de la pièce ou la trop grande publicité d'un fait n'a pas permis aux poètes de punir le vice, ils n'ont pas moins fait connaître l'importance qu'ils attachaient à la moralité, en suppléant au châtiment par des imprécations ; c'est ainsi que dans l'Antigone, Tirésias menace Créon de la colère des Dieux et d'une vengeance exemplaire.

des exemples utiles aux mœurs : ce que Socrate , Platon, et Aristote lui-même (1) *n'y trouvaient pas, il est inutile de l'y chercher.*

Il n'y a pas uu mot dans toute cette assertion de M. Marmontel qui ne pût être mis en problême : que pourraient d'ailleurs toutes les autorités du monde contre le sentiment ? expliquons-nous par un exemple.

Clytemnestre est amoureuse d'Egiste : elle forme, avec son amant , le projet d'assassiner Agamemnon, lorsqu'il sera revenu du siège de Troie : ils le massacrent effectivement ; et l'adultère Egiste s'empare du trône de son cousin : Electre , fille d'Agamemnon , sauve le jeune Oreste , son frère , pour réserver un vengeur à ce malheureux roi : Oreste reparaît après vingt ans ; et animé par sa sœur qui partage avec lui le parricide , il tue sa mère et l'usurpateur : assurément, voilà de la terreur ; et dans cette terreur n'y a-t-il point de moralité (2)? sans doute on ne voit pas sans frémir

---

(1) *Je tâche de suivre le sentiment d'Aristote ,* disait le grand Corneille , *mais peut-être je l'entends à ma mode, je ne suis point jaloux qu'un autre l'entende à la sienne* ..... *Paul Beni ,* ajoute-t-il , *citait jusqu'à quinze opinions différentes sur le même passage de ce philosophe ,* qui paraît si clair aujourd'hui.

(2) Quelque système qu'on se soit fait, la plupart des hommes, dans ce moment là , sont entraînés par le sentiment ; et c'est du plus grand nombre qu'il s'agit : supposez que quel-

un fils et une fille plonger le poignard dans le sein de leur mère ; et malgré la précaution du poète, de faire dire à Oreste : *Hélas ! je n'ai pu l'immoler, qu'après m'être voilé de mes vête-ments ;* on ne voudrait pas voir punir le crime de Clytemnestre par un double parricide : n'y a-t-il rien de moral dans le châtiment affreux de cette reine coupable ? elle a massacré son époux pour couronner son amant : la mort la plus cruelle est le prix de ses forfaits : elle meurt de la main de son fils : cette horrible catastrophe n'a-t-elle pas de quoi effrayer le crime : n'y a-t-il rien de moral dans le désespoir continuel d'Electre sur la fin tragique de son père , et dans les sentiments de douleur et de barbarie que sa tendresse lui inspire ? n'y a-t-il rien de moral enfin , dans le châtiment d'Oreste poursuivi par les Euménides , parce qu'il est coupable d'un parricide ; mais dont le supplice doit avoir un terme, parce que Agamemnon as-sassiné , semblait l'exciter à cette cruelle ven-geance ?

---

ques-uns , au sortir du spectacle , cherchent de sang-froid à tirer quelque avantage de l'instruction morale , ce qui , je crois , est bien rare ; ils n'en trouveront d'aucune espèce ; ils ne deviendront pas même *patients par habitude* , ni *coura-geux par désespoir* , si le dogme de la fatalité les subjugue au point d'étouffer chez eux toutes les impulsions de la nature. Ces sortes de discussions ressemblent assez à celles des ca-suistes : heureusement, pour le plaisir , qu'elles ne changent rien au cours des choses.

A l'égard de la pitié, il est certain que moins le malheur est mérité, plus elle est naturelle et vive..... mais dans quel sens, demande M. Marmontel, *Aristote a-t-il entendu qu'un tel spectacle (la tragédie) purge la pitié par elle-même? Y a-t-il en elle un excès vicieux, et dont il soit à desirer que le théâtre nous corrige? Quel étrange et cruel dessein que d'affaiblir en nous la pitié ? La pitié ! Le plus doux lien dont la nature ait uni les hommes. Comment donc Aristote a-t il pu attribuer à la tragédie une pareille moralité?* Sans doute que la pitié peut avoir un excès vicieux, et dont il est à souhaiter que le théâtre nous corrige : c'est dans ce sens qu'Aristote l'entendait, et que le père Brumoy l'interprète, lui qu'on n'accusera point de n'avoir pas entendu Aristote.

« La pitié, dit le traducteur du théâtre des
» Grecs, qui n'est qu'un secret repli sur nous,
» à la vue des maux d'autrui dont nous pouvons
» être également les victimes, *a une liaison si
» étroite avec la crainte,* que ces deux passions
» sont inséparables dans les hommes que le besoin
» mutuel oblige de vivre dans la société civile : ....
» la crainte et la pitié sont les passions les plus
» dangereuses, comme elles sont les plus com-
» munes ; car si l'une et par conséquent l'autre,
» à cause de leur liaison, glace éternellement les
» hommes, il n'y a plus lieu à la fermeté d'ame
» nécessaire pour supporter les malheurs inévi-

18

» tables de la vie, et pour survivre à leur impres-
» sion trop souvent réitérée : c'est pour cela que
» la philosophie emploie tant d'art à *purger* l'une
» et l'autre, pour me servir du terme d'Aristote,
» *à dessein de conserver ce qu'elles ont d'utile*,
» *en écartant ce qu'elles peuvent avoir de per-*
» *nicieux*........ Comment donc précautionner
» l'homme contre des maux inévitables ? Comment
» le rendre sensible autant qu'il doit l'être ? com-
» ment le fortifier contre l'abattement où le jètent
» la crainte et la pitié ? *Les poètes tragiques de*
» *la Grèce leur apprènent à rendre leur sen-*
» *sibilité raisonnable, et à la renfermer dans*
» *de justes bornes.* »

La pitié ! la pitié, le plus doux lien dont
la nature ait uni les hommes. Cette exclamation
est sans doute pathétique et touchante ; mais les
cœurs sensibles n'éprouvent que trop combien
l'excès de la pitié leur est nuisible et nuit aux
autres : n'est-ce rien que d'affermir les ames,
lorsque la terre est couverte de malheureux (1) ;
et n'aurait-on pas rempli les plus tendres devoirs
de l'humanité, si l'on pouvait inspirer cette constance si nécessaire dans l'infortune ?

Quemcumque fortem videris, miserum neges.

dit Sénèque le tragique.

---

(1) Il y a si peu de gens, d'ailleurs, dont la pitié ne soit pas
humiliante, si peu avec qui vous puissiez goûter le charme

(291)

Mais voyons, continue l'auteur, *en quoi l'objet
de la tragédie a changé sur notre théâtre.
Pour nous, son utilité politique ne diffère point
de son utilité morale.... de toutes les leçons que
la tragédie avait à donner, le danger des passions est la plus générale et la plus importante :
la colère, la vengeance, l'ambition, la noire
envie, et surtout l'amour étendent leurs ravages
dans tous les états, dans toutes les classes de
la société. Ce sont là les vrais ennemis de l'ordre,
et ceux qu'il était le plus essentiel de nous faire
craindre par la peinture des forfaits et des
malheurs où ils peuvent nous entraîner ; puisqu'ils y ont entraîné des hommes souvent moins
faibles, plus sages et plus vertueux que nous :
c'est à quoi les Grecs n'ont pas même pensé :
s'ils ont mis l'amour au théâtre; ils l'ont fait
allumer par la colère de Venus, comme pour
ôter à l'exemple ce qu'il avait d'utile et de
moral.*

« Est-ce que les Grecs n'ont pas fait craindre,
comme nous, toutes ces passions ennemies des
hommes, *par la peinture des forfaits et des
malheurs où elles nous entraînent ?*

Après la mort d'Hercule, Euristhée dans la tragédie des Héraclides, veut exterminer le reste

---

de l'avoir inspirée, que leur pitié est le comble du malheur
pour une ame fière et tendre.

18.

d'un nom qu'il a en horreur : dans l'excès de sa colère implacable, il poursuit les enfants de ce héros, de climats en climats, et jusques dans Athènes où ils s'étaient réfugiés aux pieds d'un autel de Jupiter : les Athéniens s'arment pour la défense de ces jeunes princes : Euristhée est vaincu et pris : il eut beau représenter que son crime était celui de Junon qui l'avait animé à la vengeance : les Athéniens, qui ne se payaient pas plus de cette excuse-là, que nous, le condamnèrent à la mort (1). Il serait inutile d'analyser la morale de cette pièce.

L'amour incestueux de Phèdre ne présente-t-il pas un tableau aussi frappant *des forfaits et des malheurs où nous entraîne cette passion*, dans l'Hyppolite d'Euripide, que dans la Phèdre de Racine ? Quoique le poète français fasse *allumer cet amour par la colère de Vénus* aussi bien que le poète Grec, ôte-t-il à l'exemple ce qu'il peut avoir d'utile et de moral ? et lorsque Racine fait dire à Phèdre :

Les Dieux m'en sont témoins, ces Dieux qui dans mon flanc
Ont allumé le feu fatal à tout mon sang ;
Ces Dieux qui se sont fait une gloire cruelle,
De séduire le cœur d'une faible mortelle. . . . . .

---

(1) Pourquoi donc punir les fautes du Destin, et le ministre des vengeances d'une déesse ?

En nous attendrissant sur le sort de Phèdre , son crime ne nous inspire-t-il pas de l'horreur ? oui , sans doute ; et Racine a raison de dire lui-même, *que les passions ne sont présentées aux yeux dans cette pièce, que pour montrer tout le désordre dont elles sont cause.* On ne saurait m'objecter que nous ne sommes pas fatalistes comme les Grecs : si nous recevons dans la pièce française, le merveilleux de la mort d'Hyppolite, le secours de Neptune, le monstre et tous les détails fabuleux de cette tragédie, nous devenons Grecs dans le moment de l'illusion ; et si nous faisons abstraction de ce merveilleux pour approfondir le but moral, les Grecs pouvaient aussi le faire.

La tragédie d'Alceste ne fait-elle pas voir la tendresse conjugale , l'hospitalité, l'humanité récompensées ? Pourquoi donc avancer qu'il semble que les *Grecs évitaient avec soin le but moral que nous cherchons* ?

Je ne suivrai pas M. Marmontel plus loin dans son humeur contre les Grecs : on peut juger par ce que je viens de dire, si son système est aussi vraisemblable qu'il le croit.

L'auteur pense aussi que l'amour, tel qu'il est peint au théâtre français, en général, guérit plutôt de cette passion qu'il ne l'inspire : cette fameuse question a été agitée si long-temps, et par un si grand nombre d'écrivains, que vouloir la réveiller, ce serait répéter ce qu'ils ont dit : quoiqu'il en

soit, la nature même ne veut-elle pas que les impressions de l'amour, que le charme séduisant
de cette passion se grave dans nos ames avec des
traits bien plus puissants que l'horreur du crime,
lorsque ce crime est celui de l'amour, que le
cœur est toujours prêt à excuser malgré les cris
de la raison? Après la représentation de Zaïre,
je ne sais s'il y a une femme qui ne trouve
Orosmane plus tendre, plus à plaindre, qu'o-
dieux; l'idée de son crime s'efface plus aisément
que l'impression du motif qui le lui a fait commettre; cette impression dont Sénèque le tragique
dit :

Labitur totas furor in medullas,
Igne furtivo populante venas.

l'horreur qu'inspirent les excès de l'amour, peut-
elle faire cet effet victorieux et irrésistible? Jeunes
amants, qui écoutez ensemble la pièce charmante
dont je viens de parler ! c'est à vous de nous apprendre si vous ne sentez pas le feu circuler
dans vos veines, si votre cœur n'est pas ouvert
à tous les transports de l'amour; est-ce pour vous
avertir du danger des passions et de la jalousie,
que vos mains se touchent, que vos genoux se
pressent, que vos larmes cherchent à se confondre,
que vos regards enflammés se répètent mille fois les
douces paroles dont le poison enchanteur semble
préparé pour vous? Ah ! vous craignez déjà que
des témoins fâcheux n'attribuent pas tant d'émo-

tion à l'erreur de la Scène : bientôt délivrés de leur présence, donnerez-vous donc ce moment fortuné à la raison que vous venez de perdre ?

La prééminence de notre théâtre sur celui des Grecs occupe une grande partie de ce chapitre : des divisions multipliées, des préceptes sur la fable, sur les mœurs, sur leurs espèces, sur leurs qualités, des répétitions, un ordre qui n'est pas toujours clair, en rendent la lecture moins agréable que celle des autres ouvrages du même auteur. M. Marmontel le termine par les *trois unités* et par quelques réflexions sur le dénouement: il persiste toujours à regarder le changement de lieu, non seulement *comme une licence permise*, mais il va même jusqu'à nier que ce soit une licence, parce que, dit-il, l'entr'acte est comme une absence des acteurs et des spectateurs : pour favoriser ce changement de lieu, il voudrait qu'on baissât la toile à chaque acte (1). *Nous ne sommes*

---

(1) Il serait à craindre que cela même ne nous avertît qu'on va changer de décoration, et que les acteurs sont derrière la scène ; ce qui est assurément voir les cordes de la machine : quant aux spectateurs, je ne crois pas possible qu'ils veuillent bien se supposer absents : on ne se commande point l'illusion ; d'ailleurs les vers qui devront nécessairement indiquer ce changement de lieu, vous avertiront d'une manière trop positive que vous n'étiez pas là un quart d'heure auparavant : pourquoi multiplier les difficultés de l'illusion ? L'unité de lieu les applanit presque toutes ; je sens qu'elle a

*présents à l'action qu'en idée (1), et comme il
n'en coûte rien de se transporter de Paris au
Capitole dès le premier acte, il en coûte encore moins dans l'intervalle du premier au second, de passer du Capitole dans la maison
de Brutus.* Ecoutons maintenant le père Brumoy :

« Homère n'étant que narrateur, pouvait faire
» voyager l'imagination avec ses héros, et changer
» la scène sans dépayser les acteurs : rien n'eût
» été plus facile aux poètes tragiques et à Eschyle,
» leur modèle, que de suivre un héros, tantôt
» dans le cabinet où il médite ses entreprises,
» tantôt dans une plaine où il combat; mais cela
» était-il dans la nature? non sans doute : le spec-
» tateur peut aider à se tromper sur la durée
» plus ou moins grande d'une action, pourvu
» qu'elle ne passe pas certaines bornes, et que
» les intervalles soient adroitement ménagés ; mais
» il ne saurait s'abuser assez grossièrement sur le
» lieu de la scène, pour s'imaginer qu'il passe
» d'une plaine à un palais et d'une ville dans une
» autre; tandis qu'il se voit enfermé dans un lieu
» déterminé, où il lui en a déjà coûté pour être

---

ses obstacles; le génie les a vaincus, c'est au génie à les
vaincre encore.

(1) Que chacun se consulte et qu'il se dise, s'il ne se croit
pas transporté *en personne* au milieu des Romains : je parle
de ceux qui vont au spectacle pour jouir de la tragédie.

» transporté : le changement de décoration est
» une puérilité que le bon sens désavoue. »

Il n'y a personne qui n'ait éprouvé combien
l'illusion est plus douce lorsque le spectateur n'est
pas obligé de se déplacer : c'est l'avertir à tout
moment qu'on le trompe, que de le faire voyager
à chaque acte. Il est bien moins difficile de le
tromper une fois que plusieurs (1).

Ce que M. Marmontel dit sur le dénouement
est conforme à ce qu'on peut lire dans tous les
auteurs qui ont traité de l'art dramatique ; cependant il assure qu'on peut écrire des volumes sur
cet art ; mais il finit par convenir que la nature
et le théâtre sont, pour l'homme de génie, des
livres qui les contiènent tous, et je crois qu'il a
raison.

Que le lecteur compare ce chapitre de la Poétique avec le discours que le père Brumoy a mis
à la tête du *Théâtre des Grecs.* Quel ordre !
quelle précision ! quelle clarté ! quelle justesse de
vues dans l'ouvrage du savant jésuite ! avec quelle
facilité on en retient la substance, après l'avoir
lu ! Il ne me paraît pas que celui de M. Marmontel mérite les mêmes éloges.

----

(1) *Toutes les nations commencent à regarder comme
barbares les temps où cette pratique était ignorée des plus
grands génies, tels que Lopes de Véga et Shakespear ; elles
avouent l'obligation qu'elles nous ont de les avoir tirées de*

L'ÉPOPÉE.

L'épopée, continue M. Marmontel, est une tragédie dont l'action se passe dans l'imagination du lecteur ; ainsi tout ce qui, dans la tragédie, est présent aux yeux, doit être présenté à l'esprit dans l'épopée. Le poème épique l'emporte sur la tragédie du côté de la grandeur et de la magnificence du spectacle, du côté de l'étendue et de la durée de l'action, du côté de l'abondance et de la variété des incidents et des peintures : elle a encore un autre avantage, c'est l'espace de temps qu'elle peut donner à une action. Dans la tragédie, il faut que tous les incidents soient tirés du fond même du sujet : dans le poème épique, on est libre de faire intervenir le ciel, l'enfer, la nature entière : la tragédie est obligée de commencer dans le fort de l'action, et assez près du dénouement pour laisser dans l'avant-scène tout ce qui suppose de longs intervalles ; au lieu que dans l'épopée, la chaîne de l'action étant plus longue, les incidents peuvent l'orner, et l'enrichir de mille couleurs différentes.

Tous ces principes-là sont incontestables ; voici

---

cette barbarie : faut-il qu'un français se serve aujourd'hui de tout son esprit pour nous y ramener ? VOLTAIRE, *des* TroisUnités.

une définition qui me paraît plus neuve : *la tra-gédie, en un mot, est un torrent qui brise ou franchit les obstacles ; l'épopée est un fleuve majestueux qui suit sa pente, mais dont la course vagabonde se prolonge par mille détours* (1).

La tragédie l'emporte donc sur l'épopée par la rapidité, la chaleur, le pathétique de l'action ; mais l'épopée l'emporte sur la tragédie par la variété, la richesse, la grandeur et la majesté.

Tout sujet qui convient à l'épopée doit convenir à la tragédie ; mais tout sujet qui convient à la tragédie, ne convient pas à l'épopée : Aristote pensait que *l'épopée ne diffère de la tragédie que par l'étendue, et la forme de ses vers* ; il en donne pour exemple, d'un côté, le sujet de l'Odyssée, dénué de ses épisodes, et tel qu'Homère l'eût conçu, s'il eût voulu le mettre au théâtre ; et de l'autre, le sujet d'Iphigénie en Tauride, avant d'être accommodé au théâtre. M. Marmontel ne pense pas qu'on doive tirer d'autre conséquence de cette comparaison, sinon que tel sujet de tragédie peut convenir à l'épopée ; mais que nécessairement tout sujet d'épopée convient à la tragédie.

L'action de l'épopée doit être mémorable et

---

(1) *Le fleuve de l'épopée* devient aussi quelquefois *ce torrent* qui brise ou franchit les obstacles.

importante ; mais il ne faut pas qu'elle soit fondée sur des opinions particulières à certains peuples. Le poëte se condamne à voir tomber toute la grandeur de son sujet, avec ces mêmes opinions. Le sujet de l'Énéide, selon l'auteur, est en général *ridicule et révoltant : qu'un héros échappe à la ruine de sa patrie, avec un petit nombre de ses concitoyens, surmonte tous les obstacles pour aller donner une patrie nouvelle à ses malheureux compagnons, rien de plus intéressant, rien de plus noble ; mais que, par un caprice du destin, il lui soit ordonné d'aller s'établir dans un tel coin de la terre plutôt que dans un autre ; de trahir une reine qui s'est livrée à lui et qui l'a comblé de biens, pour aller enlever à un jeune prince une femme qui lui est promise ; voilà ce qui pouvait intéresser les dévots de la cour d'Auguste, et flatter un peuple enivré de sa fabuleuse origine ; mais ce qui ne peut nous paraître que ridicule et révoltant.*

Je conviens que Virgile a rendu Turnus beaucoup trop intéressant : comme il peint surtout ce prince, lorsque Camille, à la tête des Volsques, s'avance vers Laurente ! comme il le peint dans son palais, la veille du jour qu'il doit combattre Énée, et dans le fort du dernier choc, au moment qu'on emporte le roi des Troyens blessé ! Les traits que Virgile emploie, les couleurs brillantes dont il se sert, font une impression si vive, qu'elle rend chère à l'ame l'image du malheureux Turnus : il était si aisé de le rendre odieux et redoutable comme Mézence, sans qu'Énée en fût moins grand; mais avec quel soin le poète n'a-t-il pas évité de faire déclarer Lavinie pour le prince des Rutules? Quoiqu'elle lui soit promise, elle ne joue aucun rôle dans l'Énéide ; elle paraît très-rarement sur la scène, et toujours timide, les yeux baissés, comme une jeune princesse sage et modeste qui attend le sort que l'intérêt de l'état lui réserve, et dont le cœur et la main doivent être, sans choix et sans regret, le prix de la victoire.

Au reste, que ce voyage soit un projet d'Énée, qu'il soit un ordre du destin, pourvu que de ces deux causes différentes il en résulte des incidents qui vous attachent, des beautés, des exemples de vertu et de faiblesse, des faits grands et mémorables, le poëme n'en sera pas moins moral. *Les dévots de la cour d'Auguste* pouvaient ne voir dans les amours d'Énée que les arrêts du ciel; mais ceux des Romains qui étaient faits pour lire et pour goûter l'Énéide, et qui ne croyaient pas plus que nous à tous les dieux de l'Olympe, comme nous en avons mille preuves, ne voyaient dans Vénus que la volupté, la mollesse, animées et divinisées pour le charme de la poésie ; ils ne voyaient dans l'épisode de Didon qu'un prince, un héros qui paye le tribut à l'humanité, et se laisse vaincre par l'attrait des passions : Énée leur paraissait ensuite aussi grand que Henri IV l'est à nos yeux, lorsqu'il s'arrache des bras de l'amour pour revoler aux combats.

On a prétendu que l'épopée tirait son importance de la qualité des personnages : il est certain que la querelle d'Agamemnon et d'Achille n'aurait rien d'intéressant, si elle se passait entre deux soldats, parce que les suites n'en seraient pas les mêmes ; mais qu'un plébéien comme Marius, qu'un homme privé comme Cromwel, Fernand Cortez, exécute de grandes choses, soit pour le bonheur ou pour le malheur de l'humanité, son action aura toute l'importance qu'exige la dignité de l'épopée.

Cela veut-il dire autre chose, sinon que *l'épopée tire son importance de la qualité des personnages?* Assurément *le plébéien Marius* et *l'homme privé Cromwel* étaient des personnages très-qualifiés, et l'auteur joue ici sur le mot.

On veut, poursuit-il, que l'objet principal soit un intérêt public, et il est vrai que l'action en a plus d'importance ; *mais je ne pense pas qu'on en doive faire une règle à l'epopée, non plus qu'à la tragédie.* L'objet principal de la tragédie peut être un intérêt particulier ; ses bornes sont trop étroites pour qu'on ne puisse pas les remplir sans en employer un autre ; mais dans l'épopée, il faut nécessairement *un intérêt principal qui puisse avoir de grandes suites,* des incidents de la plus grande importance, des rapports vastes

et étendus qui embrassent de grandes choses :
d'après ces principes de l'auteur, il serait bien
difficile *que ce fils*, qu'il propose pour sujet,
*dont le père gémirait dans les fers, et qui ten-
terait, pour le délivrer, tout ce que la nature,
la vertu, la valeur et la piété peuvent entreprendre de courageux et de pénible*, pût jamais
fournir à l'étendue, à la grandeur, à la majesté
de l'épopée, si les tentatives de ce héros n'étaient
fondées sur un grand intérêt, sur un intérêt
public.

Sans doute qu'*il peut être avantageux d'introduire des épisodes pris dans la classe des
hommes obscurs* : les incidents de cette espèce,
dont M. Marmontel donne des exemples, et beaucoup d'autres, peuvent être annoblis sans que le
pathétique en soit altéré ; mais il ne s'ensuit pas
de là qu'*un poème où l'humanité se présenterait
sous des formes si touchantes, pût fort bien se
passer de ce qu'on appèle le merveilleux* : nous
sommes encore à savoir si ces *formes touchantes*
fourniraient autre chose que des accessoires intéressants, et si elles pourraient suffire à la vaste
machine de l'épopée, qui demande peut-être un
grand ressort.

M. Marmontel veut que *l'action principale se
termine à une moralité dont elle soit le développement* : *plus cette vérité morale*, dit-il, *a
de poids, plus la fable a d'importance. La
grandeur et l'importance de l'action de l'épopée*

dépend de la grandeur et de l'importance de l'exemple : dans les exemples vertueux, les principes, les moyens, la fin, tout doit être noble et digne : la vertu n'admet rien de bas : dans les exemples vicieux, un mélange de force et de faiblesse, loin de dégrader le tableau, ne fait que le rendre plus naturel et plus frappant : que d'un intérêt puissant, naissent des divisions cruelles, on a dû s'y attendre, et l'exemple est infructueux; mais que l'infidélité d'une femme et l'imprudence d'un jeune insensé dépeuplent la Grèce, et embrâsent la Phrygie (1); cet incendie allumé par une étincelle, inspire une crainte salutaire, et l'exemple instruit en étonnant.

Cette femme est l'épouse du fils d'Atrée : le ravisseur est un prince Troyen ; ce n'est pas seulement une *infidélité* et une *imprudence* qui dépeuplent la Grèce et la Phrygie : cet intérêt particulier ne pouvait que devenir un grand intérêt, un intérêt général, et qui ne tire pas seulement son importance de l'action, mais de la qualité des personnages ; on devait donc *s'attendre* aux divisions cruelles qui en furent les suites ; l'exemple n'étonne point et *devrait être infructueux* d'après ce que M. Marmontel a dit plus haut.

____

(1) L'importance des personnages mettait cet intérêt dans la classe de ceux qui peuvent *avoir de grandes suites*, selon les expressions de l'auteur.

Mais si le pouvoir de la fatalité *ôte à l'exemple ce qu'il pouvait avoir de moral*, comme l'auteur l'a prétendu en parlant de la tragédie, l'Iliade ne saurait *inspirer une crainte salutaire, et l'exemple n'a rien d'instructif; car l'infidélité d'une femme, l'imprudence d'un jeune insensé* ne sont pas plus la source de l'action et de tous les incidents de l'Iliade, que les causes secondes mises en jeu par la fatalité ne le sont de l'intérêt des tragédies grèques. La destinée est la base des poèmes d'Homère, comme des pièces d'Euripide :

Non tibi Tyndaridis facies invisa Lacenœ
Culpatusve Paris , verum inclementia Divûm
Has evertit opes , sternit que a Culmine Trojam.

É N É I D.

Il faudrait donc avouer que la fatalité n'ôte point à l'exemple ce qu'il peut avoir de moral dans les tragédies grèques; ou qu'on a eu tort d'avancer que l'Iliade inspirait une crainte salutaire, et contenait un exemple instructif (1).

La composition de l'épopée embrasse trois objets principaux : le plan, les caractères et le

------

(1) Il va paraître une traduction de ce poème en vers français, par M. de Sivri, dans laquelle nous aurons le plaisir de voir Homère tont entier, et ses beautés transmises dans notre langue, par un poète qui possède si bien celle des Grecs.

*style : on distingue dans le plan, l'exposition,
le nœud et le dénouement : dans les caractères,
les passions et la morale : dans le style, les
qualités relatives aux sujets, aux personnages...
l'exposition a trois parties : le début, l'invocation et l'avant-scène.*

M. Marmontel ne croit pas, comme M. Racine
le fils, que l'invocation soit essentielle à l'épopée ;
*parce qu'une action toute naturelle peut être
digne de l'épopée, le poète alors n'a pas besoin
qu'une muse la lui révèle ;* et que Lucain n'a
pas commencé la Pharsale par une invocation :
il nous reste à savoir si une action *toute* naturelle
est digne de l'épopée, et si la Pharsale est un
poème épique.

*Le nœud de l'intrigue a été jusqu'ici la partie
la plus négligée du poème épique : on a osé
perfectionner la tragédie, en se détachant de
Sophocle et d'Euripide ; mais on a craint d'a-
bandonner les traces d'Homère et de Virgile.
Cependant quoi de plus fautif que l'intrigue
des poèmes anciens ? L'Iliade a deux espèces
de nœud, la division des dieux qui est froide
et choquante ; et celle des chefs qui ne fait
qu'une situation. La colère d'Achille prolonge
ce tissu de périls et de combats qui forme l'action de l'Iliade (1) ; mais cette colère toute fa-*

-----

(1) On ne saurait se lasser d'admirer dans Homère l'art
avec lequel il détermine Achille à combattre, sans altérer le

tale qu'elle est, ne se manifeste que par l'ab-
sence d'Achille, et les passions n'agissent sur
nous que par le développement : l'amour et la
douleur d'Andromaque ne produisent qu'un
intérêt momentané ; presque tout le reste du
poème se passe en assauts et en batailles, ta-
bleaux qui ne frappent guères que l'imagina-
tion, et dont l'intérêt ne va pas jusqu'à l'ame (1) :
le plan de l'Odyssée et celui de l'Enéide sont
plus variés ; mais comment les situations y
sont-elles amenées ? un coup de vent fait un
épisode : les aventures d'Ulysse et d'Enée res-
semblent aussi peu à une tragédie que les voyages
d'Ansson.

Ne croirait-on pas, qu'on me pardonne l'expression, entendre le *persiflage* d'un petit-maître
au théâtre ? Personne ne verra sans étonnement
la légèreté (2) avec laquelle M. Marmontel donne

---

caractère de ce héros ; la mort de Patrocle était peut-
être le seul *grand* moyen que le poète pût employer pour
vaincre, d'une manière satisfaisante, l'inébranlable résolution
d'Achille.

(1) Cet intérêt va jusqu'à l'ame de ceux qui sont sensibles
à la gloire des combats ; cette gloire qui élève d'autant plus
l'ame, que la nature a attaché plus de prix à la conservation
de soi-même.

(2) J'entends celle de l'expression : *Je hasarderai quelque
chose sur cinquante ans de travail pour la scène*, disait modestement le Grand Corneille.

19

ses paradoxes pour des préceptes ; comme il dispose à son gré de toute l'antiquité ; comme il se
joue de la réputation des anciens ; comme il fait
servir indifféremment leurs ouvrages, d'autorité,
ou de point d'imperfection, selon que l'exemple
peut venir à l'appui de ses systêmes : l'auteur
construit, au commencement de ce chapitre, le
plan d'un poème, sur la fable d'Iphigénie en
Tauride : il fait voyager Oreste : ce héros s'em-
barque avec son ami : il parcourt toute la mer
Egée : il voit *Scyros où l'on avait caché le
jeune Achille* : il voit *Lemnos où Philoctète
avait été abandonné* : il voit *Lesbos où les Grecs
avaient commencé de signaler leur vengeance,*
il voit *l'Hellespont, la Propontide* ; et de toutes
ces vues, devraient naître une intrigue, des incidents, des évènements et un intérêt sans exemple :
quelle carrière, s'écrie l'auteur, *pour le génie
du poète ! et si le petit voyage d'Ulysse et d'Enée,*
que M. Marmontel trouve alors plus intéressant
que *les voyages d'Ansson, est traversé par
tant d'obstacles* (1), *quelles ressources n'a pas
ici le poète pour varier celui d'Oreste ?*

M. Marmontel distingue dans l'épopée deux
sortes de personnages : les uns remplis par le poète
lui-même, et les autres par ses acteurs. Le premier

---

(1) Remarquez que ces obstacles naissent pendant le
voyage et fournissent nécessairement à l'action, au lieu que

rôle du poète est celui de témoin, mais ce ne doit pas être un témoin indifférent.

Le chœur fait partie des mœurs de la tragédie ancienne : les réflexions et les sentiments du poète font partie des mœurs de l'épopée : tel est l'emploi qu'Horace attribue au chœur; et tel est le rôle que fait Lucain dans tout le cours de son poème : ceux qui n'ont lu que Boileau, méprisent Lucain; mais ceux qui lisent Lucain, font bien peu de cas du jugement que Boileau en a porté. On reproche avec raison à Lucain d'avoir donné dans la déclamation.... d'avoir passé les bornes du grand et du vrai : le plus souvent le dernier vers est ampoulé, le précédent est sublime (1) : qu'on retranche de la Pharsale, les hyperboles, les longueurs, il restera des beautés dignes des plus grands maîtres.

Et que dis-je autre chose? s'écrierait Boileau ; n'avait-il pas raison de s'élever contre ce qu'il y a de vicieux dans le style de Lucain sur lequel le traducteur de ce poète avait encore enchéri ?

En tous lieux cependant, la Pharsale approuvée
Sans crainte de mes vers, va la tête levée.

---

toutes les beautés du plan de M. Marmontel portent sur des évènements déjà passés et ne produiraient guère que des récits. Quant à l'intérêt des incidents que le génie pourrait mettre dans ce poème, les indications de M. Marmontel n'en sont pas plus une source que toute autre cause.

(1) Voilà donc presque la moitié de la Pharsale à rejeter, de l'aveu même de M. Marmontel.

. . . .
Mais n'allez pas aussi sur les pas de Brébeuf
Même en une Pharsale, entasser sur les rives,
De morts et de mourants, cent montagnes plaintives.

Ces vers-là disent-ils plus que ce que M^r. Marmontel dit lui-même ? N'était-il pas de la dernière conséquence de ne pas laisser accréditer le genre d'écrire qu'on blâme dans la Pharsale ? Boileau ne devait-il pas craindre que les beautés de Lucain n'aveuglassent les jeunes gens sur les défauts de ce poëte, et sur les idées gigantesques dont il abonde ? Pouvait-il s'opposer avec trop de vigueur à la réputation de ces sortes d'ouvrages ? Le succès les multiplie ; et ce serait vouloir favoriser la décadence du goût, que de s'élever contre une critique si judicieuse :

Les mœurs de l'épopée sont les mêmes que dans la tragédie : elles doivent être d'opinion et de convenance : les convenances sont, 1°. dans le rapport mutuel des qualités d'un caractère et des forces respectives de ses affections et de ses penchants ; 2°. dans le rapport de ce même caractère et de tout ce qui le compose, avec l'idée que nous avons des mœurs de son sexe, de son âge, de sa qualité, de son état, de son pays, etc.

Dans tous les temps les convenances suffisent à la persuasion et a l'intérêt : on n'a besoin de recourir ni aux mœurs, ni aux préjugés, pour fonder les caractères d'Ulysse et d'A-

chille......... la vérité seule et ce qui lui ressemble est de tous les pays et de tous les siècles : Homére est divin dans cette partie (1). *On en trouvera la raison, dans la simplicité de ses caractères.*

Ecoutons actuellement M. Marmontel dans son chapitre de l'invention : je vous l'ai déjà cité :

Dans l'invention des sujets héroïques, ce qui occupait le moins les anciens, est ce qui doit nous occuper le plus; savoir, les mœurs et les caractères...... Ils n'avaient pas besoin que le malheureux qui était le jouet ou la victime de la fatalité, eût un caractère décidé (2).

Dans ce même chapitre de l'invention, M. Marmontel assure qu'*il n'y a plus moyen de retourner sur les traces des anciens*, et dans celui-ci, *je me contenterai d'observer*, poursuit-il, *que les mœurs les plus favorables à la poésie, sont celles qui s'éloignent le moins de la nature;*

---

(1) Mais si les passions et la morale constituent les caractères, comme l'auteur l'a dit plus haut, et si les passions *n'agissent sur nous dans l'Iliade que par leur développement*, comme il l'a dit aussi, il s'en faut bien qu'elles s'y montrent dans leur plus grande vigueur; cependant M. Marmontel assure qu'*Homère est divin dans cette partie.*

(2) Si la simplicité fait la force et la vigueur, comme M. Marmontel va le dire, les anciens peuvent-ils avoir cette belle *simplicité*, ce *naturel*, cette *vigueur*, cette *vérité*, comme il le dit, et n'avoir point de *caractères décidés*, comme il le dit encore ?

1°. *parce qu'elles sont plus fortement prononcées, soit dans les vices, soit dans les vertus; que les passions s'y montrent toutes nues, et dans leur plus grande vigueur;* 2°. *parce que ces mœurs, affranchies de l'esclavage des préjugés, ont dans leur simplicité noble quelque chose de rare et de merveilleux qui nous saisit et nous enlève* (1).

Or, ces mœurs sont les mœurs de convenance; celles dont l'auteur vient de dire; *la vérité seule et ce qui lui ressemble* (c'est-à-dire la nature) *est de tous les pays.....* Homère est divin dans cette partie : il est donc très-essentiel *de marcher* sur les traces d'Homère.

M. Marmontel ne prétend pas *comparer en tous points le mérite d'un beau roman à celui d'un beau poème; mais il demande pourquoi certains romans nous arrachent des larmes, nous troublent, nous émeuvent, nous attachent jusqu'à nous faire oublier la nourriture et le sommeil, tandis que nous lisons à peine, sans une espèce de langueur, les plus beaux poèmes épiques; c'est que dans les romans,* dit-il, *le*

---

(1) Ainsi il y a *moyen de retourner sur les traces des anciens;* il est même indispensable d'y retourner; car d'après les principes que M. Marmontel établit ici , les *traces* des anciens sont les nôtres, et les nôtres celles des anciens; ce sont les traces de la nature.

pathétique règne d'un bout à l'autre (1); *et que
les romanciers en ont fait l'ame de leur intrigue.*

Qui pourrait donc ne pas avoir apperçu la cause
de cette différence? Quel est l'homme qui n'ai-
merait pas mieux avoir fait les romans inconce-
vables de Grandisson et de Clarice, celui de la
nouvelle Héloïse, que presque tous les poèmes
épiques modernes?

Le sentiment de l'auteur est d'écrire l'épopée
en vers de différentes mesures : par exemple, le
vers de dix syllabes comme le plus simple, est analogue aux morceaux pathétiques : le vers de douze
est tranquille et majestueux : celui de huit, est
propre aux harangues véhémentes : les vers de
sept, de six et de cinq, aux peintures les plus vives
et les plus fortes. M. Marmontel, pour établir
l'avantage de son système, cite deux morceaux de
M. Bernard sur les batailles de Parme et de Guas-
talla : ces deux morceaux ressemblent, pour le
coloris, la chaleur et l'élégance aux ouvrages du
même auteur; mais je crois qu'on se convaincra
en les lisant, que la majesté de l'épopée ne saurait
se plier à cette bigarrure.

A l'égard du merveilleux, il croit possible *que
les vertus et les passions humaines, suffisent*

----

(1) L'auteur aurait pu ajouter l'intérêt et la vivacité de
l'action, comme dans Cléveland, dont le nœud est un
chef-d'œuvre.

à celui de l'épopée : cette discussion serait la matière d'un volume : M. Thomas travaille actuellement à un poëme épique sur la vie de Pierre-le-Grand : on dit qu'il n'emploie point de merveilleux dans ce poëme : si cet auteur célèbre ne s'écarte pas avec succès de la route de nos maîtres, ce sera un préjugé bien fort contre l'opinion de M. Marmontel.

On voit que ce chapitre contient quelques vérités trop généralement connues ; des systêmes souvent bien hasardés, et des paradoxes qui ne me paraissent pas soutenables : je crois qu'une bonne traduction de l'ouvrage du père Mambrun (*dissertatio de epico carmine*) serait bien d'une autre utilité, en en retranchant les longueurs, si toutefois un tel ouvrage peut être utile.

L' O P E R A.

« Le caractère de l'épopée est de transmettre
» la scène de la tragédie dans l'imagination du
» lecteur : là, profitant de son théâtre, elle agrandit,
» varie ses tableaux, se répand dans la fiction,
» et manie à son gré les ressorts du merveilleux.
» Dans l'opéra, la muse tragique, à son tour,
» jalouse des avantages que la muse épique a
» sur elle, essaye de marcher son égale, ou plutôt
» de la surpasser, en réalisant, du moins pour les
» sens, ce que l'autre n'a peint qu'en idée. Supposé
» qu'on eût vu sur le théâtre une reine de Phénicie,

(315)

» qui par ses grâces et sa beauté eût attendri,
» intéressé pour elle, les chefs les plus vaillants
» de l'armée de Godefroy, en eût même attiré
» quelques uns à sa cour, y eût donné asyle au
» fier Renaud dans sa disgrâce, l'eût aimé, eût
» tout fait pour lui, et l'eût vu s'arracher aux
» plaisirs, pour suivre les pas de la gloire : voilà
» le sujet d'Armide en tragédie : le poète épique
» s'en empare; et au lieu d'une reine toute natu-
» rellement belle, sensible, intéressante, il en fait
» une enchanteresse : alors dans une action simple,
» tout devient magique et surnaturel ; dans Armide,
» le don de plaire est un prestige : dans Renaud, l'a-
» mour est un enchantement : les plaisirs qui l'en-
» vironnent, les lieux même qu'il habite, ce qu'on
» y voit, ce qu'on y entend, la volupté qu'on
» y respire, tout n'y est qu'illusion; et c'est le plus
» charmant des songes : telle est Armide, embellie
» des mains de la muse héroïque : la muse du
» théâtre la réclame, et la reproduit sur la scène
» avec toute la pompe du merveilleux : elle de-
» mande, pour varier et pour embellir ce brillant
» spectacle, les mêmes licences que la muse
» épique s'est données ; et appelant à son secours
» la musique, la danse et la peinture, elle nous fait
» voir, par une magie nouvelle, les prodiges que
» sa rivale n'avait fait qu'imaginer : voilà Armide
» sur le théâtre lyrique ; et voilà l'idée qu'on
» peut se former d'un spectacle qui réunit le pres-
» tige de tous les arts ».

On ne saurait donner une définition plus vraie,
plus précise, plus noble, plus pittoresque, de
notre scène lyrique : il semble que la muse qui
préside à ce spectacle enchanteur, ait prêté son
pinceau à M. Marmontel : remarquez comment il a
réuni toute l'exactitude d'un dialecticien avec l'é-
légance, le coloris et la légèreté des graces : on croit
assister au triomphe de Calliope, d'Euterpe et de
Therpsicore.

La musique, continue l'auteur, fait le charme
du merveilleux : le merveilleux y fait la vraisemblance de la musique : c'est la nature dans l'enchantement, visiblement animée par une foule
d'intelligences dont les volontés sont ses lois : que
l'austère vérité s'empare de ce théâtre ; elle en
change tout le système : M. Marmontel essaye de
le prouver par l'exemple des opéras italiens : ils
ont pris, dit-il, *des sujets d'une vérité invariable ;
et c'est à l'austérité de ces sujets, qu'ils ont
entrepris d'allier le chant, le plus fabuleux de
tous les langages* (1). *Sur un théâtre où tout
est prodige, il paraît tout simple que la façon
de s'exprimer ait son charme comme tout le
reste ; le chant est le merveilleux de la parole ;*

____

(1) Ce serait une grande question d'examiner si le chant
est un langage aussi fabuleux que M. Marmontel le croit ;
s'il n'est pas plus près de sa source (la nature) que le langage
des poètes, et si la poésie ne doit pas son charme, peut-être
le plus fort, aux mêmes principes qui constituent le chant.

*mais dans un spectacle où tout se passe comme
dans la nature et selon la vérité de l'histoire;
par quoi sommes-nous préparés à entendre
Fabius, Régulus, Thémistocle, Titus, Adrian,
parler en chantant? Que dirait-on si sur la
scène française on entendait Auguste, Cornélie,
Agrippine ou Brutus s'exprimer ainsi? Les
Italiens y sont habitués, me direz-vous : ils ne
peuvent l'être au point de s'y plaire ; ils ont
perdu leur tragédie, et n'en ont pas fait un bon
opéra.*

Je ne crois pas que le merveilleux de la fable ou
de la magie, puisse vous préparer, par les pres-
tiges de la vue, à trouver tout simple qu'un Dieu
ou qu'une fée s'expriment en chantant : encore
moins trouverons-nous naturel qu'un roi protégé
par ces intelligences supérieures , chante plutôt
que Régulus ou Thémistocle : nous sommes con-
venus avec notre imagination que les magiciens
font des prodiges ; mais nous ne saurions nous
persuader qu'ils ne parlent pas comme nous : c'est
au musicien à nous faire recevoir le langage de la
musique par tous les pièges de son art, à étouffer
l'entendement sous les impressions de l'ame ; et
assurément les ressources et le génie des italiens
sont bien supérieurs aux nôtres : il n'est rien qu'ils
ne vous fassent oublier : il n'y a point d'obstacles
qu'ils ne surmontent : les opéras français exigent
bien d'autres précautions : notre musique, en général, a besoin qu'on réunisse cette foule d'acces-

soires d'où il puisse résulter un ensemble qui plaise ;
et le grand art de nos opéras est de nous causer une
sensation indéterminée , mais agréable , à laquelle
tous nos sens à-la-fois ont prêté quelque charme.

Qu'on entende le superbe monologue de Mérope,
dans l'opéra italien qui porte ce nom ; je n'en ai
point les paroles sous les yeux ; ce monologue commence par ces vers :

> Oh ! Dio ! qual mi sorprende
>
> Insolito terror ? qual per le vene
>
> Gelido scorre il sangue, e tutta rende
>
> L'anima sbigottita !

Qu'on l'entende, et l'on sentira si le musicien
s'empare assez fortement de toutes les facultés de
l'ame, pour vous laisser la liberté de désapprouver
que cette mère infortunée se plaigne, en chantant,
de la mort d'Epitide et de la cruauté de Polyfonte.

Il faut l'avouer, il en coûte bien moins de recevoir le *merveilleux* du chant, si toutefois le chant
est *un merveilleux*, que de voir, sans pitié, descendre Vénus suspendue par quatre cordes ; et j'ose
croire que les opéras italiens satisfont bien plus le
cœur et l'esprit que les nôtres.

Au reste, lorsque dans un opéra français, deux
acteurs seulement, de la classe des hommes ordinaires, occupent le théâtre, le merveilleux n'a,
pour ainsi dire, aucune part à notre attention ; c'est
le musicien qui nous attache ; c'est le poète, puis-

qu'on le veut, quand il mérite d'être écouté (1) : dans une scène toute naturelle, et qui ne doit rien de sa beauté à l'illusion lyrique, comme celle d'Atis et de Sangaride, par exemple, les spectateurs voient ces deux amants, comme les italiens voient Titus dans une autre situation; les uns et les autres sont préparés par la musique seule, à les entendre s'exprimer en chantant.

Je ne sais pourquoi M. Marmontel pense que l'habitude fait supporter aux italiens leur genre d'opéra : c'est bien plutôt dans l'art divin de leur musique, dans leur organisation, qu'il faut chercher la cause de leur plaisir : il semble qu'ils reçoivent par tous les pores les impressions délicieuses de l'harmonie : le chant même leur est si naturel, que le ton de leur conversation familière est un chant auprès du ton de la nôtre , et qu'il y a moins loin de cette espèce de mélodie à ce qui constitue le chant dans une scène française, que du chant de cette dernière à celui d'une scène italienne.

D'après ce que je viens d'observer, je ne croirai donc pas que l'auteur puisse dire avec raison, que *dans les sujets que les italiens ont pris, le merveilleux du chant n'est fondé sur rien, ne tient à rien ;* il n'a pas besoin d'être fondé, il ne peut pas l'être sur un *merveilleux* qui n'a aucun

______

(1) La partie des paroles est bien moins négligée chez les poètes italiens que chez les nôtres; j'en excepte Quinault, comme on peut bien penser.

rapport au langage, et c'est au musicien qu'il appartient exclusivement de nous le faire recevoir ; mais quand bien même l'opinion de M. Marmontel serait plus vraisemblable , il ne s'ensuivrait pas encore de là, que *les sujets italiens ne sont pas faits pour la musique;* toute la grandeur, toute la beauté, tous les charmes de cet art sont déployés dans le Démophoon : il n'est pas aisé sans doute *de chanter avec agrément des conférences politiques, ni des harangues;* mais en fondant l'essentiel de ces harangues dans une scène d'action, dans les expressions mêmes du sentiment dont l'acteur est agité (1), on pourra, avec le secours d'une langue qui semble avoir été dictée par le Dieu de l'harmonie, embellir l'austérité de ces sujets, pourvu que les scènes soient vives et rapides.

Pour mieux expliquer *quel est le vrai genre de l'opéra, considéré seulement comme un poème destiné à être mis en musique,* M. Marmontel remonte *à l'essence des choses : un poème est plus ou moins analogue à la musique, selon qu'elle a plus ou moins la facilité d'exprimer ce qu'il lui demande.*

La musique a d'abord les signes naturels de tout ce qui affecte le sens de l'ouïe, savoir: le

---

(1) C'est ainsi que l'art et la chaleur du poète sait vous dérober l'ennui de tous les éclaircissements nécessaires dans l'exposition d'un drame.

mouvement, le bruit et le son : il est vrai qu'en imitant le bruit simple, elle le rend harmonieux ; mais c'est embellir la nature (1) : pour les objets des autres sens, elle n'a rien qui leur ressemble ; mais au lieu de l'objet, elle peint le caractère de la sensation qu'il nous cause.

Oui ; mais l'objet lui-même ferait-il jamais une impression si profonde ? C'est ici que l'effet l'emporte bien sur la cause : comment la musique *peint-elle le caractère de cette sensation ?* En rassemblant tous les traits qui peuvent la rendre plus puissante et plus agréable ; en la portant dans notre ame à un degré de force que l'objet même ne lui aurait pas donné ; en prêtant à cet objet une sensation nouvelle qui résulte du moyen que la musique emploie pour en peindre le caractère ; en nous faisant éprouver cette commotion physique et délicieuse qui semble réunir à la jouissance de l'ame, le charme de tous les sens :

M. Marmontel convient que *les opéras italiens sont pleins de morceaux pathétiques, et du caractère le plus tendre et le plus passionné : il en cite* plusieurs de Métastase (2) et d'Apostollo

---

(1) Autre question, mais elle est résolue dans le traité de l'harmonie.

(2) Une grande partie des beautés de sentiment qu'on trouve dans les ouvrages de Métastase, me paraît avoir été imitée de Racine.

Zeno, qui prouvent que le poète a partagé le mérite du musicien par le choix heureux des paroles :
c'est alors, dit-il, *que la musique italienne triomphe ; mais les sujets des poèmes sont en général
si peu lyriques, que pour multiplier ces endroits
saillants, on est obligé d'avoir recours à des
comparaisons, à des sentences les plus éloignées
de la situation des personnages qui chantent ;
ce qui ne saurait manquer de produire l'effet
le plus désagréable, en interrompant l'interêt,
en éteignant le feu de l'action, en glaçant le
cœur, au moment où l'oreille est le plus flattée.*

L'opéra n'est fait que pour ceux qui aiment
la musique, qui sont organisés pour en sentir toutes
les impressions ; la musique est la base de ce spectacle, comme elle en fait la principale douceur :
lorsqu'on éprouve cet *effet désagréable* dont parle
M. Marmontel, c'est toujours la faute du musicien.
Une fois que l'harmonie s'est emparée de votre
ame, que le poète se soit un peu *éloigné de la situation de celui qui chante*, ou non, il n'est plus
votre guide : c'est au musicien qu'il a été contraint
de vous abandonner. M. Marmontel fait trop d'honneur à la poésie, de croire que dans un opéra d'une
musique supérieure, *le feu de l'action* brille avec
tant d'éclat ; le poète est bien loin de pouvoir *glacer
un cœur* échauffé par les accords de l'harmonie !
Les défauts et les beautés du drame disparaissent
comme la faible clarté d'une lumière aux rayons
du soleil : pourquoi le dissimuler ? Quand la mu-

sique est bonne, peut-être les paroles ne sont pas
un accessoire : peut-être ne sont-elles plus qu'une
indication : le rôle du poète est bien subalterne (1);
à peine l'entend-on au milieu du son des instruments et des accents enchanteurs de ces voix cé-
lestes : dans les poèmes de Quinault, l'auteur ressort
davantage : les opéras de Lulli sont nuds de musique, si je puis m'exprimer ainsi; le décorateur a
laissé la charpente trop à découvert : aussi les
trouve-t-on froids, malgré l'art de Quinault.

Je ne dis pas cependant que le poète ne fît mieux
d'éviter ces petits défauts; mais je crois qu'ils pèsent
bien peu dans la balance : toutefois, si la musique

____

(1) Le fameux Baron a démontré que le pouvoir de l'ac-
cent l'emporte de beaucoup sur celui des paroles; il soutenait que des sons tendres ne laissaient pas d'arracher des
pleurs, quoiqu'ils fussent appliqués à des paroles gaies et
même comiques : ce comédien faisait effectivement verser
des larmes en déclamant, avec les modulations de la douleur,
les vers de la chanson du Misanthrope.

> Si le roi m'avait donné
> Paris, sa grand'ville,
> Et qu'il me fallût quitter
> L'amour de ma mie ;
> Je dirais au roi Henri :
> Reprenez votre Paris ;
> J'aime mieux ma mie, ô gué !
> J'aime mieux ma mie.

On dit que Sarrazin voulait aussi parier d'exciter l'émotion
la plus vive, en déclamant un article quelconque de la Gazette
de France.

ne fait d'autre impression sur quelqu'un, que de *flatter son oreille*, ce n'est pas pour lui que les maîtres d'Italie, que les Rameaux ont travaillé.

Dans l'opéra italien, la danse ne pourrait s'adapter, selon M. Marmontel, *au ton grave et tragique, à la sécheresse de leurs poèmes : dans les nôtres, elle tient à l'action, et les fêtes y doivent être des incidents au moins vraisemblables : les intelligences, les habitants des eaux, du ciel, de la terre, des enfers ; quelle ressource pour cette carrière, sans forcer la nature, si le poète a fait choix d'un sujet véritablement lyrique !*

Je conviens que la fable est un champ bien plus vaste pour la danse ; mais le génie ne connaît point d'obstacles ; les Italiens ne peuvent-ils pas danser des triomphes, des victoires ? Ne peuvent-ils pas introduire des spectacles dans l'action même ? la pompe d'un hymen, les fêtes publiques, les sacrifices, ne sont-ils pas des sujets ? Nous faisons bien danser les prêtres dans nos opéras.

La galanterie noble, continue l'auteur, *la pastorale, la bergerie, le comique, le bouffon même, sont embellis par la musique ; et chacun de ces genres peut avoir son agrément ; mais ils ne sont faits que pour occuper un instant la scène : les plus animés sont les plus favorables : le comique surtout donne à la musique un jeu, un ressort que les Italiens nous ont fait connaître, et que nous avons transporté sur notre scène avec le plus grand succès.*

Si M. Marmontel veut parler des intermèdes des Italiens traduits en français, il a raison de dire que nous les avons transportés sur notre scène avec le plus grand succès ; mais nous en sommes restés là, et ces excellents originaux n'ont point fait de copies : il n'y a point de *vis comica* dans les intermèdes charmants de MM. Moncéni et Philidor : c'est un genre étranger, quoiqu'il doive sa naissance aux opéras italiens, appelés bouffons : la musique *du Roi et le Fermier*, *du Bucheron*, *du Sorcier*, *d'On ne s'avise jamais de tout*, de *Rose et Colas, etc.*, est assurément d'excellente musique ; mais son caractère, en général, est d'être tendre et touchante. Quant à la saillie du comique, à ce ridicule pittoresque et agréable qui excite le rire, je ne sais si les Italiens ne sont point inimitables.

L'auteur observe que *nos musiciens profonds dans leur art, avec du goût et du génie, n'attendent*, disent-ils, *que des poëtes* ; mais qu'ils *ont Quinault sous les yeux* ; que *c'est en s'exerçant les uns à l'envi des autres, et avec une noble et fière émulation, à mettre cinquante fois le même poème en musique, que les Italiens se sont éclairés sur les ressources inépuisables de leur art.*

M. Marmontel ne prend pas garde que les Italiens qui naissent musiciens, qui respirent la musique avec l'air, ne se lasseront pas d'entendre cinquante fois le même poème : la musique est leur objet : elle remplit si bien tout ce qu'ils attendent de leur théâtre ! Nous sommes bien éloignés de leur ressembler : il n'y a pas à l'opéra, un vendredi, deux cents personnes qui soient essentiellement occupées de cette partie, qui s'y connaissent, qui s'y plaisent : nous nous ennuierions bientôt d'entendre répéter les mêmes choses : le caractère de la nation doit être la boussole du spectacle ; que deviendraient d'ailleurs la plupart de ces opéras, lorsqu'on serait *blasé* sur les décorations et sur les ballets, accessoires si importants ?

On lit dans ce chapitre, avec le plus grand plaisir, tout ce qui regarde le décorateur : M. Marmontel y donne aussi de *Quinault*, l'idée la plus juste et la plus avantageuse ; mais on aurait souhaité qu'il eût saisi l'occasion de développer toutes les parties du talent de ce poète lyrique ; qu'il nous eût montré avec quelle adresse Quinault nouait une intrigue, et *maniait* une scène ; combien il est quelquefois supérieur, comme tragique, à nos tragiques modernes, par la vérité, par le pathétique des situations ; comme il excellait dans cette partie si essentielle et si difficile, l'art de fondre le sentiment avec les images ; je n'en citerai qu'un exemple : *Roland* amoureux d'*Angélique*, désespère de s'en faire aimer : il veut mourir.

> Fontaine qui, d'une eau si pure,
> Arrosez ces brillantes fleurs !
> En vain votre charmant murmure
> Flatte le tourment que j'endure ;
> Rien ne peut enchanter mes mortelles douleurs :

Ce que j'aime me fuit , et je fuis tout le monde :
Pourquoi traîner plus loin ma vie et mes malheurs ?
Ruisseau ! je vais mêler mon sang avec votre onde ;
    C'est trop peu d'y mêler mes pleurs.

Je crois que M. Marmontel aurait pu donner un conseil aux auteurs du théâtre lyrique ; celui de lire les vieux poètes français. Cet avis paraîtra ridicule aux gens qui ne les connaissent pas : il n'en est pas moins vrai que *Quinault* y a puisé de grandes beautés, et surtout dans les ouvrages d'*Amadis Jamyn* : ce dernier a beaucoup employé ces petits madrigaux si nécessaires dans nos airs : il connaissait l'art d'animer toute la nature , et de la faire servir au sentiment et à la poésie lyrique : M. *Roy* doit aussi aux vieux poètes un grand nombre de ces détails propres à la musique : ce joli morceau :

Voyez dans ces vergers, la source qui serpente ;
Elle embrasse cent fois les jeunes arbrisseaux , etc.

est imité de celui-ci :

   . . . . Il égale
   Les amours d'un palme mâle ,
   Qui, fait amoureux nouveau,
   Se penchait sur un ruisseau ,
   Pour embrasser d'un grand zèle
   A l'autre bord sa femelle, etc.

Je sais bien que ces sortes de figures sont ce qui rend en général nos anciens insupportables à lire;

mais un maître habile sait tirer de leurs excès mêmes, des beautés, des images et du sentiment.

LA COMÉDIE.

La malignité naturelle à l'homme est le principe de la comédie : nous voyons les défauts de nos semblables avec une complaisance mêlée de mépris, lorsque ces défauts ne sont, ni assez affligeants pour exciter la compassion, ni assez dangereux pour inspirer de l'effroi : ces images nous font sourire, si elles sont peintes avec finesse ; elles nous font rire, si les traits de cette maligne joie, aussi frappants qu'inattendus, sont aiguisés par la surprise : de cette disposition à saisir le ridicule, la comédie tire sa force et ses moyens : il eût été sans doute plus avantageux de changer en nous cette complaisance vicieuse, en une pitié philosophique (1) *; mais on a trouvé plus facile et plus sûr de faire servir la malice humaine à corriger les autres vices de l'humanité ; à peu près comme on emploie les pointes du diamant à polir le diamant même : c'est là l'objet ou la fin de la comédie.*

Après avoir considéré la comédie sous ce point de vue, M. Marmontel ne croit pas qu'on doive la distinguer de la tragédie par la qualité des personnages : *des malheurs, des périls, des sentiments extraordinaires constituent la tragédie ;*

______

(1) Oui ; de dénaturer l'homme ; quel jargon !

des intérêts, des caractères familiers constituent la comédie. Il fait voir que le comique perd plus ou moins, à raison *de sa beauté essentielle*; que l'Avare de Plaute a ses originaux à Paris, comme le Misanthrope de Molière eût trouvé les siens à Rome; que ce qui assure à jamais le succès d'une comédie, est d'attaquer les mœurs générales; et que les règles y doivent être plus rigoureusement observées, parce que le défaut de vraisemblance est plus facile à remarquer dans une action toute familière.

L'auteur remonte ensuite à l'origine de la comédie, pour nous ramener à ses progrès : il la représente informe et dégoûtante sur le chariot de Thespis, bientôt élevée par Cratés à un genre plus décent, à un ordre plus régulier; et croit que le Margitès d'Homère doit être regardé comme la source de la comédie grèque.

La comédie, poursuit-il, se divise en ancienne, moyenne et nouvelle, moins par ses âges, que par les différentes modifications qu'on y observa successivement dans la peinture des mœurs. D'abord on osa mettre sur le théâtre des personnages connus et nommés, dont on imitait le ridicule et les vices : telle était la comédie ancienne. Les lois défendirent bientôt de nommer; mais la ressemblance des masques, des vêtements, de l'action, désignèrent si bien les personnes, qu'on les nommait en les voyant; telle fut la comédie ancienne. C'est dans ces deux genres qu'Aristophane triompha tant de fois, à la honte des Athéniens.

La comédie satyrique présentait d'abord une face avantageuse : il est des vices contre lesquels les lois n'ont pas sévi : l'ingratitude, l'infidélité au secret et à sa parole, l'usurpation tacite et artificieuse du mérite d'autrui, l'intérêt personnel dans les affaires publiques, échappent à la sévérité des lois : la comédie satyrique y attachait une peine d'autant plus terrible, qu'il fallait la subir en plein théâtre : le coupable y était traduit, et le public se faisait justice (1). C'était sans doute pour entretenir une terreur si salutaire, que non seulement tous les poètes satyriques furent tolérés, mais gagés d'abord par les magistrats, comme censeurs de la République. Platon lui-même s'était laissé séduire a cet avantage apparent (2), lorsqu'il admet Aristophane dans son banquet, si toutefois l'Aristophane comique est l'Aristophane du banquet; ce qu'on peut au moins révoquer en doute. Il est vrai que Platon conseillait à Denis la lecture des comédies de ce poète, pour connaître les mœurs de la République d'Athènes ; mais c'était lui indiquer un bon délateur, un espion adroit qu'il n'en estimait pas davantage.

---

(1) N'était-il pas plus humain, plus raisonnable, plus juste et plus utile de le corriger par la haine publique ?

(2) Apparent !

Quant aux suffrages des Athéniens, un peuple ennemi de toute domination devait craindre surtout la supériorité du mérite (1) : *la plus sanglante satyre était donc sûre de plaire à ce peuple jaloux* (2), *lorsqu'elle tombait sur l'objet de sa jalousie* (3)...... *Ainsi tout concourut d'abord à favoriser la comédie satyrique : on*

---

(1) Ne dirait-on pas que c'est communément le citoyen qui a le plus de mérite, qui asservit sa patrie ; et que l'impudence, la rapine, la finesse, la valeur, l'argent, le poison et le fer, ne sont pas les moyens ordinaires de parvenir à la domination ?

(2) M. Marmontel est le premier qui ait écrit qu'un tel peuple était jaloux et envieux du mérite, comme si l'envie avait jamais été un vice de terroir, une affection particulière à un peuple ; mais il fallait absolument donner tort aux Athéniens, pour fonder la véhémence de sa sortie contre Aristophane ; et je conviens qu'il n'était pas facile de composer le tableau, sans faire grimacer les figures.

(3) Il faudrait prouver qu'Aristophane n'a attaqué que le mérite, ce qui est impossible. M. Marmontel rend ici les Athéniens et Aristophane bien odieux : on dirait qu'il a été contraint de renforcer ou d'affaiblir les jours, pour sacrifier la vérité à quelque allusion. Aurait-il pu se résoudre à emprunter le langage de cette comédie *moyenne* qu'il désapprouve si fort ? Cette innocente plaisanterie serait trop déplacée dans une Poétique française, et beaucoup trop éloignée de cette pitié philosophique ; *de la pitié ! le plus doux lien dont la nature ait uni les hommes !* Ce morceau d'humeur contre Aristophane est inspiré à M. Marmontel par la comédie *des Philosophes,* pièce aussi morale que comique.

*ne fut pas long-temps à s'appercevoir que le talent
de censurer le vice, pour être utile, devait être
dirigé par la vertu, et que la liberté de la satyre,
accordée à un malhonnête-homme, était un poignard dans les mains d'un furieux; mais ce
furieux consolait l'envie.*

Qui ne croirait, en lisant cet article, qu'Aristophane était le plus vil des humains, malgré les
suffrages de toute l'antiquité ? L'histoire le peint
cependant comme le citoyen le plus nécessaire
à sa patrie : la plupart de ses pièces furent jouées
pendant la guerre du Péloponèse, circonstance
critique pour les Athéniens : l'élévation d'ame, le
courage d'Aristophane, ennemi déclaré de toute
servitude, lui firent employer ses talents contre
ceux qui voulaient opprimer la liberté de son pays :
or, les Athéniens étaient alors gouvernés par des
gens qui ne pensaient qu'à se rendre les maîtres
de la République : Aristophane démasquait leurs
intrigues, découvrait leurs complots, enseignait
aux magistrats, les moyens de prévenir les brigues,
et défendait Athènes du joug de la tyrannie : son
courage surmontait tous les obstacles : il osa traduire sur la scène, Cléon, le plus puissant des
Athéniens; et comme personne ne voulut se charger
de jouer le rôle d'un homme tel que Cléon,
Aristophane le représenta lui-même, et fit con-
damner à l'amende ce dangereux citoyen, dont
il renversa tous les projets. Les Lacédémoniens,
jaloux de la grandeur d'Athènes, convenaient que

te poète valait seul une armée, et qu'ils ne triom-
pheraient jamais de la République, tant qu'elle
suivrait ses conseils (1) : le roi de Perse dit aux
députés que les Grecs lui avaient envoyés, que
c'était Aristophane qui rendait les Athéniens meilleurs, et qui leur faisait vaincre leurs ennemis :
voilà les *avantages apparents* auxquels M. Marmontel veut que *Platon se soit laissé séduire,
lorsqu'il admit Aristophane dans son banquet,
si toutefois l'Aristophane comique est l'Aristophane du banquet.* Et quel Aristophane serait
donc celui du banquet ? N'est-ce pas à tant de
titres que le divin Platon y donnait à ce poète,
la première place ? Aurait-il fait de lui cet éloge
si flatteur ? Aurait-il mis sous le nom de ce poète
tout ce qu'il dit de l'amour ? Aurait-il composé des
vers à sa louange, s'il ne l'avait regardé comme
le plus utile et le plus aimable citoyen d'Athènes ?
Les raisons que M. Marmontel croit avoir pour
distinguer deux Aristophanes, pourraient bien être
celles qui déterminèrent le choix de Platon. Au
reste, lorsque ce dernier conseillait à Denys la
lecture de ce poète, pour connaître les mœurs de
la République d'Athènes, s'il prétendait indiquer
à ce prince un espion adroit, le sage Platon était
lui-même le plus vil des espions et de tous les
délateurs.

____

(1) Ce furieux, ce mal-honnête homme était un citoyen
utile !

Quant aux suffrages des Athéniens, M. Marmontel ne veut pas qu'on en tire aucune conséquence ; *un peuple ennemi de toute domination, devait craindre la supériorité du mérite : la plus sanglante satyre était sûre de lui plaire, lorsqu'elle tombait sur les objets de sa jalousie :* c'est, à ce qu'il me semble, abuser étrangement des faits, que de donner une pareille tournure aux sentiments des Athéniens. M. Marmontel approuve que *Molière ait osé envoyer l'hypocrite à la grève; il voudrait qu'on traitât sans pitié un scélérat qui fait gloire de séduire une femme pour la déshonorer;* et il ne veut pas qu'on traduise sur la scène un voleur, un séditieux, un concussionnaire : il appèle *mérite* supérieur, l'avarice qui fait détourner à un homme public l'argent destiné à équiper une flotte, comme dans la comédie de Plutus; les malversations, le fanatisme, les complots, les trahisons des grands, l'ambition cruelle de détruire la liberté et d'asservir la République : c'étaient là, cependant, les objets de *cette satyre sanglante qui plaisait à ce peuple jaloux :* les Athéniens avaient grand tort de ne pas se laisser dévorer, de ne point se soumettre à l'esclavage, et d'applaudir Aristophane, dont les talents et la fermeté leur servait d'appui contre l'humiliation et les malheurs dont ils étaient menacés.

Quoique M. Marmontel puisse dire, il est vraisemblable que lorsque les Athéniens décernèrent à Aristophane, par un décret public, une cou-

ronne faite de l'olivier sacré qui était dans la citadelle d'Athènes, en reconnaissance de son zèle
pour la liberté de la patrie, il est vraisemblable,
dis-je, qu'ils connaissaient mieux ce que valaient
Aristophane et ses pièces, qu'un écrivain français,
qui devait juger ce poète et toute la République,
plus de vingt siècles après.

Je ne saurais me peindre comme un furieux, celui
dont les ouvrages faisaient les délices de Platon :
je ne saurais me peindre comme un scélérat, comme
un mal-honnête homme, le poète qui reconnaît
d'avoir attaqué Limachus injustement, et qui a
la vertueuse fermeté de se rétracter en plein théâtre.
C'est une opinion assez généralement suivie, qu'a-
près la mort d'Aristophane, la dépravation des
mœurs et la décadence de la République, firent
bientôt sentir aux Athéniens que rien ne leur était
plus nécessaire qu'un citoyen tel que lui.

Mais, ce qui est inconcevable, poursuit l'auteur, *c'est qu'un comique grossier, rampant,
obscène, sans goût, sans mœurs, sans vraisemblance, ait trouvé des enthousiastes dans le siècle
de Molière : il ne faut que lire ce qui nous reste
d'Aristophane, pour juger, comme Plutarque,
que c'est moins pour les honnêtes gens qu'il a
écrit, que pour la vile populace ; pour des hommes
perdus d'envie, de noirceurs et de débauches.
Qu'on lise, après cela* (1), *l'éloge qu'en fait*

____

(1) *Après cela* est excellent, dirait un persifleur.

Madame Dacier : jamais homme n'a eu plus de finesse, ni un tour plus ingénieux ; le style d'Aristophane est aussi agréable que son esprit ; si on ne connaît Aristophane, on ne connaît pas tous les charmes et toutes les beautés du grec.

Il n'est pas moins inconcevable qu'un tel comique ait fait les plaisirs des Athéniens. Platon disait, en parlant de ce poëte grossier *qui n'écrit que pour la populace* : « Les Graces ayant couru » partout pour bâtir un temple qui durât à jamais, » elles choisirent le cœur d'Aristophane, où elles » demeurèrent toujours depuis. » Quant au mérite littéraire de ce poëte comique, je ne crois pas que M. Marmontel hasardât d'objecter que Platon était séduit par des beautés *apparentes*, comme il a prétendu que ce philosophe l'avait été aux avantages *apparents* du but politique et moral des pièces d'Aristophane. Quelque connaissance que M. Marmontel puisse avoir de la comédie grèque, il est naturel de penser que Platon la connaissait mieux que lui, et que des pièces composées par un homme dans le cœur duquel le divin Platon bâtit un temple aux Graces, étaient écrites pour les *honnêtes gens*, et non *pour la canaille.* Si le sentiment de M. Marmontel ne différait de celui de Platon, que du plus au moins, l'un et l'autre pourraient être fondés ; mais comme d'après Platon, Aristophane est un écrivain charmant, l'asyle des Graces, et que M. Marmontel trouve le poète grec un des plus vils barbouilleurs de papier, dans un temps où les principales beautés des comédies d'Aristophane sont perdues, même pour ceux qui peuvent les lire ; il faut absolument que M. Marmontel ou Platon soit dans l'erreur la plus inouie, porte le jugement le plus faux ; et il est encore vraisemblable que c'est M. Marmontel.

Puisqu'il *ne faut que lire* pour juger Aristophane comme Plutarque et M. Marmontel, par quelle étrange aberration les personnages les plus fameux et les plus versés dans la langue grèque ont-ils adopté une opinion aussi absurde que celle de regarder Aristophane comme le modèle des Graces attiques ? Le sentiment du grave Plutarque sur ce poète comique, ne saurait être d'un grand poids : on peut au moins le soupçonner de prévention, parce qu'il était très-attaché à la philosophie de Socrate (1) : il me semble d'ailleurs que le genre d'esprit de Platon fera toujours donner la préférence au jugement que celui-ci portait d'Aristophane : il trouvait ses comédies pleines de finesse, de variété, de ce sel attique qui a passé en proverbe ; il les trouvait écrites d'un style pur, har-

____

(1) A Dieu ne plaise que je prétende justifier les excès d'Aristophane et des Athéniens contre Socrate : on sait où peuvent conduire le fanatisme et l'esprit de parti, et les horreurs qui presque toujours en sont les suites.

monieux, élégant : cette lecture faisait ses délices et contribuait à former son goût. C'est ici où l'on a lieu de s'étonner bien davantage, en voyant l'énorme différence des sentiments de Platon avec ceux de M. Marmontel : Platon reconnaît Aristophane pour maître, en fait de goût, de finesse, d'élégance ; et M. Marmontel vient de parler de ce poète grec, comme d'un chansonnier des halles ; quand même on pourrait accuser Platon d'être prévenu en faveur d'Aristophane, il est toujours vraisemblable que c'est M. Marmontel qui se trompe, et que l'éloge de Madame Dacier n'est pas si ridicule : cette savante femme aurait-elle pu juger les comédies d'Aristophane autrement que M. Lefèvre les jugeait ? Peu de gens ont su le grec comme ce M. Lefèvre : elle était sa fille. Voici ce qu'il dit d'Aristophane : *ceux qui ont quelque sentiment de l'esprit attique, et qui savent ce que c'est que le beau grec, reconnaîtront tous qu'Aristophane est le seul de qui il faille apprendre ces deux choses, et où va cette louange de pouvoir être appelé le père de l'esprit attique, et considéré comme le grand docteur de la plus délicate et de la plus ingénieuse nation qui ait jamais été : aussi est-il bien certain que quand on sait assez de grec pour pouvoir lire cet auteur sans peine, on ne le saurait quitter ; et il était plus aisé autrefois de passer devant les Syrènes, sans s'y amuser, qu'il n'est possible de laisser une de ses comédies, qu'on n'ait achevé de la lire* entièrement. *Je vous dis cela comme un homme qui en sait quelque chose, et qui ne le sait pas pour l'avoir ouï dire à d'autres.* Mais un exemple vaut mieux que toutes les autorités : j'ai entre les mains le premier acte de la comédie de Plutus, en vers français : cette traduction est de M. de Sivri, qui nous donnera bientôt tout Aristophane : ses talents pour la poésie, et la parfaite connaissance qu'il a acquise de la langue grèque, semblaient exiger de lui ce travail immense : il a bien voulu que je publiasse cet essai. On jugera sans doute en le lisant, que personne n'était plus capable de faire voir que le comique d'Aristophane n'est point un *comique grossier, rampant, obscène, sans goût, sans mœurs, sans vraisemblance.*

Aristophane veut reprocher aux Athéniens leur avarice, leurs concussions, et tous les crimes que la soif de l'or leur fait commettre : il feint que Plutus, dieu des richesses, recouvre la vue par le secours d'Esculape, et qu'il monte sur le trône de Jupiter, pour gouverner le monde : la Pauvreté veut s'opposer à ce qu'on rende la vue à Plutus. La fin de la misère des honnêtes gens, la fortune des méchants renversée, le grand-prêtre de Jupiter qui ne veut plus reconnaître que le dieu des richesses, Mercure qui n'a plus d'emploi, la vieille qui se plaint de l'infidélité de son amant : voilà le sujet et les incidents de cette comédie : il me semble que le fonds est bien loin de la bassesse : voyons-en les détails et le style.

21.

PLUTUS,

COMÉDIE

D'ARISTOPHANE.

PERSONNAGES.

CARIE, *esclave de Crémyle.*

CRÉMYLE, *vieillard indigent.*

PLUTUS, *Dieu des richesses.*

BLÉSIDÊME, *ami de Crémyle.*

MYRRINA, *femme de Crémyle.*

UNE VIEILLE, *amoureuse de Néocarès.*

MERCURE.

LA PAUVRETTE.

CHŒUR DE VILLAGEOIS.

AGATHUS, *homme juste.*

PARANOMUS, *homme injuste.*

NÉOCARES, *jeune homme.*

UN PRÊTRE DE JUPITER.

UN TÉMOIN.

PLUTUS,

COMÉDIE.

SCÈNE I.
CARIE *et* CRÉMYLE.

CARIE *seul.*

Par Jupiter et tous les Dieux !
C'est un destin bien digne de complainte
Que de servir un homme à qui le cerveau tinte :
En vain voudriez-vous lui faire ouvrir les yeux ;
   Toujours un sort capricieux
S'oppose au bien qu'on cherche à lui faire connaître,
Et toujours le valet qui conseille le mieux
   Souffre des sottises du maître ;
  Car en vertu d'une bizarre loi,
Des volontés d'autrui ma personne est sujète ;
Et quoique né pour moi, je ne suis point à moi,
  Mais au premier sot qui m'achète. . . . .
Ce que fortune veut, il nous le faut vouloir :
   Au surplus, c'est un trait bien noir,
Au seigneur Apollon qui fait force miracle,
Et dont Crémyle vient de consulter l'oracle,
De nous le renvoyer, malgré ce grand savoir,
Bien plus fou ce matin, qu'il ne l'était le soir.
Pouvait-il lui donner un conseil plus perfide,
Que de prendre en chemin cet aveugle pour guide ?
Or, la raison voulait incontestablement,

Que l'aveugle, au besoin, se fît frayer la route
Par celui dont les yeux n'ont point eu d'accident :
Ici, tout au rebours ; et c'est le clair-voyant
Qui prend pour conducteur celui qui ne voit goutte ;
Il lui plait de le suivre, et mon destin fâcheux
  Me force à les suivre tous deux.

SCÈNE II.

CRÉMYLE, L'AVEUGLE, CARIE.

CARIE *continue.*

Oh ! leur lubie enfin commence à me déplaire :
Encor si j'en pouvais tirer quelque raison !
Mais ce maudit vieillard est plus sourd que Pluton ;
J'ai beau l'interroger, il s'obstine à se taire.

à Crémyle.

Morbleu ! pestez, jurez, je vous mets à pis faire ;
Je veux savoir pourquoi vous suivez ce barbon :
Ce laurier met mon dos à l'abri du bâton (1) ;
  Je ne crains point votre colère.

CRÉMYLE.

Je te ferai quitter ce qui te rend si vain ;
Et nous verrons après si je me ferai craindre.

____

(1) Quand on allait dans les temples consulter les oracles, on portait des couronnes ; les valets avaient ce droit comme les maîtres, et pendant qu'ils avaient cette couronne sur la tête, les maîtres n'osaient les battre, par respect pour les Dieux.

C A R I E,

Bagatelle ! je veux savoir votre dessein ;
Je vous suivrai par-tout , et prétends vous contraindre
    A m'avouer quel est le fin
De ce manège-là . . . . . ; quel est cet homme , enfin ?
Satisfaites , de grace , un serviteur fidèle
Et discret . . . . (oh ! c'est là ma vertu la plus belle !)

C R É M Y L E.

Discret ? oh oui ! fourbe même au besoin.

C A R I E.

Passons : de mon éloge épargnez-vous le soin.

C R É M Y L E.

Quoi qu'il en soit , je veux reconnaître ton zèle ;
 Tu sais dans quel état de tout temps j'ai vécu ;
Tu sais trop que malgré l'amour de la vertu ,
Quoique sensible , affable , obligeant et modeste ,
J'ai toujours été pauvre . . . . .

C A R I E.

    Oui , je le sais de reste.

C R É M Y L E.

Je suis dans l'indigence , et cependant j'ai vu
 Maint scélérat , maint délateur funeste ,
Maint faussaire exécrable et plus craint que la peste ,
S'enrichir sous mes yeux.

C A R I E.

Il est vrai.

C R É M Y L E.

J'ai voulu,

Me sentant sur la fin d'une longue carrière,
Consulter Apollon, pour savoir la manière
Dont mon fils, de mes jours unique et cher soutien,
Devait être élevé.

C A R I E.

Fort bien.

C R É M Y L E.

S'il fallait, qu'imitant l'exemple de son père,
Il vécût vertueux au sein de la misère,
Ou que, pour s'enrichir, franchissant tout lien,
Il s'adonnât au vice et devînt un vaurien.

C A R I E.

Le scrupule à lever n'était pas sans obstacle :
A cette question qu'a répondu l'oracle ?

C R É M Y L E.

Que le premier mortel que je rencontrerais,
Je n'avais aussitôt qu'à le serrer de près ,
Et de force ou de gré l'obliger à me suivre.

C A R I E.

Et celui qui d'abord à vos yeux s'est offert ;
C'est ce pelé ?

C R É M Y L E.

D'accord.

C A R I E.

Allez, par Jupiter,
Je suis tenté de vous croire ivre.

C R É M Y L E.

Quoi ? . . . . ;

C A R I E.

Peut-on prendre à gauche un oracle aussi clair ?
Ce qu'Apollon vous a dit dans le temple,
Regarde votre fils, et lui prescrit pour loi
De suivre en tout point votre exemple;
Cet oracle n'a point d'autre sens, sur ma foi.

C R É M Y L E.

Tu crois cela?

C A R I E.

Si je le croi!
Mais consultez plutôt ce nouveau Tyrésie,
Lui que votre poursuite a mis tout hors de soi,
Le pauvre aveugle, je parie,
Sera du même avis que moi:

C R É M Y L E.

Non, non, je n'en crois rien; j'imagine, au contraire,
Qu'il va bien autrement expliquer ce mystère.
En ma faveur, si je puis l'adoucir,
Nous allons débrouiller le nœud de cette affaire.

CARIE.

Eh bien ! il faut tâcher d'y réussir.

A l'Aveugle.

Voyons : Qui diable es-tu ? rends-nous la chose claire ;
Il est sourd.. ... Eh ! l'aveugle !

CRÉMYLE *à l'aveugle.*

Il faut répondre net.

CARIE.

Eh ! l'homme !

L'AVEUGLE.

Eh ! mes amis ! je suis un pauvre hère,
Je vous l'ai déjà dit.

CARIE *à son maître.*

Êtes-vous satisfait ?
Vous l'avez entendu.

CRÉMYLE.

C'est ta voix rauque et dure
Qui l'effarouche ; il faut ménager son esprit ;
Tais-toi ; je saurai mieux m'y prendre, et je m'assure,
Que j'ai sur ce bon homme un tout autre crédit...

A l'aveugle.

Çà, qui donc êtes-vous ? dites-le-moi, de grace.

L'AVEUGLE.

Hélas ! je vous l'ai dit : je passe
La moitié de mon temps à gémir, à pleurer.

C A R I E.

L'heureux augure à rencontrer !

C R É M Y L E.

Oh ! c'en est trop, il faut que je me satisfase ;
Et puisque de se taire il s'est fait une loi,
Je veux de ce bâton l'assommer sur la place.

L ' A V E U G L E.

Eh ! mes amis ! par pitié laissez-moi.

C R É M Y L E.

Je me moque de ta grimace.

C A R I E.

M'en croirez-vous ? menons cet impertinent fou
    Au bord de quelque précipice,
      Où, par forme de bon office,
J'aiderai mon vieux singe à se rompre le cou.

C R É M Y L E.

Oui, c'est bien dit.

L ' A V E U G L E *en tremblant.*

N'en faites rien.

C R É M Y L E.

Tu vas donc parler ?

L'AVEUGLE.

Oui, mais j'appréhende bien,
Quand vous me connaîtrez, qu'il ne vous prène envie
De me claquemirer le reste de ma vie,
Ou de me maltriter par quelqu'autre moyen.

CRÉMYLE.

Non, je t'en garantis, tu peux parler sans crainte.

L'AVEUGLE.

Cessez d'abord toute contrainte ;
Après quoi je m'aviserai.

CRÉMYLE.

Te voilà libre, soit.

CARIE.

Agis, parle à ton gré.

L'AVEUGLE.

Puisque avec vous je puis sans feinte
Tout avouer, je ne tairai donc plus
Que c'est moi qui suis . . . . .

CRÉMYLE.

Qui ?

L'AVEUGLE.

Plutus.

C R É M Y L E.

O ciel ! qu'ai-je entendu , toi, Plutus !

P L U T U S.

Oui , moi-même.

C R É M Y L E.

Et tu n'en disais rien !

C A R I E.

Ma surprise est extrême ;
Plutus . . . ô le plus noir des démons infernaux !
Qui l'aurait reconnu sous ces tristes lambeaux ?
Ciel ! qui peut l'avoir mis dans ce sale équipage ?
Quelle crasse, bons dieux , lui couvre tous les traits ?

P L U T U S.

Faut-il s'en étonner ? Dans mon dernier voyage
Je me suis arrêté chez certain Patroclès,
    Cynique et ladre personnage
Qui, depuis qu'il est né , ne se baigna jamais.

C R É M Y L E.

Mais.... vous avez l'œil trouble et la marche égarée ;
D'où cela vous vient-il ?

P L U T U S.

Sous le règne d'Astrée
J'avais les yeux fort clair-voyants,
Aujourd'hui, je conviens qu'ils sont tout différents,

Jupiter , par cette disgrace ,
A voulu punir la menace
Que je fis , autrefois , dès mes plus jeunes ans ,
De n'enrichir jamais que les honnêtes gens :
Il me rendit aveugle , afin qu'avec largesse ,
Ma main , aux seuls pervers , fût prodigue d'argent ,
Et ne pût verser la richesse
Sur les besoins cachés du mérite indigent.

CARIE.

Il veut par là , sans doute , éprouver la sagesse.

CRÉMYLE.

Des seuls bons , cependant , le ciel est honoré.

PLUTUS.

J'en conviens.

CRÉMYLE.

Ainsi donc , si , selon notre gré ,
Le destin aux vertus devenait moins contraire ;
S'il vous rendait la vue . . .

PLUTUS.

Aussi tôt aux méchants
J'irais retirer mes présents.

CRÉMYLE.

Et les bons ? . . .

(351)

P L U T U S.

Ah ! pour eux vous me verriez tout faire,
A les biens caresser je mettrais tous mes soins,
Car je n'en ai pas vu depuis mille ans au moins.

C A R I E.

Il faut que ces gens-là ne se montrent plus guère,
  Ou que le moule en soit perdu ;
Car moi qui, grace au ciel, ai la vue assez claire,
Si j'en vis jamais un, je veux être pendu.

P L U T U S.

Adieu donc, mes amis, que le ciel vous conserve.
Vous me l'avez promis, relâchez-moi.

C R É M Y L E.

                    Qui ? nous ?
    Que Jupiter nous en préserve !
Nous ne voulons jamais nous séparer de vous.

P L U T U S.

Ah ! je l'avais prévu !

C R É M Y L E.

            Je tombe à vos genoux ;
Au nom des gens de bien, dont le nombre est si rare,
De vos dons envers moi ne soyez point avare ;
Et si la probité, l'honneur, la bonne foi,

Pour fixer la faveur sont la route certaine ;
Ma maison, que voici, vous offre assez d'emploi ;
Vous chercheriez en vain dans le reste d'Athènes
Un plus honnête homme que moi.

PLUTUS.

Tel est de tous les gueux l'ordinaire langage ;
Ont-ils besoin de mon secours ?
L'honneur, la probité règne dans leurs discours ;
Mais de mes dons à peine ils connaissent l'usage,
Qu'on les voit aux vertus renoncer pour toujours.

CRÉMYLE.

J'en connais, et ceux-là je vous les abandonne,
Dont tel est le portrait ; mai il s'en trouve aussi
Qui . . . .

PLUTUS.

Non, vous dis-je, ils sont tous faits ainsi ;
Et je prétends n'en excepter personne.

CARIE *brusquement.*

Mais vous, monsieur le dieu, qui nous traitez si mal,
Savez-vous que Carie est tant soit peu brutal ?
Quand vous plaira-t-il de conclure ?

CRÉMYLE *à Carie.*

Ne brusquons rien : je sais une recette sûre
Pour le persuader.   (*A Plutus.*)
Si, par notre moyen,
Vous cessiez d'être aveugle,

PLUTUS.

Eh bien ?

CRÉMYLE.

Ne nous sauriez-vous pas bon gré d'un tel service?

PLUTUS.

Nullement.

CRÉMYLE.

Nullement !

CARIE.

Peste soit du caprice.

PLUTUS.

Eh quoi ! ceci vous surprend ?
Promenez vos yeux un instant
Sur le chemin qui conduit aux richesses ;
Pour en avoir, les hommes d'à-présent
N'épargnent crimes ni bassesses ;
Et Jupiter, si j'étais clair-voyant,
M'aurait déjà puni de leurs scélératesses.

CRÉMYLE.

Bon ! quelle erreur ! après vous avoir aveuglé ;
En l'offensant que craignez-vous de pire ?

PLUTUS.

Que sais-je ? il a tant de moyens de nuire...
De foudres, de carreaux, j'ai le cerveau troublé.

CRÉMYLE.

Vous avez, pour un Dieu, des peurs bien ridicules.

CARIE.

Suivez-nous seulement, et quant à vos scrupules,
Quand vous serez guéri, vous m'en direz deux mots.

PLUTUS.

Quelle rage avez-vous, avec de tels propos,
De m'exposer à fâcheuse rencontre ?

CRÉMYLE.

Que de raisons ! Et si je vous démontre
Qu'à tort d'un autre Dieu vous craignez le courroux ;
Qu'en un mot, Jupiter est moins puissant que vous.

PLUTUS.

Juste ciel ! qu'osez-vous me dire ?

CRÉMYLE.

Ce que je prétends vous prouver :
Ce Jupiter, que vous n'osez braver,
D'où lui vient, dites-moi, ce pouvoir, cet empire ?

PLUTUS.

Je ne sais.

CRÉMYLE.

C'est de vous.

PLUTUS.

De moi ?

CARIE.

Oui ; sans Plutus,
Verrait-on tous les Dieux à lui plaire assidus ?

CRÉMYLE.

S'il dispose à son gré de la machine ronde ,
Ce n'est que par vous seul ; vous seul lui fournissez
Les trésors , aliment des desirs insensés ;
L'intérêt lui soumet le monde ;
Et sans vous , ses autels seraient tous délaissés.

CARIE.

Eh ! qui peut, que Plutus , rendre les Dieux propices ?
C'est par lui, c'est à lui qu'on fait les sacrifices ;
Plutus seul est l'objet de nos vœux empressés ,
Et nos dons les plus purs sont tous intéressés.

CRÉMYLE.

Suivez donc notre avis ; cessez de vous contraindre ;
Rien ne doit plus vous arrêter ,
Et c'est folie à vous de craindre
Un maître qui, sans vous, ne pourrait subsister.

PLUTUS.

Est-il vrai, mes amis ?

CARIE.

> En pouvez-vous douter ?
>
> Jupiter, par votre disgrace,
> Ferait cesser l'hommage des mortels ;
> Dès-lors, plus de présents, plus d'encens, plus d'autels ;
> Nous le verrions demain réduit à la besace.

PLUTUS.

Je suis donc bien puissant ?

CRÉMYLE.

> Vous n'avez qu'à vouloir,
> La fortune à vos vœux n'oppose point d'entrave.

CARIE *vivement à Plutus.*

Pourquoi donc m'avoir fait un misérable esclave ?

CRÉMYLE.

> Patience ! il peut tout réparer dès ce soir ;
> Plutus fait chaque jour des choses bien plus fortes :
> Des femmes de Corinthe on vante la vertu,
> Non sans raison ; car dès qu'un inconnu
> Sans or se présente à leurs portes,
> On vous le chasse ainsi qu'un malotru ;
> Mais des dons de Plutus a-t-il semé la route,
> La sagesse elle-même est dès-lors en déroute,
> Et l'ennemi d'abord se confesse vaincu.

CARIE.

> Quel besoin d'aller à Corinthe
> Pour trouver de ces femmes-là ?
> Athènes vous en fournira
> Plus de mille à citer, sans compter Philaminte.

CRÉMYLE.

Quels discours tiens-tu donc ? tu sors de l'entretien ;
 Tu cites des femmes de bien
Qui jamais pour de l'or ne cessèrent de l'être.

CARIE.

Pour de l'or, oui, le fait est vrai peut-être....
Mais pour de bons contrats, des terres, des maisons,
 Des diamants, un équipage.. ...
Croyez-moi, qui refuse a de bonnes raisons ;
Et c'est un piège adroit pour tirer davantage.

CRÉMYLE.

 Tant il est vrai, seigneur Plutus,
Que vous régnez sur tous tant que nous sommes ;
Les arts se sont par vous introduits chez les hommes ;
Leur luxe, leurs besoins vous les ont tous vendus.
Ce grossier corroyeur assis dans sa boutique,
Ce fondeur qui prépare et fait couler l'airain,
Ce tourneur plus heureux, qui, d'un seul coup de main,
Fait éclorre un chef-d'œuvre ornement du portique,
 Et ce fripon d'orfèvre, enfin,
Qui s'enrichit par vous aux dépens de l'Attique ;
 Tous, de vous seul, attendent leur destin ;
Et des enfants de l'art, l'espèce famélique,
N'a de Dieu que Plutus, et d'objet que le gain.

CARIE.

Sont-ce là tous les gens qu'engraisse l'industrie ?
Et ne pourrait-on pas citer à ce propos
 Cet intrigant qui s'approprie,
 Par adresse, le bien des sots,

Un avocat qui plume sa partie,
Un charlatan monté sur des tréteaux,
Un escroc en galanterie,
Bref, un pédant subtil à voler des manteaux (1) ?

PLUTUS.

De combien d'abus je suis cause !

CRÉMYLE.

Eh ! de quoi ne l'êtes-vous pas ?
C'est vous qui, du grand roi, recrutez les soldats ;
Vous seul faites sa force ; et c'est par vous qu'il ose
Nous maltraiter dans nos états.

CARIE.

A nos conseils c'est par vous qu'il préside.

CRÉMYLE.

De nos vaisseaux, qui dispose aujourd'hui ?

CARIE.

Plutus ; c'est surtout là, qu'en oracle il décide.

CRÉMYLE.

L'affaire de Corinthe, à qui s'en prendre ?

CARIE.

A lui.

____

(1) Aristophane, ennemi de Socrate, désignait ici ce philosophe,
le plus vertueux des hommes.

CRÉMYLE.

Qui peut avoir brouillé le Nil avec Athène ?

CARIE.

Plutus vous le dira sans peine.

CRÉMYLE.

Par qui bientôt Pamphile aura-t-il du souci ?

CARIE.

Par qui Bélonopole en aura-t-il aussi ?

CRÉMYLE.

A qui s'est débauché le Sybarite Argyre ?

CARIE.

Par qui Philonidès a-t-il soumis Laïs ?

CRÉMYLE.

Qui force Philipse à nous lire
Des stances pour Damon , des bouquets à Philis ?

PLUTUS.

Vous verrez que je suis l'auteur de ces écrits !

CARIE.

Non ; mais il est par vous payé pour mal écrire.

CRÉMYLE.

Et cette tour que d'ici l'on peut voir,
Qu'à nos frais, Timothée (1) a, dit-on, fait construire ?....

CARIE *à part.*

Que sur toi puisse-t-elle cheoir (2) !

CRÉMYLE.

Admirez ici-bas jusqu'où va votre empire !
Tout ce qui flatte l'homme ou ce qui peut lui nuire,
Tous les biens, tous les maux sont en votre pouvoir.

CARIE.

Pour vous faire mieux concevoir
Combien vous avez l'art de plaire et de séduire,
Avez-vous, dites-moi, jamais entendu dire
    Qu'on s'ennuyât de vous avoir,
Comme il arrive, ainsi que chacun peut savoir,
De tous les autres biens où notre cœur aspire ?

PLUTUS.

Oh ! non.

CRÉMYLE.

    L'homme en effet sait peu ce qu'il desire ;
C'est un tableau mouvant, changeant du blanc au noir ;
    Au matin, tel objet l'attire,
    Tel autre lui plaira ce soir ;

____

(1) Général athénien.

(2) Quelques-uns ont cru qu'on enfermait dans cette tour les es-
claves coupables de quelque faute.

Tout nous lasse ; on nous voit dégoûtés tour-à-tour,
De la chasse, du jeu, des titres, des prétures,
Du travail, du repos, des Muses, de l'amour.

CARIE.

Des ragoûts et des confitures.

CRÉMYLE.

Plutus seul, de l'ennui ne craint point les injures ;
La soif dont il nous brûle augmente chaque jour ;
    Plus un mortel a de richesse,
    Plus il desire en acquérir,
    Et quand pour nous le besoin cesse,
La source de nos vœux ne saurait se tarir.

PLUTUS.

Je conviens, mes amis, que ma puissance est grande,
Mais....

CARIE.

    Quoi, mais ? par l'enfer ! je vois peu le danger
    Que votre seigneurie appréhende.

PLUTUS.

Franchement, la démarche où l'on veut m'engager
    Mérite encore d'y songer.

CARIE.

Fi ! pouvez-vous montrer tant de poltronerie ?

CRÉMYLE.

Ce n'est pas sans raison qu'on vous nomme peureux....

PLUTUS.

Moi, peureux ! à ce point pourriez-vous vous méprendre ?
Je vois bien qu'il faut vous apprendre
D'où me vient ce surnom fâcheux :
Certain fureteur de cassettes
Voulut de nuit enlever mon trésor ;
Mais, graces à mes soins, il s'en fut les mains nettes,
Car tout était fermé sous un bon coffre-fort :
Or, admirez l'impudence
De cet insigne voleur !
Il m'osa décrier comme un ladre sans cœur.
Et fit passer ma prudence
Pour un effet de ma peur.

CRÉMYLE.

A la crainte qui vous talonne,
C'est donner un assez bon tour ;
Mais suivez-nous . . . bientôt vous ne craindrez personne :
Vos yeux, long-temps privés de la clarté du jour,
Par nous vont la revoir, et seront, au retour,
Plus clairs que ceux d'un lynx. . . . .

PLUTUS.

Ah ! ma joie est sincère ;
Mais, n'étant tous les deux que de simples mortels,
Je conçois peu comment vous pourrez faire.

CRÉMYLE.

Phœbus, dont à l'instant nous quittons les autels,
Nous prêtera son ministère ;
C'est par son ordre exprès qu'à vous nous nous offrons.

PLUTUS.

Si vous croyez ma guérison certaine,
Disposez de Plutus et comptez sur ses dons.

CARIE.

Croyez qu'à réussir nous nous efforcerons,
Dussions-nous crever à la peine.

CRÉMYLE.

Soit : alerte Carie ! et vole si tu peux ;
Dis à ces paysans répandus dans la plaine,
Qu'ils viènent seconder nos vœux.

PLUTUS.

Qu'entends-je ! ô ciel ! ce serait d'eux
Que j'attendrais ces bons offices ?

CRÉMYLE.

Oui, sans doute ; tant qu'ils sont gueux
On peut compter sur leurs services.

A Carie.

Vas, te dis-je, Carie, et ne perds point de temps.

CARIE.

Je ne pense pas qu'ils soient gens
A se faire tirer l'oreille :
J'y cours.

CRÉMYLE *à Carie qui revient.*

Qui te ramène ?

C A R I E.

Un soin fort important ;
Nous avons cinq flacons d'un lesbique excellent
Dans le fond de cette corbeille ;
Je crains pour eux quelque accident.

C R É M Y L E.

Vas toujours ; il suffit, je m'en charge.

C A R I E.

A merveille.

SCÈNE III.

CRÉMYLE, PLUTUS.

C R É M Y L E.

Et vous, charitable Plutus !
Entrez chez moi, sans plus vous faire attendre ;
C'est aujourd'hui qu'il s'agit de me rendre
Riche et content comme Crésus ;
Vous ferez, je vous jure, un acte légitime ,
Et ne le fût-il point , je prends sur moi le crime.

P L U T U S.

Je frémis de vous suivre et d'entrer sous ce toit.

C R É M Y L E.

Pourquoi ?

PLUTUS.

Chaque fois qu'il m'arrive
De me laisser conduire en quelque endroit,
Le sort veut que toujours nouveau malheur s'ensuive.
Si c'est chez un avare, aussitôt avec soin
      Au fond de sa cave il m'enterre ;
Et si quelque indigent vient, au dernier besoin,
   Le conjurer d'adoucir sa misère,
   Il lui proteste avec d'affreux serments,
Qu'il n'a jamais connu Plutus ni ses présents ;
Est-ce chez un prodigue? hélas ! c'est encor pire ;
A peine entré chez lui, je m'y vois le butin
      Des joueurs ou d'une catin,
Gens qui ne souffrent pas que Plutus se retire
Sans l'avoir mis à sec et nud comme la main.

CRÉMYLE.

C'est-à-dire, à parler sans feindre,
   Que, les trois quarts de votre temps,
Vous hantez les fripons ; mais entrez là-dedans,
   Vous n'aurez rien de tel à craindre :
Oui, daignez, au plutôt, habiter ce logis ;
Accordez à mes vœux cette faveur suprême ;
Je veux vous présenter à ma femme, à mon fils,
A mon fils qu'après vous, j'aime plus que moi-même.

PLUTUS.

Je le crois sans difficulté.

CRÉMYLE.

Qui pourrait avec vous farder la vérité ?

                    Il emmène Plutus.

Je n'abuserai pas cependant de l'exemple que je viens de donner : il règne quelquefois dans les pièces d'Aristophane, une licence très-condamnable ; mais on y trouve aussi les plus grandes beautés ; et c'est une injustice d'appeler le comique de ce poëte, *un comique grossier, rampant, obscène, sans goût, sans mœurs, sans vraisemblance* : ce premier acte de la comédie de Plutus est plein de finesse, de détails heureux : le dialogue en est vif et naturel, malgré quelques longueurs : le père Brumoi ne pensait pas non plus d'Aristophane aussi désavantageusement : il n'a cependant pas dissimulé ses vices, quoiqu'il fût un de ses plus zélés apologistes : c'est en lisant *le Théâtre des Grecs* qu'on apprendra à porter un jugement impartial sur la comédie grèque.

Après avoir montré comment la comédie fut bornée dans la suite à la peinture générale des mœurs, M. Marmontel observe que les différents genres de comédie ont dû prendre leur source dans le génie des peuples et dans la forme des gouvernements. Les Espagnols ont dû servir de modèle *à des intrigues pleines d'incidents et de caractères hyperboliques : les Italiens à des intrigues périlleuses pour les amants, et capables d'exercer la fourberie des valets ; et les Anglais, dont le vice dominant est d'être insociables, à des singularités très-précieuses pour un poète comique ; mais une nation douce et polie, comme la nôtre, où les préjugés sont des principes,* où *les usages sont des lois*, *ne doit présenter que des caractères adoucis par les égards, que des vices palliés par les bienséances.*

Ces raisons me semblent bien vagues; et je ne crois pas qu'elles puissent fonder toutes seules la modération de notre théâtre : *les préjugés* des Espagnols, des Italiens et des Anglais, sont des *principes* pour eux : leurs *usages sont des lois*, et des lois bien plus sacrées que pour nous : il n'y a pas d'ailleurs de *nation* plus *polie* que la nation Espagnole.

L'auteur divise ensuite le comique français *en haut comique et en comique bourgeois* ; *mais une division plus essentielle*, ajoute-t il, *se tire de la différence des objets. Ou la comédie peint le vice qu'elle rend méprisable ; de-là le comique de caractère : ou elle fait des hommes, le jouet des évènements ; de-là le comique de situation : ou elle présente les vertus communes avec des traits qui les font aimer, et dans des périls et des malheurs qui les rendent intéressantes ; de-là le comique attendrissant.*

Cette dernière division ne m'en paraît pas une : on peut présenter à la comédie *les vertus communes, avec des traits qui les font aimer*, par le secours du comique même, sans attendrir, sans faire un simulacre de tragédie, ressource ordinaire de la médiocrité.

L'auteur cite Molière pour le modèle de la co-médie, et tout le monde est de son avis.

Pour le comique de mots et le comique obs-
cène, c'est la ressource des esprits sans talents,
sans étude et sans goût : M. Marmontel *ne le*
compte pas, non plus que cette espèce de tra-
vestissement où la parodie se traîne après l'ori-
ginal, pour avilir par une imitation burlesque,
l'action la plus noble et la plus touchante.

L'auteur prétend qu'Aristophane est l'inventeur
de ce genre qu'il appèle *méprisable*, et qu'on
assure cependant qu'il n'a pas toujours méprisé
lui-même.

Il est vrai qu'Aristophane a parodié dans ses
pièces quelques vers d'Euripide, comme Racine
a parodié dans les Plaideurs, des vers du grand
Corneille : assurément ce badinage ne prouve rien
contre Racine : ce n'est pas sortir des bornes de
la modération, que de se permettre un jeu d'esprit
qui peut être quelquefois très-plaisant, qui ne porte
que sur des mots, et qui ne saurait être *méprisable,*
puisqu'il n'est pas criminel.

M. Marmontel croit, avec tous ceux qui connaissent les hommes, que les *caractères* comiques
ne sont pas épuisés, et qu'il ne nous manque
que du génie : il finit ce chapitre, qui le croirait,
sans nommer Regnard, et sans parler de ce genre
de comédie dont M. de Saint-Foix est l'inventeur
et le modèle. Dans un traité sur la peinture, les
tableaux de Vanloo ne feraient pas oublier ceux de
M. Bouché ; lorsqu'il s'agit de Pindare et de Rousseau, on parle avec plaisir d'Anacréon : les Amours

(569)

et les Graces à qui M. de Saint-Foix a si heureusement prêté le masque de Thalie, semblaient
mériter un sourire de M. Marmontel.

L' O D E.

*L'Ode était l'hymne, le cantique et la chanson
des anciens : elle embrasse tous les genres ,
depuis le sublime jusqu'au familier noble : c'est
le sujet qui lui donne le ton, et son caractère
est pris dans la nature.*

*Il était naturel à l'homme de chanter (1) :
voilà le genre de l'ode établi. Quand, et comment, et d'où lui vient cette envie de chanter?
voilà ce qui caractérise l'ode.*

*Quel que soit le sujet et le ton de ce poème ,
le principe en est invariable : toutes les règles
en sont prises dans la situation de celui qui
chante, et dans les règles mêmes du chant. Il
est donc bien aisé de distinguer quels sont les
sujets qui conviènent essentiellement à l'ode :
tout ce qui agite l'ame , et l'élève au-dessus d'elle-
même, tout ce qui l'émeut voluptueusement, tout
ce qui la plonge dans une tendre mélancolie,
les songes intéressants dont l'imagination l'oc-*

---

(1) Observez que M. Marmontel a dit que le chant était
le plus *fabuleux* des langages, que le chant était le *mer-*
veilleux de la parole.

cupe, les tableaux variés qu'elle lui retrace ; en un mot, tous les sentiments qu'elle aime à recevoir, et qu'elle se plait à répandre, sont favorables à ce poème.

L'ode est dramatique : ses personnages sont en action : le poète même est acteur dans l'ode : et s'il n'est pas affecté des sentiments qu'il exprime, l'ode sera froide et sans ame : elle n'est pas toujours également passionnée ; mais elle n'est jamais, comme l'Epopée, le récit d'un simple témoin.

Quant à ses mouvements, le sentiment et le génie ont une marche qui ne s'imite pas.

M. Marmontel observe ici que ces deux vers de Boileau

Son style impétueux souvent marche au hasard ;
Chez elle un beau désordre est un effet de l'art.

ont fait faire beaucoup d'extravagances, parce qu'on les a mal entendus ; qu'on s'est persuadé que l'ode appelée pindarique, ne devait aller qu'en bondissant ; et que de-là sont nées toutes ces formules de transport : Qu'entends-je ? Que vois-je ? Où suis-je ?

Jusqu'à l'époque de la Poétique française, Boileau n'a jamais eu besoin d'interprète ; on ne s'est jamais trompé sur les règles qu'il prescrit ; on n'a eu garde d'imaginer que ces mots : Qu'entends-je ? Que vois-je ? Où suis-je ? caractérisassent le beau *désordre*. Il est d'ailleurs très-égal que ceux qui prendront ces expressions-là pour celles de l'enthousiasme, expliquent, comme bon leur semblera, les préceptes de Boileau : ces préceptes ne sont pas faits pour eux. Il semble que M. Marmontel se plaise à chercher le faible de l'immortel auteur de l'art poétique, à saisir l'occasion de comparer ce début d'Horace :

> Quo me Bacche, rapis tuî
> Plenum ?

à celui de l'ode sur la prise de Namur,

> Quelle docte et sainte ivresse
> Aujourd'hui me fait la loi ?

Ode que personne ne lit, qui n'égarera personne, qui n'a point fait sensation, et qu'il était très-inutile de citer.

Celui des modernes qui a le mieux pris le ton de l'Ode, surtout lorsque David le lui a donné (1), *Rousseau, dans l'ode à M. du Luc, commence par se comparer au ministre d'Apollon, possédé du Dieu qui l'inspire.*

> *Ce n'est plus un mortel; c'est Apollon lui-même*
> *Qui parle par ma voix.*

---

(1) Oh ! comme le ton du Prophète Roi est inférieur à celui de l'ode de Rousseau, qui commence par ce vers :

Tel que le vieux pasteur des troupeaux de Neptune.

Ce début me semble bien haut pour un poème dont le style finit par être l'expression douce et touchante du sentiment le plus tempéré.

M. Marmontel vient de dire *que toutes les règles de l'Ode étaient prises dans la situation de celui qui parle*; et il appèle *sentiment tempéré*, les alarmes d'un ami sur la santé, sur la vie de son ami ! Ce sentiment dont la force ou la douceur tient à la *situation* où l'on se trouve ; ce sentiment si capable d'inspirer l'enthousiasme, l'amitié, qui arracha de ses tentes l'implacable Achille, lui rendit toute sa fureur, et renversa les murailles de Troye ! Mais puisque M. Marmontel a traduit dans sa poétique, des odes d'Horace, pour nous en faire sentir toutes les beautés, qu'on me permette d'élever ma faible voix pour justifier Rousseau, en analysant celle-ci.

Le poète se compare à Protée, au ministre d'Apollon, impatient du Dieu qui l'agite : son esprit redoute l'assaut victorieux du génie : il voudrait secouer le joug du Démon qui l'obsède.

> Mais sitôt que cédant à la fureur divine,
> Il reconnaît enfin du Dieu qui le domine
> Les souveraines lois ;
> Alors tout pénétré de sa vertu suprême,
> Ce n'est plus un mortel, c'est Apollon lui-même
> Qui parle par ma voix.

On va voir que ce début est aussi naturel que sublime : je n'ai point, continue Rousseau, le don

heureux de ces esprits faciles, qui n'éprouvent
jamais ni fureur ni transports, en maniant la
lyre : les veilles et les travaux étonnent un faible
cœur ; c'est par là, cependant, que nous méritons
du fils de Latone, ces ailes de feu qui ravissent
une ame au séjour des immortels ; c'est par là
que l'esprit d'un Prophète, s'affranchissant de sa
chaîne mortelle, s'élançait dans les airs comme
un aigle, et allait interroger le Sort jusques dans
le palais des dieux ; c'est par là qu'un mortel pénétrant jusques sur les rives sombres, fit respecter
sa voix au superbe tyran qui règne dans les enfers ;
telle était la vertu d'Apollon.

Ah ! si ce Dieu sublime échauffant mon génie,
Ressuscitait pour moi de l'antique harmonie
    Les magiques accords ;
Si je pouvais du Ciel franchir les vastes routes ,
Ou percer par mes chants les infernales voûtes
    De l'empire des morts ;

Je n'irais point, profanant la retraite des Dieux ,
dérober au Destin ses augustes secrets ; je n'irais
point, la lyre à la main, demander au gendre de
Cérès qu'il me rendît une amante chérie ,

Enflammé d'une ardeur plus noble et moins stérile ,
J'irais, j'irais pour vous, ô mon unique asile !
    O mon fidèle espoir !
Implorer aux enfers ces trois fières Déesses ,
Que jamais jusque ici nos vœux et nos promesses
    N'ont eu l'art d'émouvoir.

Je leur ferais le tableau le plus touchant de toutes
vos vertus ; je leur représenterais que vous êtes
le réfuge de l'innocence opprimée ; je leur dirais :

> Si ces Dieux , dont un jour tout doit être la proie ,
> Se montrent trop jaloux de la fatale soie
>   Que vous leur redevez ;
> Ne délibérez plus : tranchez mes destinées,
> Et renouez leur fil à celui des années
>   Que vous lui réservez.

Quel est le but de Rousseau dans cette ode ? Il
veut faire des vœux pour la santé de M. le comte
du Luc ; remarquez comment cette idée si simple
s'accroît, se colore, s'embellit sous le pinceau de
ce grand homme ; comment son imagination s'em-
brâse à la chaleur du sentiment. Il commence par
être agité de tout le délire poétique ; il peint le
pouvoir de la poésie qui s'élève jusqu'aux cieux,
qui pénètre jusqu'aux abîmes des enfers ; il représente les Dieux de l'Olympe et du Tartare, sensibles à l'harmonie de ses accords ; il veut lui-
même franchir les barrières du monde, percer les
voûtes infernales. Pour opérer tant de prodiges,
est-ce donc trop de se comparer au ministre d'Apollon ? mais ce qu'on ne se lassera jamais d'admirer,
c'est l'art avec lequel *ce beau désordre* (1) tient
à la simplicité de son sujet par tout ce que le sen-

------

(1) Voilà le beau désordre dont parlait Boileau.

timent a de plus tendre et de plus pathétique ; il
ne triomphe de la nature que pour demander aux
inexorables Parques de prolonger les jours de son
ami , que pour offrir le sacrifice des siens :

Ne délibérez plus; tranchez mes destinées ,
Et renouez leur fil à celui des années
　　　　Que vous lui réservez.

Il n'irait aux enfers que pour émouvoir ces trois
cruelles déesses. Tous les transports, tout le merveilleux de la poésie , doivent le précéder et deviènent naturels ; mais quel génie ne faut-il pas
avoir pour rentrer dans son sujet par la plus
simple de toutes les transitions, après avoir pris
le vol le plus élevé ? C'est ici que M. Marmontel
aurait eu raison de dire : *Entendez un musicien
habile préluder sur des touches harmonieuses ,
il semble voltiger en liberté d'un mode à l'autre ;
mais il ne sort point du cercle qui lui est prescrit
par la nature ; l'art se cache , mais il le conduit ,
et dans ce désordre tout est régulier.*
C'est une convention générale que Rousseau a
porté ce genre de poésie au plus haut point de perfection ; par quel étrange motif M. Marmontel fait-il
donc l'extrait des odes d'Horace et de Pindare dans
une *Poétique française ?* Pourquoi ne pas présenter les modèles de la nation ? Osons le dire ,
M. de Voltaire a toujours témoigné de l'animosité
contre Rousseau ; et peut-être M. Marmontel

quitte-t-il ici le personnage d'homme de lettres, pour prendre celui d'un courtisan ; mais penserait-il que M. de Voltaire ne convient pas avec lui-même de la juste célébrité de Rousseau ? Eh ! qui peut mieux connaître le mérite du Pindare français, que l'homme universel qui réunit le génie d'Homère à celui de Sophocle et d'Euripide ? Quel que soit le sujet de l'animosité de ces deux grands poètes, c'est moins à eux qu'il faut en attribuer la durée, qu'à ceux qui se sont fait un plaisir cruel de fomenter leur ressentiment : sans le manège méprisable de cette espèce de gens qui cherchent à se donner une existence, en perpétuant les querelles des hommes célèbres, à la honte des lettres et à la gloire des sots, ces querelles seraient bientôt terminées. Au lieu d'attiser le feu de la discorde par des trames sourdes et odieuses, au lieu de profiter des faiblesses inséparables de l'humanité pour entretenir la division, si quelqu'un avait eu le courage de représenter fortement à M. de Voltaire, que Voltaire était obligé de pardonner à Rousseau, de louer Rousseau, peut-être aurions-nous entendu l'auteur de la Henriade s'écrier avec cet enthousiasme qui lui est si naturel :

Soyons amis, Cinna, c'est moi qui t'en convie.

Je compare les querelles des personnages illustres aux querelles des rois ; si les uns et les autres pouvaient se voir un moment, il y aurait bien des guerres de moins.

Quoiqu'il en soit, enveloppés dans notre obscurité, craignons de ne paraître sur l'arène que pour exciter la risée publique; et s'il m'est permis de me servir d'une comparaison de M. de Voltaire : Faibles oiseaux, cachons-nous sous l'herbe; est-ce à nous de prendre parti lorsque les aigles et les vautours se déchirent dans les airs ?

On ne s'attendait pas non plus à voir citer la prophétie de Joad; ce morceau, tout sublime qu'il est, ne tient au genre dont il s'agit, que par le *beau désordre;* ce n'est pas une ode, et nous en avons. L'épître de l'abbé de Chaulieu au chevalier de Bouillon

> Heureux qui se livrant à la philosophie,
> A trouvé dans son sein un asyle assuré, etc.

est encore aussi déplacée. M. Marmontel ne connaît *aucune ode française qui remplisse mieux l'idée d'un beau délire;* je crois avoir prévenu cette assertion, en parlant de l'ode au comte du Luc : *La première qualité d'un poème est la poésie, c'est-à-dire la chaleur, l'harmonie et le coloris; il y en a dans les odes de Rousseau; il n'y en a point dans celles de Lamothe; il manquait à Rousseau d'être philosophe et sensible; son génie (s'il en est sans beaucoup d'ame) était dans son imagination.*

La parenthèse me paraît bien hardie, en parlant d'un homme tel que Rousseau. Elle me rappèle ce qu'on peut lire dans les remarques de je ne sais quel éditeur de Boileau ; on y ose avancer que le Pindare français est un poète bien au-dessous du P. le Moine ; on ose l'appeler *rimeur* (1) ; il n'y a point d'injustices que cet homme célèbre n'ait éprouvées. M. Marmontel pourrait-il se dissimuler que les odes sacrées, que celle à M. *le comte du Luc*, au *roi de Pologne*, sur la mort du *prince de Conti*, à M. *de C**.*, *conseiller d'état*, sont pleines de douceur et de sensibilité ? ne se souvient-il plus qu'il vient de convenir de la sensibilité de Rousseau ? qu'il a trouvé dans l'ode au comte du Luc une *expression douce et touchante* ? mais cet éloge était nécessaire alors pour établir le peu d'analogie que l'auteur prétend avoir apperçue entre le commencement et la fin de cette ode. De quelle philosophie M. Marmontel veut-il parler ? est-ce de celle qui corrige les mœurs et qui contribue à rendre les hommes plus heureux ? de celle que Juvénal définit ?

Paulatim vitia atque errores exuit omnes.

Quelles plus sublimes leçons la philosophie a-t-elle jamais données, que celles qu'on peut lire dans les odes, aux rois sur les flatteurs ; à l'impératrice

---

(1) M. le Régent disait de ce *Rimeur* : il faut l'avouer, nous n'avons de véritable poète que Rousseau.

Amélie; à M. le prince de Vendôme ; au marquis de la Fare ; au roi de la Grande-Bretagne; à la Fortune ; à M. Dussé ; à M. le comte de Sinzindorf; à M. le prince Eugène? Qu'on me dise où la vertu est peinte avec plus de charmes; dans quels ouvrages modernes y a t-il des préceptes plus utiles au bonheur de l'humanité? Quel philosophe a jamais, comme Rousseau, paré la sagesse de ces attraits si touchants qui la portent dans l'ame sous le voile du plaisir ? Il ne faut que lire les ouvrages de ce grand homme, pour connaître toute l'injustice des reproches de M. Marmontel.

L'auteur entend-il parler de cette philosophie dont Horace veut que Leuconoé fasse usage, lorsqu'il lui conseille de ne pas chercher à savoir quel est le sort que les Dieux lui réservent, de se préparer à tou tévènement, soit que Jupiter veuille lui accorder une longue suite d'années, soit qu'elle touche à son dernier lustre ; de se livrer à ses goûts, de rire, de boire, de mesurer ses espérances sur le court espace de la vie, de profiter du temps qui s'envole tandis que nous parlons, et de jouir du présent sans jamais se fier au lendemain?

Les odes à l'abbé de Chaulieu, au comte de Bonneval, sur un commencement d'année, sont des modèles dans ce genre *philosophique;* et si on les compare aux chef-d'œuvres de l'antiquité, peut-être Rousseau gagnera-t-il au parallèle.

Ce n'est pas, continue l'auteur, *que l'Ode ne*

soit quelquefois guerrière ; mais c'est la valeur qu'elle inspire ; c'est le mépris de la mort, c'est l'amour de la patrie, de la liberté, de la gloire ; et dans ce genre, les chants Prussiens sont à la fois des modèles d'enthousiasme et de discipline.

Si M. Marmontel a voulu parler des *chants de guerre Prussiens*, sur les campagnes de 1756 et 1757, ou en, général, des pièces rassemblées dans le choix de poésies Allemandes, par M. Hubert, le double éloge qu'il fait ne me paraîtrait pas absolument fondé, malgré les beautés répandues dans ces différents ouvrages.

Si l'auteur a voulu parler des poèmes du roi de Prusse, il a eu raison, sans doute, de dire qu'il y a de l'enthousiasme dans *les chants Prussiens* ; mais le Héros à qui nous les devons, est un juge trop éclairé pour ne pas trouver extraordinaire qu'on cite ses vers comme des modèles, dans une Poétique française, exclusivement à ceux de Rousseau : le roi de Prusse est poète, historien, orateur, capitaine, philosophe, législateur ; c'en est bien assez, je crois, pour immortaliser une foule de princes ; mais les vers de Rousseau sont meilleurs que ceux de sa Majesté Prussienne ; et le Grand Frédéric ferait sûrement le même aveu que Louis le Grand fit au maréchal de la Feuillade (1), dans une occasion à peu près semblable.

----

(1) On sait que le Maréchal de la Feuillade ayant montré à Boileau des vers que ce poète trouva fort mauvais ;

Il me paraît bien difficile, pour ne pas dire impossible, que les mêmes vers puissent respirer l'enthousiasme, et donner une leçon de discipline. Quant aux vers propres à enflammer le courage, il ne faut qu'ouvrir Rousseau, pour en trouver comme ceux-ci :

> Non moins grand, non moins intrépide,
> On le vit aux yeux de son roi,
> Traverser un fleuve rapide,
> Et glacer ses rives d'effroi;
> Tel que d'une ardeur sanguinaire,
> Un jeune aiglon loin de son aire
> Emporté plus prompt qu'un éclair,
> Fond sur tout ce qui se présente,
> Et d'un cri jète l'épouvante
> Chez tous les habitants de l'air,
>
> . . . .
>
> . . . .
>
> Comme un torrent fougueux qui du haut des montagnes
> Précipitant ses eaux, traîne dans les campagnes
> Arbres, rochers, troupeaux par son cours emportés ;
> Ainsi de Godefroi les légions guerrières

---

le roi, dit le Maréchal, les a cependant trouvés fort bons : le roi, reprit Boileau, s'entend beaucoup à gagner des batailles, et à gouverner des royaumes ; mais je me connais en vers mieux que lui : le courtisan indigné d'une audace dont il ne se sentait pas capable, courut se plaindre à son maître ; — Boileau pourrait bien avoir raison, répondit le monarque.

Forcèrent les barrières
Que l'Asie opposait à leurs bras indomptés.

La Palestine enfin , après tant de ravages,
Vit fuir ses ennemis, comme on voit les nuages
Dans le vague des airs fuir devant l'Aquilon;
Et des vents du midi la dévorante haleine ,
 N'a consumé qu'à peine
Leurs ossements blanchis dans les champs d'Ascalon, etc.

M. Marmontel vient de considérer l'ode dans toute son étendue; *mais quelquefois réduite à un seul mouvement de l'ame, elle n'exprime qu'un tableau : telles sont les odes voluptueuses et bachiques dont Anacréon et Sapho nous ont laissé des modèles parfaits.*

Nous avons peu d'odes anacréontiques dans le genre voluptueux, encore moins dans le genre passionné; mais beaucoup dans le genre délicat, ingénieux et tendre (1) : tout le monde sait par cœur celle de M. Bernard.

Tendre fruit des pleurs de l'Aurore,
Objet des baisers du Zéphir,
Reine de l'Empire de Flore !
Hâte-toi de t'épanouir.

Personne n'a une plus grande idée que moi

---

(1) Les petites odes de M. le comte de Tressan respirent le sentiment et la tendresse.

des talents de M. Bernard : je ne prétends pas
avoir le droit de le juger, et surtout d'après ces
petites pièces dont je crois cependant pouvoir faire
remarquer les défauts, lorsque M. Marmontel
donne ces chansons-là pour des modèles.

C'est de la rose que M. Bernard veut parler :
le premier vers est charmant; mais le mot d'*objet*,
qui commence le second, tranche avec le style
mou et voluptueux du précédent : *Reine de l'empire de Flore*, est trop pompeux, sort du genre
et du ton que le poète a voulu prendre, et rend
l'image du quatrième, *hâte-toi de t'épanouir*, qui
aurait été agréable, impossible à être représentée
aux yeux et presque ridicule. Il me semble que
les autres couplets ont aussi plusieurs défauts de
la même espèce, qu'il est inutile que je relève :
on en conviendra, si l'on veut se donner la peine
de les examiner comme celui-ci.

Je trouve dans la seconde pièce du même auteur que M. Marmontel cite toute entière, quelque
chose de plus répréhensible encore :

    Jupiter ! prête-moi ta foudre,
    S'écria Licoris un jour :
    Donne, que je réduise en poudre
    Le Temple où j'ai connu l'Amour.

    Alcide ! que ne suis-je armée
    De ta massue et de tes traits !
    Pour venger la terre alarmée
    Et punir un Dieu que je hais.

Médée ! enseigne-moi l'usage
De tes plus noirs enchantements :
Formons pour lui quelque breuvage.
Egal au poison des amants.

Ah ! si dans ma fureur extrême,
Je tenais ce monstre odieux....
Le voilà, lui dit l'Amour même,
Qui soudain parut à ses yeux.

Venge-toi, punis si tu l'oses :.....
Interdite à ce prompt retour,
Elle prit un bouquet de roses,
Pour donner le fouet à l'Amour.

On dit même que la bergère,
Dans ses bras n'osant le presser ;
Et frappant d'une main légère,
Craignait encor de le blesser.

L'idée de cette ode est digne d'Anacréon ; mais on ne saurait se représenter les bras délicats de Licoris, lançant la foudre de Jupiter ; et ses petites mains armées, surtout de la massue d'Hercule, pour venger la terre *alarmée* (le poëte a voulu dire où l'amour répand les alarmes). L'emporte-ment de Licoris séduit au premier coup-d'œil ; cependant, dans les situations qui permettent le plus à la poésie de s'éloigner de la vérité, encore faut-il que les images tiènent au vraisemblable par un fil, imperceptible si l'on veut, mais qu'on n'a pas la liberté de rompre. Il aurait été plus vrai que Licoris eût prié Jupiter et Alcide de servir sa vengeance, ce qui n'aurait point affaibli les expressions de sa petite fureur. La vérité du troisième couplet éclaire peut-être sur le défaut des deux autres; dans le cinquième, *retour* pour arrivée n'est pas excusable; je ne sais si *le fouet à l'amour* ne contraste pas d'une manière un peu outrée avec les projets de Licoris dans les premiers vers; au sixième couplet ce nominatif qui le commence, ces deux participes liés par une conjonction, et le verbe au dernier vers, tout cela ne me paraît pas ressembler au style d'Anacréon.

Je ne veux pas comparer les genres; mais qu'on lise l'ode de Rousseau :

Pourquoi plaintive Philomèle, etc.

On ne trouvera pas un mot à changer dans cette pièce que le chantre de Théos n'aurait pas désavouée.

Sans nous arrêter davantage à l'opinion que M. Marmontel paraît avoir de Rousseau, on ne saurait trop le dire, il n'y a point d'injustices que n'ait éprouvées le prince des poètes français; la haine a distillé son venin sur les talents de Rousseau comme sur ses mœurs. Quoiqu'il soit démontré que ce grand homme est mort victime de la calomnie, et qu'il n'était pas l'auteur des couplets infâmes pour lesquels la France l'avait perdu, plu-

sieurs écrivains continuent de le citer comme un modèle de noirceur. Qu'a-t-il fait cependant? quelques
épigrammes bien acérées et qui resteront, contre
des gens médiocres qui ne pouvaient lui pardonner
son génie, et que le désespoir armait de tout ce
que l'envie peut prêter de plus offensant. Rousseau
se vengeait, et la postérité lira ses vers ; au lieu
que les libelles diffamatoires, les couplets insi-
pides, les *Ponts-Neufs* dont il était assailli de tous
côtés, sont morts le jour de leur naissance ; ce qui
persuade la plupart des hommes que Rousseau
passait sa vie à faire des épigrammes contre d'honnêtes citoyens qui ne lui avaient jamais fait de
mal. Les gens de lettres savent assez qu'on n'est
pas méchant pour se défendre ; mais ils laissent
agir les apparences lorsqu'elles servent leurs affections particulières. Quelques moyens qu'on ait mis
en usage, il était plus difficile d'en imposer sur le
mérite littéraire de Rousseau. Comme la lecture
même de ses chef-d'œuvres suffisait pour repousser
les traits de la satyre, plusieurs ont essayé, l'un
en ôtant à Rousseau le génie, celui-ci l'invention,
l'autre l'utilité, de déchiqueter, pour ainsi dire,
la réputation de ce grand poète ; de mutiler sa
statue que leurs faibles mains ne pouvaient ébranler : mais l'éclat de la vérité achève enfin de dis-
siper leurs complots.

» Que la Renommée et l'Histoire
» Gravent à jamais sur l'airain,

» Cette hymne digne de mémoire,
» Où Rousseau, la flamme à la main,
» Chasse du temple de la gloire
» Les destructeurs du genre humain,
» Et sous les yeux de la victoire,
» Ebranle leur trône incertain.

» Tels sont les accents de sa lyre :
» Mais quel feu ! quels nouveaux attraits,
» Lorsque Bacchus et la Satyre,
» Dans un vin pétillant et frais,
» Trempent la pointe de ses traits.

» En vain de sa gloire ennemie,
» La haine répand en tout lieu,
» Que sa muse enfin avilie,
» N'est plus cette muse chérie
» De Dussé, la Fare et Chaulieu :
» Malgré les arrêts de l'envie,
» S'il revenait dans sa patrie,
» Il en serait encor le Dieu.

M. Marmontel a, je crois, raison de dire que *Chaulieu aurait peut-être effacé Anacréon lui-même, si, avec ces graces qui lui étaient naturelles, il eût voulu se donner le soin d'être moins diffus et plus châtié ;* mais quel choix fait l'auteur de la Poétique, pour justifier cet éloge ? c'est dans ces vers au marquis de la Fare :

O toi ! qui de mon ame es la chère moitié ! etc.

qu'il trouve surtout Chaulieu comparable au poëte grec. Je conviens que la fin de cette pièce tient du genre d'Anacréon ; mais elle ne le caractérise pas comme *les louanges de la vie champêtre* :

Désert ! aimable solitude ! etc.

Comme la fin de l'épître au chevalier de Bouillon :

Toi ! qui né philosophe au milieu des grandeurs ! etc.

Comme le voyage de l'Amour et de l'Amitié :

L'amour partant de Cythère,
Pour se rendre auprès d'Iris.....

Je tombe d'accord que M. de Voltaire a mis dans ses vers plus de *correction*, plus de poésie, plus de brillant, que Chaulieu ; mais il ne *l'emporte* pas pour *le naturel* : je crois qu'*il y a dans ses poésies familières* (1) *de la liberté noble, de cette gaîté qui doit régner dans l'ode anacréontique*, mais cela ne suffit pas : il faut que ces ouvrages soient remplis de cette philosophie douce, qui en fait le charme ; or, dans les poésies familières, genre peut-être trop au-dessous du

____

(1) Peu de personnes ont aussi bien réussi dans ce genre familier, que M. Marmontel lui-même, et M. Dorat.

génie de M. de Voltaire , sa philosophie me paraît
être dans l'esprit , et celle de Chaulieu dans le cœur.

Quant aux chansons bachiques que les poètes
composent le verre à la main, dans cet heureux
délire *qui fait naître la verve et l'enthousiasme*,
il me semble que M. Marmontel cite mal à propos
celle-ci :

Je ne changerais pas pour la coupe des rois,
  Le petit verre que tu vois ;
Ami , c'est qu'il est fait de la même fougère,
  Sur laquelle cent fois ,
  Reposa ma bergère.

Elle est charmante , ingénieuse, elle mérite d'être
citée ; mais était-ce là sa place ? L'Amour partage
avec Bacchus le sentiment de ce petit couplet : peut-
être même est-il plus tendre que bachique ; *la
verve et l'enthousiasme* n'inspirent pas ce madrigal : le délire et les transports d'un buveur sont
bien mieux peints dans le duo d'Aubert, si connu ,
qui finit par ces vers :

Morgué , morgué , lui répondit Grégoire ,
Saisi d'un bachique transport ,
Demeurons y (1) , toujours à boire :
Il n'en coute que quand on sort.

---

(1) Au cabaret.

(390)

Je ne saurais me refuser de rapporter ici une
strophe de Rousseau, à laquelle je ne trouve rien
de comparable dans aucune chanson bachique :

> Prends part à la juste louange,
> De ce Dieu si cher aux guerriers,
> Qui couvert de mille lauriers,
> Moissonnés sur les bords du Gange,
> A trouvé mille fois plus grand,
> D'être le dieu de la vendange,
> Que de n'être qu'un conquérant.

Une chose étonnera tout le monde dans ce chapitre de l'ode, c'est qu'on n'y cite que deux vers
de Rousseau, pour en faire la critique.

Les lecteurs me sauront gré de ne pas finir sans
parler d'un poëte qui se plaît à cacher ses talents,
et qui mérite d'être nommé à côté des plus grands
maîtres pour ce genre de poésie. M. le marquis de
Modène a composé un poëme en plusieurs odes,
sur l'usage flétrissant qui autorise un homme à se
faire porter en chaise par deux de ses semblables ;
je ne sais pourquoi l'auteur a résolu de priver le
public de ce morceau, dans lequel on trouve le
sublime et le pathétique réunis à l'imagination la
plus brillante, et aux détails les plus intéressants :
ou pourra juger de sa manière par deux strophes
que j'ai retenues : l'une commence la seconde ou
la troisième ode ; l'autre est dans le corps de l'ouvrage :

Muse, rentrons dans la barrière :
Je vois la litière et le char :
Peins le coursier dans la carrière,
Et peins y l'esclave au brancard :
Le front haut, la bouche écumante,
L'œil fier, la crinière flottante,
L'un marche et s'admire marcher ;
L'autre courbé, pâle, l'air morne,
Son cœur soupire après la borne,
Son œil voudrait la rapprocher.

. . . .
. . . .
. . . .
. . . .

L'auteur, après avoir peint une jeune femme dans sa chaise à porteur, finit la seconde strophe par ces vers :

Si dans une île inhabitée,
Par hasard elle était jetée,
Eve nouvelle en ce lieu,
Ce vil mortel que la mollesse,
Attèle au char de la Déesse,
A ses regards serait un Dieu.

Concluons par une autorité bien au-dessus de la mienne qui n'en est pas une.

« Je suis persuadé, dit M. de Voltaire, que tous
» ces raisonnements délicats, tant rebattus depuis
» quelques années (sur la poétique), ne valent

» pas une scène de génie, et qu'il y a bien plus à
» apprendre dans Polyeucte et dans Cinna, que
» dans tous les préceptes de l'abbé d'Aubignac.
» Sévère et Pauline sont les véritables maîtres de
» l'art. Tant de livres faits sur la peinture par des
» connaisseurs, n'instruiront pas tant un élève que
» la seule vue d'une tête de Raphaël.

» Les principes de tous les arts, qui dépendent
» de l'imagination, sont tous aisés et simples, tous
» puisés dans la nature et dans la raison : les *Pra-*
» *don* et les *Boyer* les ont connus aussi bien que
» les *Corneille* et les *Racine;* la différence n'a été
» et ne sera jamais que dans l'application. Les au-
» teurs d'Armide et d'Issé et les plus mauvais com-
» positeurs ont eu les mêmes règles de musique; le
» Poussin a travaillé sur les mêmes principes que
» Vignon, etc.

On peut lire aussi dans l'Encyclopédie, redevable à M. Marmontel de tant d'articles supérieu-
rement faits, ces paroles de lui :

« *On ne songe guère à écrire sur la Poétique,*
quand on est en état de faire l'Iliade. »

Le chevalier de Bruix a donc eu raison de dire
dans ses *Réflexions diverses : « Après tout, les*
règles ne sont faites que pour ceux qui pour-
raient s'en passer. »

F I N.

TABLE

DES

MATIÈRES.

PREMIÈRE PARTIE.

(395)

Fin de la Table des Matières.